建筑业企业
城市更新实践与创新

刘波　吴庆东　孟海星　著

中国建筑工业出版社

图书在版编目（CIP）数据

建筑业企业城市更新实践与创新 / 刘波，吴庆东，孟海星著．
北京 ： 中国建筑工业出版社，2025. 6. -- ISBN 978-7
-112-31292-4

Ⅰ．F407.906

中国国家版本馆 CIP 数据核字第 202565P1E7 号

责任编辑：曹丹丹　张　磊
责任校对：张　颖

建筑业企业城市更新实践与创新

刘波　吴庆东　孟海星　著

*

中国建筑工业出版社出版、发行（北京海淀三里河路9号）

各地新华书店、建筑书店经销

北京光大印艺文化发展有限公司制版

建工社（河北）印刷有限公司印刷

*

开本：787毫米×1092毫米　1/16　印张：14¾　字数：299千字

2025年8月第一版　　2025年8月第一次印刷

定价：**198.00**元

ISBN 978-7-112-31292-4

（45325）

课题研究组成员

专家顾问：

张尚武　上海同济城市规划设计研究院有限公司，院长；
　　　　同济大学建筑与城市规划学院，教授，博士生导师。
卓　健　同济大学建筑与城市规划学院城市规划系，系主任，教授，博士生导师。

总统稿：

刘　波　吴庆东　孟海星

参研人员：

吴庆东　刘元强　张　帅　孙　浩　刘亚楠　李衍富　刘　波　阎树鑫　李阎魁
孟海星　李　甜　万智英

支持单位：

山东省路桥集团有限公司
上海同济城市规划设计研究院有限公司

序一

　　城市更新是当今全球城市发展的重要趋势，也是中国城镇化进程迈向高质量阶段的必然选择。随着我国城镇化率的持续提升，城市发展模式逐渐从增量扩张转向存量优化。近年来，国家提出实施城市更新行动，强调以内涵式发展提升城市品质，推动城市从"建设时代"向"运营时代"转变。这一背景下，建筑业企业面临着前所未有的挑战与机遇。一方面，传统的大规模建设市场逐渐饱和；另一方面，城市更新为建筑业企业提供了新的业务增长点，但也要求其从单一的工程建设向综合开发与运营角色转型。

　　建筑业企业与城市规划机构合作，是推动城市更新的重要途径。城市规划机构具备专业统筹和顶层设计能力，建筑业企业则拥有强大的工程建设和项目管理经验。两者结合，能够实现从规划到实施的衔接，推动城市更新项目高效落地。上海同济城市规划设计研究院有限公司与山东省路桥集团有限公司的合作，有助于优势互补，通过整合双方资源，共同探索城市更新的创新路径，也为建筑业企业转型提供实践基础。

　　本书《建筑业企业城市更新实践与创新》正是在这样的合作背景下诞生的。从建筑业企业的视角出发，系统地梳理城市更新的政策机制、项目类型、角色定位、操作流程和投资平衡模式。总结国内外城市更新的实践经验，为建筑业企业在城市更新领域的转型提供思路和实用的工具：通过对城市更新政策的解读，帮助企业了解城市更新政策框架；通过对项目类型和角色定位分析，帮助企业明确自身优势和参与路径；通过对操作流程和投资平衡模式探讨，为企业在项目实施过程中提供操作指南。这些内容不仅对建筑业企业具有指导意义，也为城市规划设计和规划管理等相关领域专业人士提供有益参考。

　　本书的一大亮点在于注重实践性和操作性。作者团队通过大量实地调研和案例分析，总结了不同类型城市更新项目的操作经验和营利模式。例如，书中对城中村更新、老旧小区改造、历史文化街区保护等项目的详细剖析，展示了城市更新的复杂性，也为实际操作提供了可借鉴的范例。同时，书中提出的"公益＋经营""公益＋准经营"等投资平衡模式，为解决城市更新项目资金难题提供了创新思路。

在未来城市更新进程中，建筑业企业将扮演重要角色。随着科技的快速发展，数字化、智能化技术将在城市更新中发挥更大的作用。建筑业企业需要不断提升自身的创新能力，通过多元合作在复杂的利益关系中实现协同发展。希望本书能够为建筑业企业、城市规划从业者以及所有关注城市更新的同仁提供有益的启发，推动城市更新事业的健康发展，共同携手，为创造更加宜居、智慧、可持续的城市贡献力量。

张尚武

上海同济城市规划设计研究院有限公司院长

同济大学建筑与城市规划学院教授，博士生导师

2025 年 7 月

序二

在我国"新型城镇化"战略中，城市更新已经成为推动落实城市高质量发展的关键行动。城市更新不仅是空间形态的改造，更是社会、经济、文化多维度的系统性变革。刘波、吴庆东、孟海星三位学者所著的《建筑业企业城市更新实践与创新》一书，从建筑业企业的视角，切入这一复杂议题并展开讨论，既积极响应了我国当前的现实需求，又展现了中国实践的本土创新，具有重要的学术价值和现实意义。

纵观全球，城市更新已从单纯的功能修补转向深层的价值重构。发达国家在经历大规模建设后，早于中国全面转向以"存量提升"为核心的精细化治理。例如，欧洲的"城市再生计划"强调历史遗产保护与低碳技术的融合；英国的"社区权利法案"推动居民深度参与更新决策；美国则通过"机会区"政策吸引社会资本投资低收入社区，实现经济活力与公平性的平衡。亚洲的高密度城市如新加坡、东京，则通过"垂直城市"和"智慧微更新"模式，在有限空间中探索功能复合与生态韧性。这些国际经验表明，城市更新已从单纯的空间改造，演进为融合社会包容、生态可持续、技术创新与文化传承的综合发展战略。

中国的城市更新面临着独特的机遇和挑战。2011年，我国城镇化率首次突破50%，正式进入城市化国家行列。随后，我国的城市发展逐渐从大规模增量建设转向存量提质改造和增量结构调整并重，进入了城市更新的重要时期。国家政策层面明确提出"实施城市更新行动"，推进城市结构优化、功能完善、文脉赓续、品质提升，推动城市高质量发展，同时，有效拉动投资和消费，扩大内需，不断满足人民群众美好生活需要。然而，城市发展的转型是一个漫长的探索过程。与发达国家较成熟的城市更新制度相比，中国的城市更新仍处于起步阶段，单靠有限的公共资金无法满足大规模的城市更新需求，亟需建立基于政府、企业和社会主体多方协同参与的城市更新动力机制。

本书作者敏锐捕捉到了这一时代命题，通过系统梳理政策脉络与实践案例，为建筑业企业深度参与城市更新提供了理论支撑与行动指南。本书的创新之处在于，首次将"企业属性"与"城市更新"深度结合，揭示了建筑业企业在新阶段的角色转型与能力重构。传统研究多聚焦于规划技术或政策设计，而本书则从市场主体视角切入，提出建筑业企业不仅是施工主体，更应成为"投资－建设－运营"全链条的统筹者。这一视角突破了行业固有认知，为企业从"工程承包商"向"城市服务商"转型提供了理论认识基础。书中构建的多个分析模型尤其值得称道。例如，基于政府支持力度、资源协调成本、可经营业务潜力等六维度的项目筛选模型，为企业精准选择更新类型提供了量化工具；从资本运作、技术资产、核心业务能力等五维度设计的角色适配度模型，帮助企业明确自身定位；而"公益＋经营""公益＋准经营"等四类投资平衡模式及12个盈亏平衡分析公式，则为破解资金难题提供了方法论支持。而山东省路桥集团有限公司与上海同济城市规划设计研究院有限公司的合作案例，更是实践验证了"技术＋资本＋政策"协同模式的有效性。

作者团队的跨学科背景以及产学研融合经验为本书注入了独特价值。书中对青岛、上海等地的案例剖析，生动展现了企业参与更新的多元路径。例如，青岛老旧工业区更新中"产业导入＋空间再造"的联动策略，上海历史文化街区"微更新＋长效运营"的精细化模式，均为建筑企业转型提供了可复制的经验。尤其值得肯定的是，作者在经验总结的基础上，进一步提炼出"拉长板、补短板""引外力、强内力"等转型建议，为企业指明了从"被动适应"到"主动引领"的进阶方向。

本书是学术界与产业界协同创新的重要成果。它不仅为建筑业企业提供了转型路线图，也为城市更新相关研究注入了新视角。期待本书能激发更多学者、企业和社会力量投身城市更新事业，共同探索人本化、可持续的城市更新发展新范式。作为城市规划教育工作者，我亦希望本书成为高校相关专业的参考书，助力培养兼具全局视野与实践能力的复合型人才。

卓健

同济大学建筑与城市规划学院城市规划系系主任

2025年春于上海

2000年以来，中国城市化进程快速推进，中国的建筑业企业积极参与城市建设和基础设施工程建设，积累了丰富的经验，获得了长足的技术进步和斐然的成就，被誉为"基建狂魔"。随着城市化进程的放缓，中国的城市化进入以"城市更新"为主的高质量发展阶段，建筑业企业正积极探索城市更新驱动下的转型创新之路。

城市更新不仅是城市建设，也是一个复杂的系统工程，对于习惯了城市化快速增长、大拆大建模式的建筑业企业来说，城市更新更像一个"细碎活""精细活"。建筑业企业需要面临从法规规范、政策文件、规划设计、投资融资、建设施工、业态运营全过程的知识重构和业务转型挑战。建筑业企业属性首先是"企业"，是以追求投资收益最大化为目标的生产经营实体，代表的是市场主体和社会资本；其次才是以建筑工程技术见长的企业。本书从企业的视角出发，研究企业参与城市更新的政策机制、项目类型、角色定位、参与模式、操作流程、投资平衡等内容，为城市更新行动提供一个企业视角的解读范本。

本书从城市更新基本概念内涵讲起，第1章分析了当前中国实施城市更新行动的时代要求，对建筑业企业的"企业属性"和"城市更新"属性特征进行研究界定。第2章是对当前城市更新实践案例的总结和相关研究进展梳理，让读者首先了解当前国内外城市更新行动的历程和最新实践与创新。第3章是对当前中国城市更新政策机制的解读分析，明确当前中国城市更新的政策背景、相关政策的激励与约束机制，为企业参与城市更新提供一个清晰的政策框架，为未来城市更新政策机制的创新和突破提供基础。第4章是对企业参与城市更新的项目类型的筛选和对各项目类型的更新内容、更新难点、更新经验的系统梳理。本章节中提供了适合企业参与的项目类型筛选模型，从政府支持力度、资源协调成本、施工技术成本、可销售物业潜力、可经营业务潜力、资金平衡难易度六个维度进行综合分析，可以为企业参与城市更新决策提供参考。第5章是对城市更新行动中企业适合的角色进行推演，从是否需要投资及项目营利难度的视角对企业参与城市更新的角色进行分类，包括建设施工主体、投资主体、运营主体和统筹实施主体四种基本角色。本章节提供了一个参与角色的适配度分析模型，从资本运作、技术资产、核心业务能力、人才队伍和业内品牌五个维度对企业适合参与城市更新的角色进行适配分析。企业可据此来研判以何种角色、何种模式参与城市更新行动。第 6 章是对企业参与城市更新的实施流程的梳理，从企业的视角对城市更新行动的一般流程、实施主体确定、更新规划方案编制、投资融资、建设与实施流程、项目运营等各环节进行分析，为企业参与城市更新提供一个清晰的操作手册。第 7 章是对企业参与城市更新的投资平衡模式进行分析。从投资属性角度对城市更新项目类型和对应的营利模式进行分析，共包括"公益＋经营""公益＋准经营""公益＋非经营""非公益＋经营"4 种项目类型和其对应的 8 种运作模式，基于盈亏平衡分析基础模型对 4 种项目类型投资平衡进行深入分析，提出 12 个盈亏平衡分析公式。第 8 章是针对建筑业企业的经营转型建议，从精准定位更新类型和角色、创新驱动打通更新实施流程、统筹实现更新资金平衡 3 个方面提出 12 项建议措施。以上 8 个章节是对建筑企业参与城市更新的全景展现，以期对国内建筑业企业参与城市更新项目和经营转型提供指导。

为加强在城市更新领域的研究与合作，山东省路桥集团有限公司联合上海同济城市规划设计研究院有限公司共同组建研究团队，发挥各自在工程建设领域以及城市更新研究领域的优势，共同完成"城市更新驱动下的施工企业经营转型创新研究"课题。本书在该课题成果基础上进行了优化、提炼和再创新，本书写作的过程也是自我学习的过程，对城市更新实践与创新逐步形成清晰的框架，对建筑业企业参与城市更新的机遇与挑战有了更加深刻的理解，在此感谢课题组同仁在课题研究及本书成稿过程中提出的宝贵意见和建议。

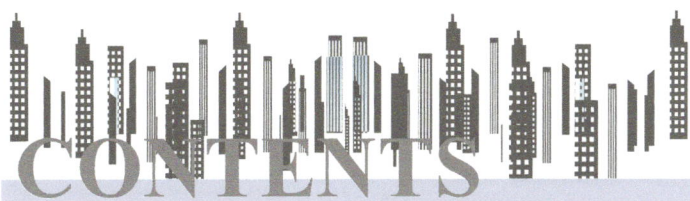

CONTENTS

目 录

随着中国新型城镇化战略的深入推进,前期大规模快速增长的城市发展阶段基本结束,以存量提升为主的城市更新正成为中国城市发展的主旋律。对建筑业企业来说,在经历了中国轰轰烈烈的城市建设运动之后,面对城市更新这一新赛道,主动适应和积极转型,探索新模式、新路径是企业发展的必由之路。本章对城市更新的时代背景,建筑业企业的概念范畴和属性特征,城市更新的概念范畴、发展演进与属性特征,建筑企业与城市更新的相关关系、任务、目标与框架等,进行详细解读。

1.1　时代背景

1.1.1　城市更新成为新时期城市高质量发展的重要抓手

中国共产党第十八次全国代表大会(以下简称中共十八大)以来,中国城镇化稳步推进,至 2023 年常住人口城镇化水平达到 66.16%,城市发展由大规模增量建设转为存量提质改造和增量结构调整并重的阶段。2015 年 12 月,中央城市工作会议提出"要坚持集约发展,框定总量、限定容量、盘活存量、做优增量、提高质量"的城市建设目标,推动城市发展由外延扩张式向内涵提升式转变,促进存量提质改造。2016 年 11 月,国土资源部在《关于深入推进城镇低效用地再开发的指导意见(试行)》中提出"建立健全政府引导、部门协同、公众参与的工作机制",成为后续中国城市更新政策制定的重要参照。

中国共产党第十九届中央委员会第五次全体会议(以下简称党的十九届五中全会)明确提出,实施城市更新行动,不断提升城市人居环境质量、人民生活质量和城市竞争力。因此,城市更新逐步成为中国推进城市高质量发展的重要战略部署,从中央到地方层面,陆续出台城市更新相关政策文件,系统化推进城市更新行动。《中华人民共和国国民经济和社会发展第十四个五年规划和 2035 年远景目标纲要》在全面提升城市品质方面提出了"加快转变城市发展方式""实施城市更新行动"的相关要求。

1

2021 年 8 月，《住房和城乡建设部关于在实施城市更新行动中防止大拆大建问题的通知》（建科〔2021〕63 号），提出转变城市开发建设方式，鼓励推动由"开发方式"向"经营模式"转变。同年 11 月，《住房和城乡建设部办公厅关于开展第一批城市更新试点工作的通知》（建办科函〔2021〕443 号），提出探索建立政府引导、市场运作、公众参与的可持续实施模式。

2022 年 10 月，中国共产党第二十次全国代表大会（以下简称中共二十大）报告明确提出"加快转变超大特大城市发展方式，实施城市更新行动，加强城市基础设施建设，打造宜居、韧性、智慧城市"，为新时期的城市建设和发展指明了方向，提出了新要求。同年 12 月，中共中央、国务院印发《扩大内需战略规划纲要（2022-2035 年）》，明确提出"推进城市设施规划建设和城市更新"。

2023 年 7 月，《住房城乡建设部关于扎实有序推进城市更新工作的通知》（建科〔2023〕30 号），提出基于城市更新工作在全国的实施情况，对城市更新工作的坚持城市体检先行、发挥城市更新规划统筹作用、强化精细化城市设计引导、创新城市更新可持续实施模式和明确城市更新底线要求 5 个方面加以规范，初步确立了国家层面城市更新的行动框架。截至 2024 年底，住房城乡建设部办公厅共发布了三批"实施城市更新行动可复制经验做法清单"，第一批共 28 个城市更新典型案例，大力推广城市更新行动成功经验。2024 年 5 月，财政部、住房和城乡建设部联合印发《关于开展城市更新示范工作的通知》，明确中央财政创新方式方法，支持部分城市开展城市更新示范工作，并评选出首批 15 个城市更新示范城市。

2023 年 11 月，自然资源部办公厅印发《支持城市更新的规划与土地政策指引（2023 版）》的通知，将城市更新要求与国土空间规划体系、规划管理体系和土地管理政策体系结合起来，为实施城市更新行动提供规划和土地政策支撑。

目前，政策层面对城市更新的探索仅是一个开端，各级政府将会推出更多适合新发展阶段的财税、金融、土地和建设相关创新性政策，深入推进实施城市更新行动。

1.1.2　新形势下建筑业企业发展转型的必要性

伴随着中国城市化和房地产业的快速发展，建筑企业产业规模不断扩大，建造能力持续增强，建筑施工企业在落地项目建设、提供就业岗位、促进行业发展和推动城镇化进程方面发挥了重要作用。但是，2017~2023 年间建筑企业的从业人员规模和产值规模均出现缩减，随着大拆大建的房地产开发模式向存量更新模式的转变，房地产业对建筑业的拉动作用也有所减弱。

根据中国建筑业协会发布的《2023 年建筑业发展统计分析》报告指出，2014~2023 年，随着中国建筑业企业生产和经营规模的不断扩大，建筑业总产值持续增长，建筑业增加值占国内生产总值的比例始终保持在 6.70% 以上，建筑业国民经济支柱产业的地位稳固。但是，建筑业产值利润率（利润总额与总产值之比）自 2014 年达到最高值 3.63% 之后总体呈下降趋势；房屋建筑施工面积、竣工面积继续减少，住宅竣工面积占房屋竣工面积超60%。建筑业发展与城镇化之间显著相关，随着中国城镇化发展的减速，城镇化在需求侧必将对中国建筑业发展产生深远影响，因此建筑业不可过度依赖城镇化，而应主要关注行业自身生产率的提升和业务模式转型。

中国共产党二十大报告再次明确"实施城市更新行动"的决策部署，实施城市更新已成为破解城市病、扩大内需，推动城市高质量发展的重要抓手。未来，随着城市更新政策的落实和项目落地，城市更新将逐渐成为未来城市发展的新增长点。受政策和市场因素驱动，不少大型房产开发企业、地方城投平台公司及头部建筑施工企业均已开始布局参与城市更新项目，成立专门的城市更新事业部或子公司等，积极探索企业参与城市更新的新路径、新模式。

在大力实施城市更新行动背景下，建筑业企业如何继续发挥自身优势，以更加积极、主动的姿态参与城市更新行动，探索参与城市更新的角色路径，既是实现企业自身发展转型和经营增长的需要，也是新时代中国式现代化建设新征程上实现建筑业高质量发展的需要。

1.1.3　建筑业企业参与城市更新的机遇与挑战

在中国快速城市化进程中，建筑业企业积累了大量的技术、资金和管理经验，在面向城市更新业务时有其大然的技术和资金方面的优势，但又有明显的产业运营、统筹管理方面的不足。以山东省路桥集团有限公司（以下简称山东路桥集团）为例。

经过 70 多年的发展，山东路桥集团从单一的路桥施工企业向多元化方向发展，形成具有金融投资、工程建设、产业运营、多元复合的大型企业集团。以山东路桥集团为代表的建筑业企业，在参与城市更新业务上的优势主要体现在资金实力、品牌价值和强大的资源整合能力。首先，作为一家大型企业集团，山东路桥集团具备较强的资金实力，可以承担大型城市更新项目的投资和运营。其次，山东路桥集团在建筑和工程领域有较高的品牌知名度，具备一定的声誉和口碑，有利于在市场上获得项目。此外，山东路桥集团在城市更新项目中擅长整合各类资源，包括土地、资金、人力等，能够最大程度地发挥资源优势，提高项目的综合效益。根据山东路桥集团的"十四五"发展规划，公司战略目标为"全领域、全产业链的工程建设服务商""致力于打造路桥施工、城市片区综合开发、养护、轨道交通、铁路、港航、水利、房建、生态保护等全业务领域，设计、投资、施工、运营和材料装备、试验检测等全产业链的工程建设服务商，为客户提供高附加值一体化解决方案"（图1-1）。

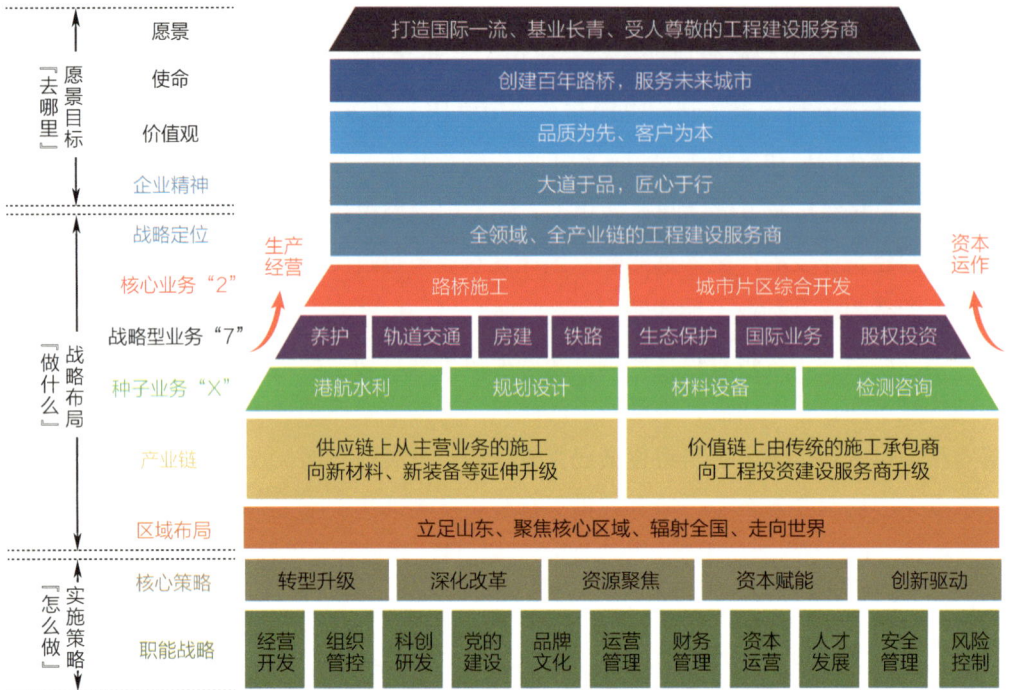

图 1-1 山东路桥集团"十四五"规划战略思路图
（图片来源：山东路桥集团）

但是，山东路桥集团传统业务方向主要局限于基础设施工程领域，对城市更新中的建筑工程、环境整治、产业运营等板块经验和技术力量不足，缺乏足够的项目业绩和市场认可度。在传统业务上，山东路桥集团面临的竞争将会越来越激烈，迫使企业转变思路，开辟新赛道。在城市更新业务上，参与企业需要面对多重挑战。例如，城市更新项目涉及多个环节，包括规划设计、建设施工、运营管理等，项目复杂性较高；城市更新过程中会涉及很多法律法规和政策的变化，会对项目的推进和企业收益预期产生影响。因此，山东路桥集团参与城市更新业务需要加强项目全流程管理和执行的能力。

1.2 建筑业企业概念范畴和属性特征

1.2.1 建筑业企业概念范畴

根据《国民经济行业分类》GB/T 4754—2017，建筑业包括房屋建筑业、土木工程建筑业、建筑安装业、建筑装饰、装修和其他建筑业 4 个大类，细分为 18 个中类和 44 个小类。根据这个行业分类标准，建筑业企业是指主要从事建筑业商品生产和经营，依法自主经营、自负盈亏、独立核算，具有法人资格的经济实体，可以按照权利归属、企业规模、资质条件、行业细分等进一步分类。根据中国建筑业协会发布的《2023 年建筑业发展统计分析》，2023 年全国共有建筑业企业 157929 家，从业人员达到 5253.75 万人；其中，有 81 家企业入选 ENR "全球最大 250 家工程承包商"，国有和国有控股建筑业企业 10060 家，占建筑业企业总数的 6.37%。由此可见，中国的建筑业企业数量庞大、综合实力强大、从业人员众多，但是随着企业的不断发展壮大，建筑业企业作为一个经营实体，经营业务范围也随着社会经济发展环境的变化不断调整业务方向，一些大型建筑业企业在强化建筑业主业的基础上，不断延伸其他相关业务类型，包括投资开发、规划设计、科技研发、运营策划等。根据企业权属和数据资料的可获得性，本书选取了上市公司中的央企、国企、民企三种类型的代表性企业，分析其业务类型和经营范围，为进一步界定建筑业企业概念范畴提供参照（表 1–1 ）。

中国央企、国企、民企代表性企业经营业务分析　　　　　表 1–1

企业名称	权利归属	企业规模	建筑业主营业务	延伸业务
中国 JZ 集团有限公司	央企、上市公司	拥有上市公司 8 家，二级控股子公司 100 余家。2023 年新签合同额 4.32 万亿元，实现营业收入 2.27 万亿元，利润总额 929.95 亿元。公司入选 2023 年《财富》世界 500 强和 ENR "全球最大 250 家工程承包商"均排名靠前	工程建设为主，业务范围涉及城市建设的全部领域与项目建设的每个环节，在国内外建造了许多记录时代变迁、铭刻经济文化发展的经典地标，在超高层建筑领域拥有综合领先优势。在轨道交通、桥梁、城市综合管廊等领域完成了许多服务国计民生的重大基础设施项目	投资开发（地产开发、建造融资、持有运营）、勘察设计、新业务（绿色建造、节能环保、电子商务）等板块
中国 JTJS 集团有限公司	央企、上市公司	拥有 60 多家全资、控股子公司。2023 年新签合同额为 17532.15 亿元，实现营业收入 7586.76 亿元，利润总额为 363.64 亿元，公司位居《财富》世界 500 强前列。JTJS 集团是世界最大的港口设计建设公司、世界最大的公路与桥梁设计建设公司、世界最大的疏浚公司、世界最大的集装箱起重机制造公司	全球领先的特大型基础设施综合服务商，主要从事交通基础设施的投资建设运营、装备制造、城市综合开发等，为客户提供投资融资、咨询规划、设计建造、管理运营一揽子解决方案和综合一体化服务	基建设计业务、疏浚业务，其他业务主要包括公司全产业链盾构机的装备制造、物资集中采购、金融产业支撑等业务

企业名称	权利归属	企业规模	建筑业主营业务	延伸业务
中国ZTGF有限公司	央企、上市公司	拥有49家一级全资、控股子公司。2023年新签合同额为31006亿元，实现营业收入12634.75亿元，净利润376.36亿元，公司位居《财富》世界500强前列，在ENR全球最大250家承包商中位居前列	业务范围涵盖了几乎所有基本建设领域，包括铁路、公路、市政、房建、城市轨道交通、水利水电、机场、港口、码头等，能够提供建筑业"纵向一体化"的一揽子交钥匙服务	公司实施有限相关多元化战略，在勘察设计与咨询、工业设备和零部件制造、房地产开发、矿产资源利用、高速公路运营、金融等业务
山东GSJT股份有限公司	省属国企、上市公司	2023年公司实现中标额1186.90亿元，实现营业收入730.24亿元，利润总额37.17亿元。在ENR全球最大250家承包商排名靠前	主要业务为建筑业施工，包括路桥工程施工和路桥养护施工，房屋建筑工程等	其他业务包括商品混凝土加工及材料销售、工程设计咨询、周转材料、设备租赁及其他
上海JGJT股份有限公司	直辖市属国企，上市公司	2023年新签合同4318亿元、营业收入3046亿元，归属母公司净利润15.58亿元。位居《财富》世界500强前列。连续多年位列ENR全球最大250家承包商前列	以建筑施工业务为基础，设计咨询业务和建材工业业务为支撑，房产开发业务和城市建设投资业务为两翼的核心业务架构	公司积极拓展城市更新、水利水务、生态环境、工业化建造、建筑服务业、新基建领域等六大新兴市场。目前，"五大事业群+六大新兴业务"覆盖投资、策划、设计、建造、运维、更新全产业链
BY股份有限公司	民营企业、上市公司	2023年公司实现营业收入264.79亿元，利润总额8.94亿元。2023年集团聘用员工6413人，间接聘用施工人员65836人，入选中国企业500强	建筑施工（下辖3家施工总承包特级资质企业）、建筑工业化研发制造	绿色科技房产开发是公司三大业务之一，部分业务涉足投资、贸易、科技研发等

注：资料和数据来源于各公司官方网站和上市公司2023年年度报告等公开信息。

综合以上分析，以山东路桥集团为参照，本书将建筑业企业的概念范畴定义为，以从事建筑业工程建设为主要业务，延伸从事投资、开发、设计、咨询、运营等工程建设相关业务，依法自主经营、自负盈亏、独立核算，具有法人资格的市场经济主体。

1.2.2 建筑业企业属性特征

建筑业企业兼具社会、经济、环境三个维度的属性，除了具有一般企业的法人治理、市场导向、营利目标等属性外，还有以下 6 个方面的属性特征。

（1）资本高密性

建筑业企业通常需要大量的资本投入，用于购买设备、材料和维持运营。建筑业企业的最终产品（即建筑项目）往往具有较高的价值，这些项目不仅需要大量的前期投资，而且在建设过程中需要持续的资金流以支付人力成本和材料费用，反映了资本的高度密集性。

（2）技术迭代性

建筑业企业需要不断适应和采纳新技术，在建筑项目中不断进行技术迭代和创新，如施工工艺技术、BIM 技术、绿色建筑技术、智能建造技术等。近 30 年来，中国的建筑业企业通过不断的技术创新，建造了大量令世界震撼的工程项目，比如三峡大坝水利工程、港珠澳大桥、高速铁路，等等。技术迭代性反映了建筑业企业的创新精神和可持续发展的能力。

（3）环境相干性

建筑业是一个资源密集型行业，建筑材料的生产和使用消耗了大量的自然资源，包括水、土壤、矿石等。在建筑行业的全生命周期中，材料的开采和加工过程对环境造成了显著的影响。建筑活动往往涉及对自然环境的改造，可能导致生态系统的破坏和生物多样性的减少。此外，建筑行业作为三大能源消费行业之一，在迈向碳中和之路上承担了重要使命。中国政府在 2020 年宣布了 2030 年二氧化碳排放达峰、2060 年碳中和的气候承诺，建筑行业需要实现减排并推动多产业、全价值链绿色发展。

（4）多元拓展性

建筑业企业不仅局限于施工，还向投资、开发、设计、咨询等领域拓展。中国建筑业企业，特别是大型建筑类央企，一直致力于多元化经营，实现纵向一体化和横向多元化发展。

（5）国际适应性

建筑活动具有全人类普适性需求，全球范围内对建筑建造活动的需求持续增长，投资和发展基础设施仍然是全球主要国家提振经济的重要解决方案，建筑技术和建筑业的环境相关性具有全球适用性，这显示了建筑业企业的国际适应性。

（6）社会责任性

建筑业是一个典型的劳动密集型行业，它为社会提供了大量的就业机会。建筑产品不仅提供了居住和工作的空间，还对城乡环境的改善、居民生活质量的提升具有重要影响。建筑业企业通过其产品，直接参与社会和环境的建设中，其设计和建造的建筑需要满足健康、安全、环保等社会价值标准。

1.3 城市更新的概念范畴、发展演进与属性特征

1.3.1 城市更新的概念范畴

纵观城市发展历史，城市自从成为人类永久聚居地以来就不断地进行更新，随着社会经济发展和科技进步，它在不同的时间和地点采取了多种形式推动社会、经济、物质和环境的改善，因此，相关文献中尚未对城市更新给出一致的定义。城市更新需要在特定的社会经济背景和城市发展阶段中研究。

（1）当前阶段国内城市更新的概念

目前，中国在国家政策层面暂且没有城市更新的明确概念定义。值得注意的是，由于不同的城市发展背景、发展阶段、面临主要问题及更新动力等方面的差异，城市更新的目标、内容以及所采取的更新方式也各不相同，对城市更新的概念认知也不一致。城市更新是城市发展的客观规律，不同城市、不同时期有着不同的特点。在国内代表性城市的政策文件中，对城市更新的概念定义虽然大体相近，但在对更新范围、更新对象、更新主体、更新活动等方面的表述又不尽相同。深圳、广州、上海、青岛、重庆等中国较早开展城市更新的城市已经做了探索，结合各自城市的具体情况在相关文件中对城市更新的概念进行了定义（表1-2）。

国内代表性城市相关政策文件中对城市更新的概念定义　　表 1-2

概念定义	范围	对象	方式	主体	政策文件
城市更新是指由政府部门、土地权属人或其他符合规定的主体，按照"三旧"改造政策、棚户区改造政策、危破旧房改造政策等，在城市更新规划范围内，对低效存量建设用地进行盘活利用以及对危破旧房进行整治、改善、重建、活化、提升的活动	城市更新规划范围内	低效存量建设用地、危破旧房	低效存量建设用地进行盘活利用以及对危破旧房进行整治、改善、重建、活化、提升	政府部门、土地权属人或者其他符合规定的主体	2015 年 12 月 发布的《广州市城市更新办法》
城市更新，是指由符合本办法规定的主体对特定城市建成区（包括旧工业区、旧商业区、旧住宅区、城中村及旧屋村等）内具有以下情形之一的区域，根据城市规划和本办法规定程序进行综合整治、功能改变或者拆除重建的活动	特定城市建成区	旧工业区、旧商业区、旧住宅区、城中村及旧屋村等	综合整治、功能改变或者拆除重建	符合本办法规定的主体	2016 年 11 月修改并发布的《深圳市城市更新办法》

概念定义	范围	对象	方式	主体	政策文件
城市更新，主要是指对本市建成区城市空间形态和功能进行可持续改善的建设活动	本市建成区	城市空间	形态和功能进行可持续改善	—	2015年5月上海发布的《上海市城市更新实施办法》
城市更新，是指在本市建成区内开展持续改善城市空间形态和功能的活动	本市建成区内	城市空间	持续改善城市空间形态和功能	区政府作为推进主体、区域更新统筹主体、零星更新物业权利人	2021年8月上海发布的《上海市城市更新条例》
城市更新，是指对建成区内历史城区、老旧小区、旧工业区、城中村等片区，通过综合整治、功能调整、拆除重建等方式进行改造的活动	建成区内	历史城区、老旧小区、旧工业区、城中村等	通过综合整治、功能调整、拆除重建等方式进行改造	政府按规定确定的实施主体、土地使用权人、城中村集体经济组织、其他有利于城市更新项目实施的主体	2021年4月发布的《青岛市人民政府关于推进城市更新工作的意见》（青政发〔2021〕8号）
城市更新是指对城市建成区城市空间形态和功能进行整治提升的活动	城市建成区	城市空间	空间形态和功能进行整体整治	区政府作为责任主体、政府、物业权利人作为实施主体或引入相关人作为实施主体	2021年6月发布的《重庆市城市更新管理办法》

比较以上政策，文件中城市更新的定义、城市更新的范围和对象均为建成区以内的城市空间，但有些城市仅限定为存量低效用地、老旧小区、城中村、历史城区等特定区域；在更新方式上，除上海以外，均以物质空间的改造为主，较少关注城市功能的完善；城市更新主体均以政府作为责任主体或推进主体，物业权利人可以作为实施主体，其他实施主体的遴选或确认均由政府确定。因此，当前中国代表性城市更新是政府主导的对建成区物质空间环境的改善。

明确当前阶段城市更新概念，需从空间、时间等方面对城市更新的内涵和演进特征予以解析。当前中国城市发展正处于从大规模用地增量建设转向用地存量提质与增量结构调整并重，从"有没有"向"好不好"转变的关键时期，用地存量发展阶段的城市更新有着区别于增量发展阶段的内涵与特征，这不仅是一个城市建设范畴的概念，有必要结合当前中国城镇化发展现状和各地方城市更新实践，对城市更新的概念内涵予以探讨和界定。在当前用地存量发展的时代背景下，城市更新对城市某一衰落区域存量建筑资源以维护、改造、拆建、扩充等方式，对该区域土地资源予以重新优化配置、提高存量资源的利用效率、促进城市功能的全面或局部升级、实现居住条件的改善和生活品质的提高、增强城市活力与市场竞争力、推动产业结构转换和升级，使该区域重新发展和繁荣。包括对旧工业区、旧商业区、旧住宅区、城中村等进行综合整治、功能改变或者拆除重建，实现城市功能的重新定位，提升城市发展动能。

（2）当前阶段国外城市更新概念的探讨

英国、美国、法国、德国及日本等发达国家较早完成了城市化并开展城市更新行动，目前已经形成较为完善的法律法规和政策体系，分别对城市更新的实施主体、主要更新对象、制度建设与市场参与路径均有较为详细的规定，并各有特色，但是尚未形成统一的城市更新概念定义（表1-3）。实施主体方面，政府或代政府机构均是重要的参与主体。各国均通过完善的法律体系和政策机制鼓励私人机构和社区组织参与城市更新，尤其是日本，明确规定了公共部门和民间部门的职责、参与对象和参与方式。更新对象方面重点关注了城市中衰败的社区或老旧公共住房区，延伸到城市其他衰败区域。可见，西方发达国家城市更新以振兴城市衰败区为目标，通过国家到地方各级政府的主导参与和完善的法律与政策体系指引，引导私人资本和社区积极参与，实现城市衰败区域的空间环境、社会经济的全面复兴。

英国、美国、法国、德国及日本城市更新体系比较 表1-3

国家	实施主体	主要更新对象	制度建设与市场参与路径	典型案例
英国	城市开发公司（土地的整合权，区域发展控制权、使用政府资助开发土地权）、英格兰合作组织（代政府机构）、区域发展机构（私人机构或公私联合体）	内城地区、贫困的社区	主要法律有《内城法》（1977）、《地方政府、规划和土地法》（1980）、《地方政府法》（2000、2003）、《住房法》（1988、1996、2004）、《升级与更新法案》（2023）。政府通过划定"企业区"鼓励私人资本投资，此外通过设立"城市挑战基金""综合更新预算基金"和"社区新政计划"等吸引私人资本和社区的参与	伦敦道克兰地区更新项目，利物浦单点城市挑战项目、伯明翰心脏地带项目、伦敦纽汉区社区新政项目
美国	联邦政府、州政府和地方城市更新机构、私人开发商和社区组织	城市衰败区、贫民窟和老旧住宅区、公共住房社区	主要法律有《住房法》（1949、1954）、《住房与社区发展法》（1974），以城市更新为目的的主要税收融资模式包括税收增额筹资（TIF）和商业改良区（BIDs）。地方政府创设了各类弹性区划技术和增值管理工具	纽约布鲁克林区大众科技中心商业改良区、哈德逊城市广场更新项目

续表

国家	实施主体	主要更新对象	制度建设与市场参与路径	典型案例
法国	由地方政府委托的、具有土地开发权限的公共机构，具有行政管理和工商企业两种属性	以工业、仓储和铁路废弃地等城市衰败街区为对象	《城市规划法典》（1973）、《土地指导法》（1967）。协议开发区制度，指地方政府根据城市建设发展的需要，通过与相关土地所有者进行协商，在达成共识并签署协议的基础上建立的城市开发区域	巴黎贝尔西协议开发区
德国	联邦政府、州政府和地方政府。社区合作性基金，调动社会资本参与合作式治理	老旧住宅区、工业废弃地、商业区、基础设施不足的区域以及衰败的城市社区	德国以《基本法》《建设法典》和整合性城市发展构想（ISEK）作为制度和规划保障。社区合作性基金实质上是更新资金的筹集工具，资金的50%来自联邦、州和地方政府，另外50%来自企业、房地产市场和社会企业；个别情况下，社区合作性基金全部由政府提供	柏林施潘道郊区社区更新、柏林夏洛腾堡118街坊更新
日本	分为民间部门和公共部门。民间部门包括个人施行者、市街地再开发组合、再开发公司、地方公共团体，公共部门包括独立行政法人都市再生机构及地方住宅供给公社	更新对象主要是城市中老旧、功能退化的区域，特别是针对第一种市街地再开发事业和第二种市街地再开发事业，前者通过权利转换方式实施，后者通过用地购买方式实施	《都市再开发法》《都市再生特别措施法》《土地区划整理法》等为法律保障。民间部门通过"权利转换"方式实施	六本木新城、涩谷站周边地区城市更新项目，虎之门/麻布台地区再开发

　　纵观西方国家城市发展历程，城市更新内涵和关注点也不断发展变化。Helen Wei Zheng（2014）认为，城市更新应该与可持续发展结合起来进行研究，因为城市更新旨在解决城市功能恶化、城市地区社会排斥、环境污染等一系列城市问题，这些方面可以极大地促进了城市可持续发展；通过比较城市更新、城市再生、城市再开发、城市复兴等概念，提出城市更新旨在通过再开发、修复和遗产保护等各种行动改善城市地区的物质、社会经济和生态环境。此外，Helen Wei Zheng 通过对 1990~2012 年间的可持续城市更新文献研究构建了实现可持续城市更新的路径，即审视城市更新过程中城市规划子系统和社会子系统相互作用的复杂性，评估城市更新过去、现在和未来的状况，才能提出可持续城市更新的解决方案和策略。Roshanak Mehdipanah（2017）从现实主义的视角证实欧美国家城市更新计划导致了社区中产阶级化，进而导致中低收入家庭健康状况恶化，而社区组织的参与

将有效缓解以上问题，进一步提出未来城市更新政策和计划的制定应加强对社会方面的关注。Harel Nachmany&Ravit Hananel（2023）认为，城市更新一直是政府用来稳定衰退地区并防止进一步恶化、刺激城市增长和增加税收、简化有限土地资源利用的关键政策工具，尽管当前世界范围内的城市更新项目均宣称致力于可持续发展和社会包容，但通过社会、经济和物质三维城市更新矩阵对特拉维夫 Neve Sharett 社区的研究发现：虽然城市更新总体上改善了物质和功能环境，但也造成了社区尤其是弱势群体居民日常生活的扰乱。为了实现最佳的政策成果，城市更新必须解决所有相关居民群体的所有社会、经济和环境方面的问题。Harel Nachmany&Ravit Hananel（2022）通过对美国、英国和以色列三个国家城市更新政策分期的研究发现，近 10 年来的城市更新政策是一种"集中的新自由主义"，它将市场导向的政策与政治集权倾向相结合，并称之为第四代"为私人开发商服务的城市更新政策"，建议重新评估城市更新的传统作用，作为鼓励下层社会向上流动的手段，促进社会公平正义。

综上所述，西方发达国家对城市更新的理解不再局限于城市物质空间环境的改善，而是将城市更新作为促进城市社会、经济、环境全面可持续发展的工具，将政府管制、市场激励和社区参与紧密结合，推动城市环境改善、经济发展和社会公平，从而实现城市的可持续发展。

（3）本书对城市更新概念范畴的定义

综合国内外城市更新概念，本书聚焦于当前阶段中国城市更新的诉求，即城市化水平达到成熟阶段并通过城市更新来促进城市社会、经济、环境的可持续发展。但考虑到中国各省市城市化发展水平的差异性，本书进一步聚焦基本完成城市化并以存量用地更新发展为主的城市，为下一阶段中国城市全面进入城市更新发展阶段提供借鉴。

因此，本书对城市更新范畴限定于城市化后期如何促进城市社会、经济、环境的全面可持续发展的视角，是指"根据国家法律法规、地方政府规划和相关政策，对城市的存量用地、建筑、设施、空间形态和功能，进行保护、整治、改造、改建或重建，促进城市环境改善、功能优化、经济振兴和社会公平，以实现城市可持续发展"。

本书从更新依据、更新主体、更新对象、更新方式和更新目标，五个方面来解析城市更新的概念和内涵（表 1-4）。

本研究对城市更新概念范畴解析　　　　　　　　　表 1-4

更新依据	国家层面法律法规、地方政府规划和政策
更新主体	参与城市更新的各类主体，包括：地方政府部门、土地权属人、物业权利人或其他符合政府遴选规定的市场主体
更新对象	城市建成区内形态或功能呈现衰退的存量空间，包括：低效用地、基础设施、旧住宅区等，在空间上既包括划定区域的整体更新，也包括点位上的微更新，如单体建筑的更新改造等
更新方式	保护、整治、改造、改建或重建等
更新目标	实现城市社会、经济、环境的全面可持续发展

1.3.2　城市更新的发展演进

（1）国外城市更新的发展演进

从全球城市发展进程以及城市更新建设活动的演进看，城市更新经历了大拆大建的城市开发主导时期、修修补补的基础设施完善时期、环境提升为主的微更新时期。有学者将西欧城市更新划分为城市重建、城市复苏、城市更新、城市再开发、城市再生五个阶段（表 1-5），涉及的西欧国家包括英国、法国、德国、荷兰、比利时和意大利等。还有学者提出发达国家城市更新发展主要阶段，包括第二次世界大战后~20 世纪 60 年代初、20世纪 60~70 年代、20 世纪 80~90 年代、20 世纪 90 年代至今四个部分（表 1-6），所涉及的国家和城市更为广泛，包括美国、荷兰、奥地利、加拿大、法国、德国、英国、西班牙等。

西欧城市更新的发展阶段　　　　　　　　　表 1-5

时期与政策类型	20 世纪 40~50 年代城市重建（Urban Reconstruction）	20 世纪 60 年代城市复苏（Urban Revitalization）	20 世纪 70 年代城市更新（Urban Renewal）	20 世纪 80 年代城市再开发(Urban Redevelopment)	20 世纪 90 年代城市再生（Urban Regeneration）
主要策略倾向	根据总体规划设计对城镇旧区进行重建与扩展	延续 20 世纪 50 年代的主题	注重就地更新与邻里计划	进行开发与再开发的重大项目	向政策与实践相结合的更为全面的形式发展
	郊区的生长	郊区及外围地区的生长	外围地区持续发展	实施旗舰项目	更加强调问题的综合处理
		对于城市修复的若干早期尝试		实施城外项目	

续表

主要促进机构及其作用	国家及地方政府	在政府与私营机构间寻求更大范围的平衡	私营机构角色的增长与当地政府作用的分散	强调私营机构与特别代理	"合作伙伴"模式占主导地位
	私营机构发展商的承建			"合作伙伴"模式的发展	
行为空间层次	强调本地与场所层次	所出现行为的区域层次	早期强调区域与本地层次，后期更注重本地层次	20世纪80年代，早期强调场所的层面，后期注重本地层次	重新引入战略发展观点
					区域活动日渐增长
经济焦点	政府投资为主，私营机构投资为辅	20世纪50年代后，私人投资的影响日趋增加	来自政府的资源约束与私人投资的进一步发展	以私营机构为主，选择性的公共基金为辅	政府、私人投资及社会公益基金间全方位的平衡
社会范畴	居住与生活质量的改善	社会环境及福利的改善	以社区为基础的活动及许可	在国家选择性支持下的社区自助	以社区为主题
物质更新重点	内城的置换及外围地区的发展	继续自20世纪50年代后对现存地区类似做法的修复	对旧城区更为广泛的更新	重大项目的置换与新的发展	比20世纪80年代更为节制
				旗舰项目	传统与文脉的保持
环境手段	景观美化及部分绿化	有选择地加以改善	结合某些创新来改善环境	对于广泛的环境措施的日益关注	更广泛的环境可持续发展理念的介入

发达国家或地区城市更新发展的阶段　　　　　　　　　　表 1-6

时期与政策类型	第二次世界大战后~20世纪60年代初	20世纪60~70年代	20世纪80~90年代	20世纪90年代至今
更新内容	居住空间的改善尤其是贫民窟的清理	以福利性住房为主的带有国家福利主义色彩的社区建设	地产导向的旧城开发	社会、经济、文化、生态等综合维度的更新，以文化因素占据主导
更新机制	各级政府主导	政府和私人部门的合作逐渐加强	私人部门和市场的力量占主要地位，政府出于协调地位	多方多维度合作关系的形成，更加注重全球化的影响以及区域的合作
更新特征	推土机式的大拆大建	社区范围的更新	城市企业主义的力量增强	小规模渐进式针灸式的有机更新
更新侧重点	注重城市物质空间的改善	城市社会福利制度的健全	经济的发展作为城市发展的引擎	城市历史文化的保护及城市市民的公共利益

　　以上这些分期的共同点在 21 世纪 10 年代左右停止，对于近十几年来的城市更新动向缺乏研究。Harel Nachmany&Ravit Hananel（2022 年）通过对美国、英国、以色列三个国家自 20 世纪 40 年代中期以来的住宅区城市更新政策和文献进行研究，划分为 4 个城市更新阶段：20 世纪 40 年代中期 ~60 年代，国家主导、物理决定论的、"推土机式"的更新；20 世纪 60 年代末 ~70 年代，国家权力下放，地方政府与公民主导的城市更新；20 世纪 80 年代 ~21 世纪 10 年代，国家管治缺失，自由市场导向的城市更新；21 世纪 10 年代至今，中央集权主义的回归，为私人开发商服务的、市场激励导向的城市更新（图 1-2）。

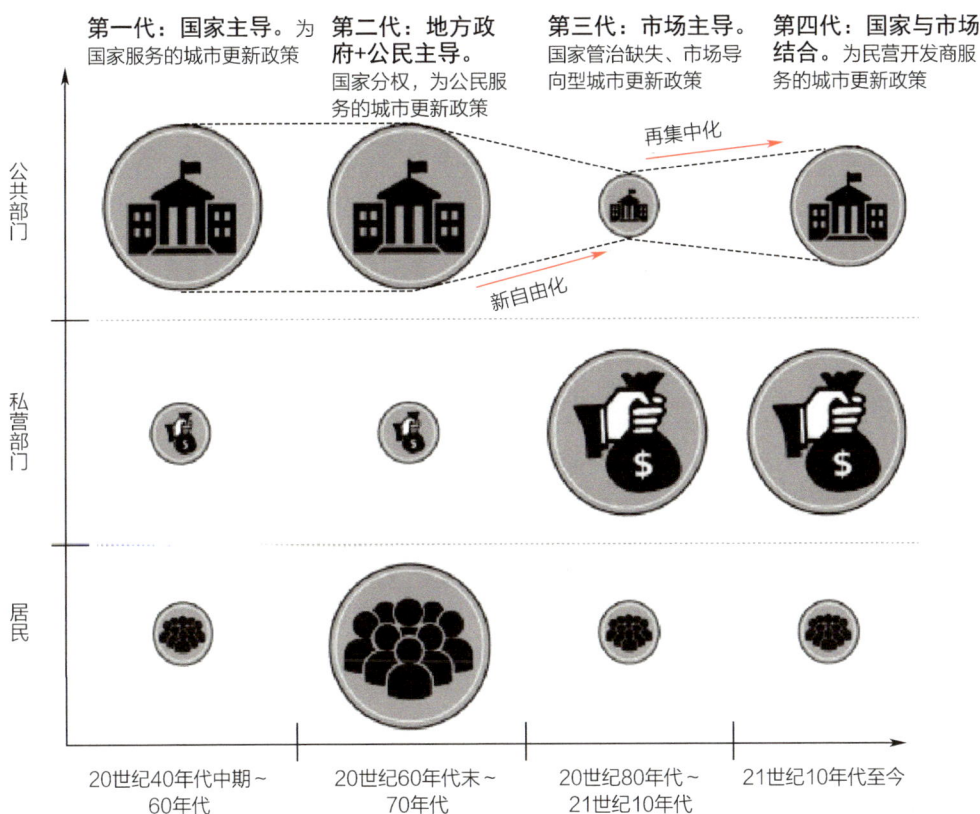

图 1-2　四个阶段的城市更新演变

　　尽管当前西方发达国家城市更新政策均倡导社区参与和社会多样性的规划原则，但事实证明，城市更新并没有提升当地居民尤其是贫困社区居民的社会经济地位。因此，当代西方国家城市更新可以比作赌桌，国家是庄家，他的作用是确保房子永远获胜，即降低风险并确保私人开发商的创业利润；现有居民被迫成为赌徒，其成本和收益取决于运气。未来城市更新的关键问题是，如何利用以经济原理为指导的工作框架来促进社会公平正义，作为鼓励下层社会向上流动的手段和促进城市可持续发展的工具。

（2）中国城市更新的发展演进

结合中国城市化进程的演变来看，中国的城市更新经历了计划经济时期（1949~1997年）、房地产开发时期（1998~2020年）和后房地产时期（2020年以后）三个阶段，相应的中国城镇化水平经历了10%~30%、30%~60%、60%以上三个阶段的跨越。计划经济时期是以城市住房的计划分配为主要特征，这个时期的城市建设是以工商业建设为主，城市化水平较低，城市更新活动重点在于改善城市居民的生活条件。房地产开发时期是以城市商品房的开发为主要特征，这个时期的城市建设以房地产开发为主，城市化水平实现了快速提升，城市居民的居住条件和生活水平得到了极大的改善，城市规模急剧扩张，城市更新活动主要表现为旧厂区、旧城区和城中村的改造，以拆旧建新的方式进行城市开发。2020年以后，中国城市化进程放缓，整个社会经济进入转型升级的新发展阶段，中国政府适时调整房地产政策，城市建设活动以促进产业升级、完善城市功能、改善城市环境为主的高质量发展和新型城市化时期。这个时期的城市更新活动主要表现为存量建设用地的更新和城市环境的改造。

国内其他学者从不同视角对中国城市更新阶段进行了划分。王嘉（2021）从城市治理的视角将中国1949年以来的城市更新演进历程划分为3个阶段：第一阶段为1949~1989年，采用政府主导下的一元治理城市更新模式，更新活动以改善居住和生活环境为重点；第二阶段为1990~2009年，采用政企合作下的二元治理城市更新模式；第三阶段为2010年至今，采用多方协同下的多元共治城市更新模式，越来越重视公共利益的实现。王蔚（2023）利用文献计量方法和可视化分析软件CiteSpace，结合时区图、突现图谱以及关键词出现的强度时间，将中国城市更新研究阶段大致分为以下4个阶段：1949~1978年，政府主导的旧城物质改造时期；1979~1998年，社会转型的探索时期；1999~2011年，地产导向的城市更新时期；2012年至今，新型城镇化背景下的存量更新时期。以上阶段划分的共同特点是城市更新与社会经济发展宏观背景密切相关，当前中国的城市更新进入一个以注重公共利益和城市高质量发展、以新型城镇化为背景的存量更新发展时期。

中国城市更新存在较大的地域差异性，从国内城市开展城市更新的地方实践看，最具有代表性的是深圳、广州和上海。通过比较三个城市的发展历程及城市更新内涵（表1-7），存在共性和差异性，差异性主要取决于各城市不同的政策、经济、社会和区域条件，共性则表现在三个城市均完成了更新管理机构的设置、更新政策与专项法规的出台、地区特色的更新类型划分、更新管制与实施路径的创新与探索等方面，且三者均处于更新制度创建和实践创新的起步阶段。

深圳、广州、上海城市更新发展历程及内涵比较　　表 1-7

地区	时期与政策特点			
	20 世纪 80 年代~90 年代初	20 世纪 90 年代初期~中期	20 世纪 90 年代中期~末期	20 世纪 90 年代末至今
深圳	政府放权给开发单位和旧村居民自发进行改造；管理方式粗放，为后面的城市建设活动带来隐患	快速推进、速度为先的模式没有系统的政策制度和长效的监管制度	实践中的问题全面爆发；单点逐个解决问题；新发生的更新具有随意性和自由性	实践问题更趋复杂综合；开始深入思考更新的制度管理；全面探索正式开启：四个转型期开启
	20 世纪 80 年代	20 世纪 90 年代	21 世纪 00 年代	21 世纪 00 年代后期~2015 年	2015 年至今
广州	初探市场机制、市场驱动住房建设	放任市场开发，引入市场资金、大拆大建，政府支持市场改造老城区、旧城肌理破坏严重	有机更新、探索新模式，采取"市、区结合，区、街联动"的方式，小规模有机更新。政府包办难以大面积推广	"三旧"改造，迈入优化与提升阶段、政府主导下的多元目标驱动、多方利益折冲中的开发权最大化	崭新的常态化发展阶段，提出"微改造"政策路径，更新方式包括全面改造和微改造两种方式
	20 世纪 80 年代	20 世纪 90 年代	21 世纪 10 年代	2010~2015 年	2015 年至今
上海	以改善居住条件、提高环境质量为目标的旧区改造开始，计划经济体制下的更新	以经济增长为目标，大拆大建为主导的更新模式，成片街区改造，导致文化内涵缺失	以拆除重建转化为以再开发、整治改善和保护并举的开发模式	文化特征凸显、渐进式更新、风貌街区、工业遗产、滨江地区	更新发展更趋制度化、体系性

从国内外城市更新发展历程看，城市更新所涉及的内容极为多元化，各个国家或地区随着时代的发展，城市更新的内涵和表现形式也在不断变化，当前阶段的城市更新表现出不同于以往时代的内涵特征，具有重要的研究价值。

1.3.3　当代城市更新的属性特征

为了后续内容可以更加清晰地理解和运用城市更新的概念，本书根据城市更新概念范畴的定义和国内外城市更新发展演变的比较分析，从社会、经济、环境 3 个维度、8 个要素入手，结合城市更新结果评价矩阵解析当代城市更新的属性特征（图 1-3）。

维度层 ⟶ 要素层 ⟶ 结果评价 ⟶ 属性特征

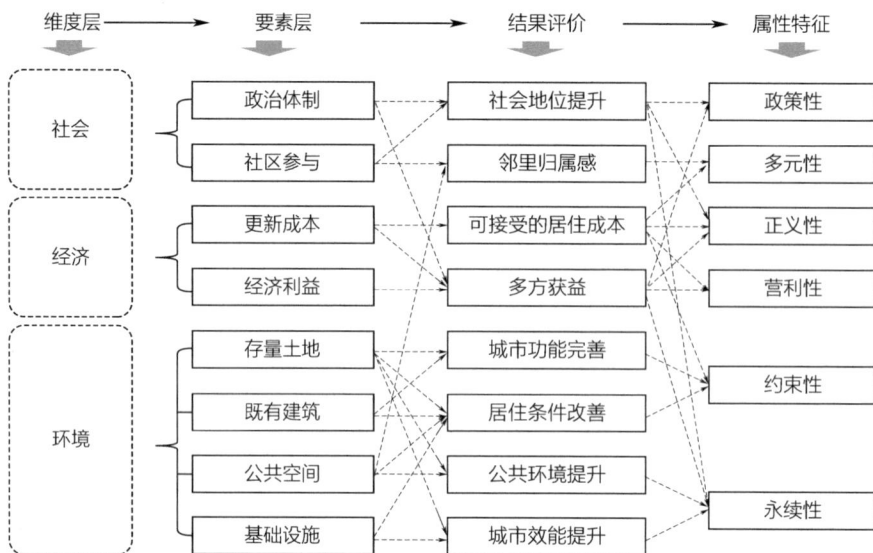

图 1-3　当代城市更新属性特征解析

如图 1-3 所示的分析框架，当代城市更新体现出政策性、多元性、正义性、营利性、约束性和永续性 6 个方面的基本特征。

（1）政策性

从国内外城市更新的发展演进看，城市更新受到中央到地方各级政府政治体制和行政政策的影响。国家层面的政策机制和法律法规将影响城市更新的价值取向，比如市场利益导向还是公共利益导向等。地方政府在国家政策缺失或充分放权的条件下，会根据地方发展需求出台相关政策来推动城市更新。

（2）多元性

城市更新中涉及多种利益相关方的参与，包括地方政府或政府授权的组织机构、民营机构、社区组织、物业权利人、原居民及新居民等，尤其是社区组织及居民，涉及不同社会层级、文化信仰和身份背景的人群。城市更新中需要兼顾多元参与方的利益。

（3）正义性

从当前国内外城市更新的诉求和实施结果评价看，城市更新是实现社会各阶层资源再分配和贫困社区居民社会地位提升的重要工具，需要平衡各方利益，实现社会公平正义，促进社会和谐进步。

（4）营利性

城市更新需要各类市场主体尤其是私营机构的参与，以经济利益为驱动力实现多方共赢是可持续城市更新的必要条件。通过城市更新来推动经济发展，实现城市衰败区域的复兴，是政府推动实施城市更新的重要目标。

（5）约束性

城市更新受到存量土地上的各类产权、既有建筑、历史文化保护、遗留问题、累积成本、政策规范等各种条件的约束。在存量土地上实现经济发展、社会公平正义和环境改善等目标需要突破各类限制，创新技术方法和实施路径。

（6）永续性

城市更新是实现城市可持续发展的必要手段，是城市有机生长和新陈代谢的重要机制。通过城市更新实现城市功能完善、效能提升、环境改善、经济发展和社会公平，最终实现城市可持续发展。

1.4　建筑业企业与城市更新的相关关系

建筑业企业与城市更新具有高度相关性，不仅体现在"主体—过程—对象"关系方面，还包括"属性—目标"关联性方面。将建筑业企业与城市更新结合起来研究，可以揭示城市更新参与主体与更新对象之间复杂的作用关系，为探索可持续城市更新实施路径提供可借鉴的样本。

首先，建筑业企业与城市更新存在"主体—过程—对象"关系，建筑业企业是城市更新的重要参与主体，而城市更新是建筑业企业重要的业务方向。建筑业企业不仅提供建设服务，还涉及项目规划、设计、投资和运营等各个环节。在城市更新过程中，建筑业企业以其专业技术和经验，承担起将城市更新理念转化为实际成果的责任。随着城市发展的需求变化，建筑业企业需要调整其业务结构，将城市更新纳入其核心业务范畴，这包括对老旧小区、老旧厂区、历史文化街区等的微更新，以及对城市基础设施的改造和升级。

其次，建筑业企业与城市更新存在"属性—目标"关联性，均在社会、经济、环境三个维度上体现了推动城市可持续发展的使命。在社会价值实现方面，建筑产品作为城市更新的直接成果，具有重要的社会价值；建筑业企业通过参与城市更新项目，改善居民的居住条件，提升城市功能，增强城市活力，同时也保护和传承历史文化。在经济价值实现方面，城市更新项目通常需要大量的资本投入，建筑业企业需要具备强大的资金筹集和运作能力，以满足城市更新过程中的资金需求；此外，建筑业企业不仅在传统的建筑施工领域发挥作用，还向规划设计、投资、运营等多元化方向发展，形成了城市更新全过程服务能力。在环境价值实现方面，建筑业企业在城市更新中需要考虑建筑的能源效率和环境影响，推动绿色建筑和低碳技术的应用，注重环境保护、社会责任和良好的企业治理结构，以实现可持续发展。

综上所述，建筑业企业与城市更新之间存在密切的联系，企业不仅是城市更新的实施者，也是城市发展和社会进步的推动者。通过参与城市更新，建筑业企业展现了其在社会、经济和环境等多个方面的综合能力。

1.5 任务、目标与框架

1.5.1 任务

在城市更新背景下，建筑业企业转型与创新迫在眉睫。本书立足建筑业企业的视角，以城市更新实践项目为研究对象，详细解析城市更新行动的全过程，探索建筑业企业参与城市更新的方法、路径和创新方向。具体包括以下四个方面的任务。

（1）建筑业企业参与城市更新项目的实施策略和方法

城市更新项目实施过程主要包括规划设计、投资、建设、运营和政策制定五个环节。本书对以上五个环节内容进行梳理、解析，提出基于建筑业企业视角的城市更新项目实施策略和方法。

（2）建筑业企业参与城市更新项目的实施机制创新

城市更新项目涉及物业权利人、外部投资方、政府、产业运营方以及公众等多方利益关系；更新改造过程中涉及土地变更与使用权整合、建筑改造与新建、景观改造提升等具体内容；更新过程中还会涉及土地管理、城乡规划管理、项目开发管理、投融资管理等多方面政策突破和管理创新。从企业视角研究城市更新项目实施机制的创新，建立建筑业企业参与城市更新项目的操作模式和工作框架。

（3）建筑业企业参与城市更新项目的投融资及运营机制

城市更新项目的投资平衡是考验参与企业综合能力的重要方面。涉及项目产业资源的整合、运营能力的整合提升、投融资机制的突破与创新等。从企业的视角，对项目运营和投融资机制进行创新，探索建筑业企业参与城市更新项目的投资平衡模式。

（4）建筑业企业参与城市更新的转型方向与创新

针对建筑业企业和城市更新项目的特点，研究建筑业企业经营转型的创新路径和方式，并提出经营管理转型建议。

1.5.2 目标与重点、难点

本书致力于推动建筑业企业主动适应城市更新时代的要求，转变企业角色和经营方式，寻找新的业务增长点。此外，以建筑业企业为研究对象，总结城市更新中政府、市场和公众参与城市更新的机制和模式，为其他市场主体参与城市更新项目提供借鉴。

本书的重点是以建筑业企业为代表的市场主体参与城市更新的项目类型、角色、路径、投资平衡模式。但限于当前国家和地方城市更新法律法规和政策仍有待完善，对于城市更新的市场参与模式尚缺乏统一的指导，难点在于城市更新过程中市场与政府、公众之间的作用机制和政策工具的创新运用。

1.5.3 方法与技术路线

本书基于"企业视角"，按照"主体—过程—对象"逻辑，将城市更新过程中的"参与主体""参与过程"和"更新对象"进行系统梳理，提炼城市更新的一般规律和类型特征，为建筑业企业及其他市场主体参与城市更新项目实施提供框架指引，如图 1-4 所示。

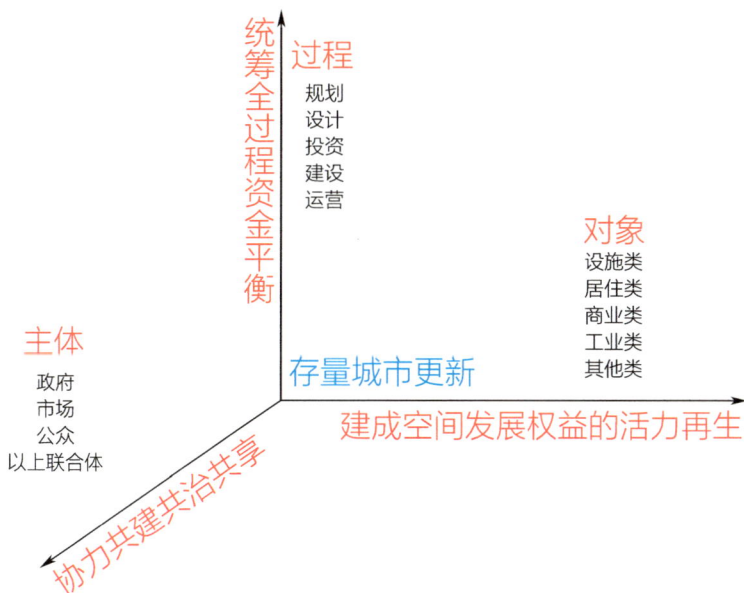

图 1-4 城市更新项目的主体—过程—对象解析框架

本书的技术路线在基础概念及案例研究的基础上，按照城市更新实施流程，分别对建筑业企业参与城市更新的相关政策、更新对象及类型、主体角色及路径、实施流程及运营投资等详细分析，最终针对建筑业企业转型创新的方向提出研究建议。详细技术路线，如图 1-5 所示。

相关概念研究		绪论以及基础研究		背景与诉求
典型案例研究				任务与目标
相关文献研究				方法与框架

国家层面政策解读		企业视角的城市更新政策机制研究		企业参与城市更新的激励与约束机制
地方层面政策解读				企业视角下典型地方政策详细分析
政策中的市场机制				

| 企业参与不同城市更新类型的难度与模式分析 | | 企业视角下城市更新对象研究 | | 城市更新对象分类 |
| | | | | 企业参与城市更新类型筛选 |

企业参与城市更新的角色体系构成		企业参与城市更新的角色定位与路径研究		建造主体与参与模式
				投资主体与参与模式
				运营主体与参与模式
				统筹实施主体与参与模式

| 城市更新项目的一般实施流程 | | 企业参与城市更新的实施流程研究 | | 城市更新项目的规划设计、投融资、建设与运营 |
| 城市更新项目实施主体的确定 | | | | |

| 城市更新项目自平衡模式 | | 企业参与城市更新的投资平衡模式 | | 城市更新项目的投资及营利模式分类 |
| 城市更新项目统筹平衡模式 | | | | |

建筑业企业转型与创新建议

| 角色选择建议 | 路径创新建议 | 运营创新建议 | 其他创新建议 |

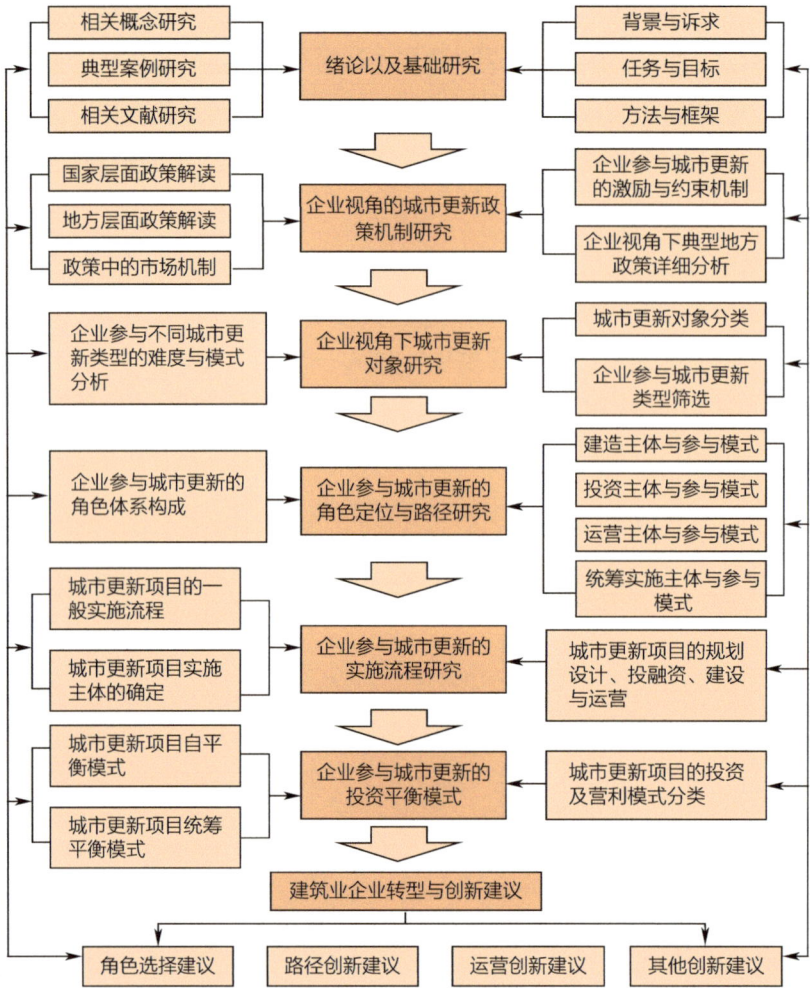

图 1-5 技术路线图

第 2 章

城市更新实践及相关创新探索

在中国快速的城市建设和发展过程中，不同类型的更新改造活动一直贯穿其中，比如城市综合环境整治、城中村改造、历史风貌区的保护与利用、老旧小区改造、工业园区的转型升级等，这些城市更新实践为当前存量时代的城市更新理论构建和路径探索积累了丰富的经验。近年来，国内外城市更新实践与研究创新层出不穷。本章节选取住房城乡建设部发布的城市更新典型案例、各省市发布的城市更新优秀实践案例等，从建筑业企业的视角进行解读分析，为建筑业企业城市更新实践提供可参照的样本。

2.1 企业视角的城市更新实践动态

鉴于国内外政治经济制度环境的巨大差异，从企业可操作性角度，本书重点对国内城市更新实践案例和动态进行分析。

当前中国各地方政府积极开展城市更新实践与创新。截至 2024 年 7 月，全国已实施城市更新项目超过 6.6 万个，累计完成投资 2.6 万亿元，全国已有 400 多个城市成立了城市更新工作领导小组。本书选取住房城乡建设部办公厅 2024 年 1 月份公布的《城市更新典型案例（第一批）》以及 2024 年上海城市更新实践优秀示范项目作为案例来源。从建筑业企业的"主体"视角，以及"过程"和"对象"两个维度进一步筛选，去除相似类型项目以及不能体现企业参与性和营利性的项目，构建一个城市更新案例库（表 2-1）。这些案例按照"对象"维度对案例进行分类，包括公共空间、基础设施、居住类、商业类、产业类、历史文化街区、综合片区更新 7 个类型。通过案例研究，重点总结当前城市更新过程中在规划设计、投资、建设、运营四个维度的最新探索和成功经验。

企业视角下国内城市更新典型案例筛选 表 2-1

案例类型	项目名称	案例来源
公共空间更新	1. 上海市杨浦滨江公共空间无障碍环境建设项目 2. 安徽省合肥市园博园项目 3. 广东省深圳市茅洲河治理项目	住房城乡建设部《城市更新典型案例名单（第一批）》
基础设施更新	1. 安徽省合肥市基础设施生命线安全工程建设项目 2. 广东省广州市城市信息模型（CIM）基础平台建设项目 3. 福建省福州市城区水系科学调度系统建设项目	住房城乡建设部《城市更新典型案例名单（第一批）》
居住类更新	1. 重庆市红育坡片区老旧小区改造项目 2. 浙江省杭州市滨江区缤纷完整社区更新项目 3. 北京市昌盛园社区老旧小区改造项目	住房城乡建设部《城市更新典型案例名单（第一批）》
商业类更新	1. 上海浦东"天物有所"美好生活实验场项目 2. 上海"百空间光三分库"商业更新项目 3. 上海百联ZX创趣场（华联商厦转型动漫主题商场装修项目）	2024年上海城市更新优秀示范项目
产业类更新	1. 北京市首钢老工业区（北区）更新项目 2. 上海"新业坊"项目 3. 上海英雄金笔厂更新项目	2024年上海城市更新优秀示范项目
历史文化街区更新	1. 江苏省苏州市平江路历史文化街区保护更新项目 2. 江苏省南京市老城南小西湖片区保护更新项目 3. 北京市模式口历史文化街区保护更新项目	住房城乡建设部《城市更新典型案例名单（第一批）》
综合片区更新	1. 上海市静安区石门二路01更新单元"三师"联创项目 2. 上海市蟠龙天地城中村改造项目 3. 广东省深圳市元芬新村城中村有机更新项目	1、2为2024年上海城市更新优秀示范项目 3为住房城乡建设部《城市更新典型案例名单（第一批）》

2.1.1 公共空间和基础设施类项目更新

对于滨水空间、公园、街道空间、市政设施等公共空间和基础设施更新改造项目，均属于公益属性城市更新项目，主要以政府部门为实施主体，使用政府财政资金进行投资建设，对于一些具备经营性内容的项目，政府为高效利用财政资金，会采取多种方式吸引社会资本投资。政府通过在公益性城市更新项目中大规模的新技术应用，形成示范带动效应，推动公共环境和城市效能提升的同时，带动新型产业发展。对建筑业企业来说，除了承接政府发包的工程项目之外，还可以在投资、运营等方面开展合作。

（1）滨水空间更新促进城市转型

滨水空间是城市公共空间更新改造的重要对象。上海沿"一江一河"（黄浦江和苏州河）滨水空间更新改造，大大提升了城市形象，带动沿线地块城市功能转型升级。目前，上海基本实现了黄浦江 45 公里岸线和苏州河 42 公里岸线的"三道贯通"[①]，沿线新形成世博园片区、徐汇滨江、杨浦滨江、虹口北外滩、苏河湾等重大城市功能区。杨浦滨江无障碍环境建设项目对 6.7 公里示范段内的扶手、台阶、公共厕所、城市道路入口等 20 多个节点设施进行无障碍提升改造，升级完善通行设施、服务设施、导识设施 3 大系统，让群众更为便捷地到达亲水平台，将黄浦江沿线贯通工程提升到一个新的高度。水体治理和生态修复可以跟滨水空间更新结合，深圳茅洲河治理项目采用 EPC 总承包模式，以流域为单元将治水项目整体打包，形成"大兵团作战、全流域治理"新模式。此外，良好的公共空间具有巨大的经济溢出效应，将公共空间与可经营性空间"规划、业态、运营"一体推进，实现环境提升、活力营造和经营收益的"三赢"，同时政府还可以通过引入社会资本合作投资、建设、运营，减轻财政投入压力，推动可持续的城市更新。

（2）基础设施更新带动新型产业发展

当前基础设施更新强调了对城市信息模型（CIM）、5G、大数据等信息技术的运用，提升城市智慧化管理和精细化治理水平。此外，基础设施新技术的大规模应用还带动了城市相关产业发展。广州市通过 CIM 基础平台项目，打造"CIM+"产业体系，以广州设计之都二期和黄埔区新一代信息技术创新园为领建园区，拓展 4 个关联园区，打造广州市"新城建"产业与应用示范基地"2+4"产业版图。合肥市通过基础设施生命线安全工程建设项目，打造百亿级产业集群，构建以城市生命线产业发展集团为龙头引领，清华大学合肥公共安全研究院为技术支撑，众多产业链企业协作共进的生态圈。

2.1.2　居住类更新案例

老旧小区改造是居住类更新的主要类型。"老旧小区改造"的概念最早在 2019 年 4 月住房城乡建设部等三部委发布的《关于做好 2019 年老旧小区改造工作的通知》（建办城函〔2019〕243 号）中提出。2020 年 7 月，《国务院办公厅关于全面推进城镇老旧小区改造工作的指导意见》（国办发〔2020〕23 号），明确定义了"城镇老旧小区"概念，是指城市或县城（城关镇）建成年代较早、失养失修失管、市政配套设施不完善、社区服务设施不健全、居民改造意愿强烈的住宅小区（含单栋住宅楼）。2021 年 12 月，《住房和城乡建设部办公厅　国家发展改革委办公厅　财政部办公厅关于进一步明确城镇老旧小区改造工作要求的通知》（建办城〔2021〕50 号），提出"扎实推进城镇老旧小区改造，既满足人民群众美好生活需要、惠民生扩内需，又推动城市更新和开发建设方式转型"的总

---

① 三道贯通是指沿黄浦江和苏州河的亲水漫步道、运动跑步道、休闲骑行道等三条通道畅通。

体要求。可见，老旧小区改造与"城中村"改造、旧区改造等有着本质的不同，城市建成区内存量住宅的更新改造，坚持"留改拆"并举、以保留利用提升为主的居住类更新方式。

国内老旧小区改造量大面广，面临资金筹集难、公共服务设施不足、小区环境和建筑质量差、产权复杂、管理水平低等诸多问题。经过多年的探索和实践，目前已经形成政府主导的"美丽家园"行动、引入社会资本参与改造、党建引领的社区自治和居民众筹等成功经验。

（1）上海"美丽家园"行动

上海市于 2015 年开始探索住宅小区的综合治理工作，相继颁布了一系列政策文件，至 2018 年，贯彻落实并印发《中共上海市委、上海市政府关于加强本市城市管理精细化工作的实施意见》（沪委办发〔2018〕5 号）和三年行动计划（2018-2020）以及《上海市住宅小区建设"美丽家园"三年行动计划（2018-2020）》。这两个"三年行动计划"开启了上海市系统化推进"美丽家园"行动的序幕，截至 2020 年底，"美丽家园"建设实施各类旧住房更新改造 5300 余万 m^2。

上海"美丽家园"行动源于上海市委市政府"创新社会治理加强基层建设"的总体部署，为着力解决老旧住宅小区在管理体制机制、服务市场机制、业主自我管理及市民群众居住生活领域的"急、难、愁、盼"问题而展开的，是"自上而下"城市美化运动和"自下而上"居民自治运动的结合，主要包括 6 项具体任务，即实施各类老旧住房修缮改造、推进小区设施设备更新改造、改进公共服务供给质量、开展住宅小区环境综合整治、强化小区垃圾综合治理、疏解小区车辆停放矛盾等。

上海"美丽家园"更新改造存在一些相似特征和普遍性的问题，其物质空间更新改造内容可以概括为"安全维护、交通组织、环境提升、建筑修缮"四个方面。在实施过程中，主要涉及政府部门、代建方、社区居民和规划设计团队 4 个利益主体（表 2-2）。政府主要负责资金支持和方案审核，居民全程参与规划设计方案的制定同时对加装电梯等设施改造提供部分资金，规划设计团队在整个实施过程中起到关键作用，负责从规划设计到建设实施全过程的协调。代建方是工程施工总承包方，由于"美丽家园"更新改造工程相对来说体量较小、琐碎、非标准化施工等原因，大型施工企业较少参与，因此代建方多是立足于社区所在周边区域的小型施工企业或者以城市更新业务为主的企业。代建方同时也是重要的多方利益的协调者，参与从决策、规划设计和工程施工的全过程，有些实力较强的代建方会成为整个"美丽家园"更新改造项目的统筹主体，即统筹协调和参与规划设计、投资、建设和运营的全过程。

上海"美丽家园"行动利益主体对项目的影响及利益关注点　　表 2-2

利益主体	角色定位		利益诉求	对项目影响	利益相关性分析
政府部门	公共利益及政策的落实者	宏观调控	政策	改善社区环境，确保公共空间，提质增效，获得民心政绩	高影响力，高利益性
		具有较强话语权			
代建方	协助政府组织施工	具有一定话语权	政策与经济	获取商业利益，保障一定的公共利益	高影响力，低利益性
社区居民	多元诉求主体	较强的参与主体	社会文化	最大程度改善小区环境	低影响力，高利益性
规划设计团队	协调多方利益	方案设计与技术指导	技术	根据法律规范，进行设计与施工	低影响力，低利益性

上海"美丽家园"更新行动是由政府作为投资主体和统筹协调、多主体共同参与的老旧小区微更新模式。代建方作为市场主体和工程总承包商参与进来，但是并不是投资运营的主体，也不需要考虑整个项目的投资平衡问题。

（2）引入社会资本参与老旧小区改造

引入社会资本参与是推动老旧小区可持续更新的必由之路，北京、浙江等地进行了创新性的探索。2018 年 7 月，愿景集团与北京劲松街道签署战略合作协议，参与劲松北社区的改造，探索出一套老旧小区改造的"劲松模式"。该模式通过社会企业整体托管老旧小区的物业管理、挖掘可经营性空间和项目等手段，在 10~20 年的较长时间内实现投资平衡，但该模式受限于老旧小区的物业费水平和收缴率、可经营性项目的营利性等。

2019 年 3 月，浙江省政府印发《浙江省未来社区建设试点工作方案》，全面启动未来社区建设试点工作，聚焦"以 20 世纪 70-90 年代老旧小区改造更新为主要类型，兼顾重大高能级平台、交通节点新城开发等规划新建类型"，构建"一统三化九场景"的整体系统（图 2-1）。在推进方式上，遵循政府主导、市场运作、公众参与的原则，"试点用地主体为项目建设单位，项目建设单位可以自行运营，也可以另行选择运营单位。政府投资建设的试点，应当通过招标投标方式选择运营单位"。浙江未来社区建设是一场自上而下推动，以政策引领、政府主导、市场运作的模式，对老旧小区改造进行的系统化的实践探索，在政策机制、市场手段、标准规范、社区治理和文化传承等方面均有新的尝试和突破。但浙江未来社区模式受限于当地城市房地产市场的发展，本质上以增量开发方式带动老旧小区改造。

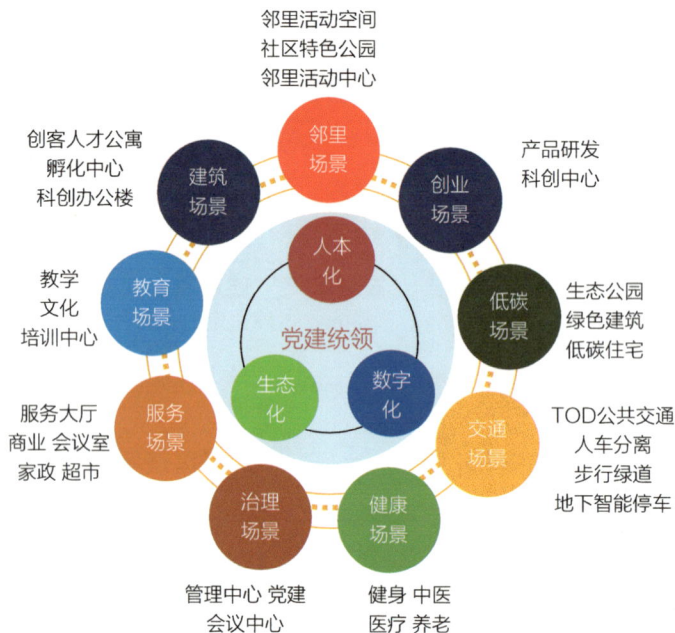

图 2-1　浙江省未来社区"一统三化九场景"概念示意图

　　重庆市红育坡片区老旧小区改造在吸引社会资本的方式上有新的突破。由国有企业和社会资本共同成立项目公司，项目公司出资 2000 万元，争取银行贷款 7400 万元、区级财政资金 400 万元，通过挖掘片区、社区、小区的闲置资源、资产再利用，以及停车、农贸、商超、广告、保洁等资源"造血点"，实现可持续运营、营利还款。这种多元化的筹资方式，一方面降低了运营风险，另一方面也减轻了社会资本方的投融资压力。此外，通过"多方协商共建"和"引入长效管理机制"，促进社会资本方融入社区和老旧小区的可持续发展。

　　（3）党建引领的社区自治和居民众筹

　　由于历史原因，老旧小区内存在复杂的产权关系和空间边界，通常一个城市街区内存在多个老旧小区，一个小区内存在多个产权单元。多产权边界的空间不仅增加了老旧小区的管理成本，还产生了很多无效空间和消极空间。打破产权边界实现老旧小区完整社区更新，不仅是社区治理能力提升的要求，也为社会资本介入完整社区更新创造了新机遇。

　　杭州市滨江区缤纷完整社区更新项目通过成立缤纷社区联合党委将原 5 个小区内的物业公司及小区外的养护单位进行整合，确定由一家企业统一提供服务；将 3 个社区原有小散空间集中统筹，整合配套服务空间 1.17 万 m^2，打造以"邻聚里"为核心的缤纷会客厅、缤纷食堂等 9 大服务设施；充分挖掘利用居民身边的小空间，将各小区闲置、脏乱差、消防安全隐患积聚的 59 个一楼楼廊空间，通过居民"自治＋众筹"等方式，改建成邻里聚会、亲子阅读的温馨空间，将楼廊变废为宝。以上做法为老旧小区完整社区更新改造提供了宝贵的经验。

党建引领的社区自治是老旧小区改造的民意基础。北京市昌盛园社区老旧小区改造项目充分发挥基层党组织的作用，利用好"三会一书"（开好党员大会、居民代表会、居民协商议事会和发放一封信）制度，营造良好的社区共治氛围。良好的民意基础和社区共治氛围是进一步推进社区居民自筹式更新的前提，杭州浙工新村原拆原建项目和上海健康路341 弄 7-8 号旧住房拆除重建项目为未来社区居民自筹式更新提供了一种新思路。

综合以上，老旧小区等居住类更新的模式因时因地因人而异，在推进更新的过程中需要政府、市场和居民形成合力才能成功。

2.1.3　商业类更新案例

商业街区、商业综合体、商务楼宇、商业网点、商业单体建筑等的更新改造是由市场主导的更新类型，以满足市场不断升级和变化的需求为根本宗旨。近年来，受到线上商业和宏观经济形势的影响，实体商业面临较大的经营压力，商业类更新成为社会关注的焦点之一。上海是国内商业经济发展的标杆城市之一，商业类更新项目为打造上海国际消费中心城市作出重大贡献，曾经涌现了大量的经典商业更新案例，例如新天地、田子坊、南京东路商业步行街、淮海路商圈、五角场商圈、徐家汇商圈，等等。近年来，上海商业更新又有新的特色，比如以海派文化体验和引领国际时尚潮流为特色的张园项目，以吸引年轻社群为目标打造"年青力中心"的"TX 淮海"项目，以网红打卡地和直播营销基地为特色的"上生新所"项目等。但是，商业类更新永远会随着社会潮流的发展不停更新迭代，没有一成不变的模式。对参与商业更新项目的企业来说，及时适应市场变化的业态定位、完美的设计创意和高效的运营管理是商业类更新成功的关键。

（1）创意引领生活潮流

社区商业网点是城市商业体系的重要组成部分，是社区生活场景的重要载体，其更新改造反映了社区生活潮流的变迁。上海"天物有所"项目通过创意设计实现废弃空间的华丽转身，重塑社区生活形态，是引领社区生活潮流的商业更新典范。

上海"天物有所"项目[①] 位于浦东新区高桥镇，原为永乐电器商场，建筑面积约 $2800m^2$，本次更新将其重新定位为，以书店为核心内容的文化商业空间，线下聚合九大类生活美学品牌，营造美好生活体验场景，同时以品牌共建模式搭建社交平台，打造美好生

---

① 项目业主单位为上海森兰外高桥商业营运中心有限公司，投资单位为上海嘉韵投资管理发展有限公司，运营单位为上海福顺亿居酒店管理有限公司，设计单位为上海本哲建筑设计有限公司。资料授权使用单位为上海福顺亿居酒店管理有限公司。

活实验场。创意策划贯穿于"天物有所"项目定位策划、更新设计和招商运营的全过程。"天物有所"的品牌理念体现的是从无到有的"匠造新生"精神,而"有所"意为"再多一点思考",重新思索和构建商业空间与人、街区、社区的关系,从"有所思"到"有所为"再到"有所得"。"让建筑可以呼吸"是该项目更新设计的核心理念。建筑师在更新改造过程中剔除原有装饰面材料,使用清水泥肌理,还原建筑本质。外立面局部利用大面积玻璃及镂空水泥砖营造虚实变化,让建筑立面有更多层次,增进人与自然之间的关系。室内中庭区域部分楼板被打开,自由贯穿,引入自然光线,让动线更流畅。利用部分街道外摆空间,更好地将室内外空间融合,延展出诸多文化、娱乐、精神方面的空间需求,更加注重个性化消费(图2-2)。招商策略围绕品牌再造、区域首店、合伙人经济三个核心策略,寻找具有创新性和独特性的品牌、商家、独立设计师、美学主理人进行合作,共同打造美好生活实验场。此外,为实现美好生活的目标,通过微展览、市集位、活动场、快闪店、实体店等多元形式,打造"美好生活体验中心""生活美学技能社交中心"两大中心,以及"品牌共建众创服务平台""15分钟社区生活圈服务平台"两大服务平台,打造社群文化经济新标杆,将社区服务与街区商业有机融合,提高商业运营的效率和消费者体验。

图2-2 "天物有所"美好生活实验场实景
(图片来源:上海福顺亿居酒店管理有限公司)

(2)超级IP植入带动历史建筑焕新

创新业态对商业空间更新至关重要。对特定客户群体具有强烈吸引力且具有全球影响力的商业品牌植入,不仅会带动原有建筑空间的焕新,而且还可以带动整个商圈的活力提升。"百空间光三分库"项目[①]通过引入全球最大摄影艺术博物馆之一的Fotografiska,使

---

① 项目实施主体及资料授权使用单位为上海百联资产控股有限公司。

四行仓库光三分库这一百年历史建筑获得了新生，同时也带动了苏州河特色滨水创意艺术街区全面升级。

　　"百空间光三分库"位于静安区光复路 127 号，原为四行仓库光三分库，屹立于苏州河畔已近百年，经历了抗日战争时期四行仓库保卫战的洗礼，见证了苏州河沿岸的历史变迁。作为上海百联资产控股有限公司在苏州河沿岸打造的世界级文化艺术新地标，"百空间光三分库"以其独特的历史建筑风貌与景观地理优势，成为 Fotografiska 进驻亚洲的首个场馆所在地。作为全球最大摄影艺术博物馆之一的 Fotografiska，汇集全球杰出影像大师作品及本土先锋艺术，打造以影像艺术为核心的世界级前沿视觉艺术，重新定义当代影像艺术新体验，向公众呈现顶级摄影展览，并提供丰富的文化艺术活动及多元的餐饮和零售空间。该项目的修缮设计在保护历史建筑本身的原真性与完整性的前提下，充分考虑现代商务办公建筑的各种功能要求。根据对历史信息的研究与建筑状况的综合条件，修缮方案对外立面与室内空间的保留价值进行了综合研判。对于保留了历史元素的装饰细节，予以原貌修缮及复原，在长期使用过程中，对于湮灭且不可考证的区域，则结合空间特点与业态使用需求进行更新，并结合设计手法与历史文脉形成呼应（图 2-3）。

图 2-3　光三分库修复前后照片对比
（图片来源：上海百联资产控股有限公司）

本项目修缮更新不仅是单体建筑的蜕变，更是带动整体片区努力成为提升城市能级和核心竞争力的重要承载区，Fotografiska品牌入驻实现了区域价值提升。

（3）设计赋能传统百货变身

随着人们消费习惯的改变，传统百货商场已然退出历史舞台。传统百货商场的更新改造除了业态更新之外，对原有商业空间也需要进行重大设计调整，以适应新时代消费潮流。上海南京东路华联商厦是传统百货商场更新的成功样本之一。

华联商厦建设于20世纪90年代初，作为南京东路步行街最早的一批综合性百货商场，总建筑面积约为10380m²。本次华联商厦的更新改造，从传统百货业态转型为动漫二次元主题商业，重新定位为"百联ZX创趣场"[①]。针对年轻消费群体，"百联ZX创趣场"在经营定位、业态规划上与周边商场形成差异经营，拟打造成以二次元、动漫为主题的，集年轻、潮流、体验为一体的主题商场，通过手办、偶像声优、cosplay、二次元IP沉浸式体验等业态和品类，打造中国动漫朝圣地和针对年轻人的主题动漫社区。本项目更新设计以适用、经济、绿色、美观为方针，充分利用既有建筑条件，通过尽可能小的改造，打破既有建筑限制，满足新商业主题的要求。立面设计采用动漫"对话框"的设计理念，通过LED大屏幕、广告灯箱、商铺展示橱窗、通透玻璃幕墙等多个"对话框"，形成行人与建筑之间的对话。立面上12m高、15m长的超大LED屏幕，配合商业运营主体不断更新展示内容，吸引人们来到创趣场。将原本占用沿街面的自动扶梯垂直交通移至建筑平面中部，释放出更具商业价值的首层沿街商铺。

与传统百货业追求商铺面积和密度不同，设计在建筑中部二层以上创造性地打开一个柱跨作为中庭空间，成为举办各种活动的公共空间，商业空间围绕中庭展开布置，营造沉浸式的场景氛围（图2-4）。针对层高有限的难点，多专业设计紧密配合。利用现状结构楼板井字梁的梁窝内设置空调机和布置消防喷淋；更为合理地进行消防排烟设计，减少排烟风管在公共区域的路径；结构专业采用不增加截面尺寸的加固措施等，以提升大部分公共区域和店铺内的净高。

---

① 本项目实施主体（建设单位）为上海华联商厦有限公司；设计单位为上海江欢成建筑设计有限公司；合作单位为意汇（杭州）装饰设计有限公司。资料授权使用单位为上海江欢成建筑设计有限公司。

改造前　　　改造后　　　改造前　　　改造后

建设前主要立面图　　建设后主要立面图　　建设前实景照　　建设后实景照

改造前　　　改造后　　　改造前　　　改造后

建设前实景照　　建设后实景照　　建设前实景照　　建设后实景照

图 2-4　"百联 ZX 创趣场"改造前后照片对比
（图片来源：上海江欢成建筑设计有限公司）

2.1.4　产业类更新案例

产业类更新与居住类更新同样量多面广，面对参与主体、更新对象的不同，相应的政策措施也不同。工业用地在存量用地权属不变的条件下，根据用地功能转变方式，可分为"工改工""工改文""工改租""工改商""工改公"等类型。对于大型工业园区的整体转型，需要从城市规划的角度整体考虑片区功能布局和用地规划，这种类型的更新是城市功能升级和带动城市实现跨越式发展的重要机遇，例如，北京首钢园、上海新业坊、上海英雄金笔厂更新等。

（1）引入产业基金持续运营——北京首钢园—"六工汇"项目

北京首钢园—"六工汇"项目位于北京新首钢高端产业综合服务区，2022 年 2 月竣工。其前身为建于 1919 年的首钢园，2010 年首钢园全面停产，"六工汇"项目保留了原首钢炼铁厂、动力厂、电力厂以及五一剧场等重要工业历史遗迹的基础上，将原首钢园改造升级为一个汇聚低密度现代创意办公空间、复合式商业、多功能活动中心和绿色公共空间的城市更新项目，将为冬奥场馆及首钢园提供物质配套和消费支持服务。

首钢园—"六工汇"项目占地面积 13.27 万 m²，大约相当于 18.6 个标准足球场面积的总和。项目由 6 幅互通的地块组成，通过"拆除余、织补新"的设计手法，将现代理念与工业遗址进行有效的织补融合，打造出 23 栋风格各异的建筑物，包括 11 栋产业办公楼、

11 栋独栋商业和 1 座购物中心，形成了一个汇聚低密度现代创意办公空间、复合式商业、多功能剧场和绿色公共空间的新型城市综合体。

"六工汇"由首钢基金与美国房地产开发运营公司"铁狮门"共同投资。首钢集团旗下港股上市企业——首程控股有限公司（00697.HK，以下简称"首程控股"）与"铁狮门"合作打造了首钢园—"六工汇"项目，由其合资设立的北京首狮昌泰运营管理有限公司（以下简称"首狮昌泰"）负责运营。首钢旗下的首奥置业以协议出让方式获得土地使用权。城市更新面临着大量资金的一次性投入，以及漫长的投资回收期。首钢园—"六工汇"项目的更新改造，除了首程控股与"铁狮门"，其资金来源还汇集了北京首钢基金有限公司（以下简称"首钢基金"）、泰康人寿、煜盈资产等资本。其投建的主要资金来源即私募基金，其中北京首狮铭智瑾信经济咨询企业为主要出资方，基金管理人京冀天成（北京）基金管理有限公司的投资方即首钢基金、泰康人寿等基金和寿险类的长期资金，基金管理人已经成立了 300 亿元以上的园区开发基金，后期将进一步扩大基金群。"六工汇"项目以城市更新基金的方式，获取更新改造的资金保障。

2018 年，首钢园—"六工汇"项目引入了"铁狮门"参与开发运营。"铁狮门"对于城市中具有历史意义的标志性建筑拥有广泛的改造经验，其参与的最经典的城市更新项目是美国洛克菲勒中心，并早已成为纽约的文化与建筑地标。根据首钢集团与"铁狮门"签订的"首钢园—铁狮门冬奥广场产业项目合作备忘录"，双方约定共同出资成立合资企业，依托首钢集团和"铁狮门"各自在产业创新、绿色节能、管理平台整合等领域的综合资源优势，在新首钢园区内选择具有升值潜力的综合用途地块，在物业规划设计、产业聚焦、区域运营等方面展开合作。当时，首钢集团和"铁狮门"还计划在首钢园—"六工汇"项目投入使用后，为北京 2022 年冬奥会赛事提供完备的服务配套，并成为融合体验式消费、运动休闲和工业文化特色的微旅游目的地，建设成为老工业区转型改造的标杆与示范园区、后工业文化体育创意基地，形成一套园区更新改造运营模式。

汇集各路资本的城市更新。首狮昌泰由北京首狮管理咨询有限公司和北京首狮铭智瑾信经济咨询企业（有限合伙）共同持股，后者为主要出资方。首钢园—"六工汇"项目将由首狮昌泰负责运营，这是一家由首程控股与"铁狮门"共同出资设立的合资企业。其中，北京首狮管理咨询有限公司由首程控股旗下私募基金管理机构京冀天成（北京）基金管理有限公司持股 60%，另外 40% 的股权由"铁狮门"设立的一间附属企业持有。首狮昌泰的主要出资方——北京首狮铭智瑾信经济咨询企业（有限合伙）其实是一只私募基金，基金管理人为京冀天成（北京）基金管理有限公司，它的有限合伙人（LP）包括了首钢基金、泰康人寿、煜盈资产、成都武侯国资等资本，出资比例分别为 48.9%、27.7%、11.1%、1%。据了解，首钢基金以城市更新基金的模式承载首钢园区的更新与开发。目前，首钢集团合计持有首程控股约 34.9% 的股份，其中就包括通过首钢基金间接持有的约 12.6% 的股份。首程控股是首钢集团旗下定位于停车及城市更新资产管理与运营的港股上市平台，以"产业 + 基金"双轮驱动作为其业务发展模式。

首程控股与"铁狮门"合资设立的首狮昌泰负责首钢园—"六工汇"项目的运营，但并不持有项目地块的相关权益。首钢园—"六工汇"项目的实际土地权益归属于首钢集团通过北京首钢建设投资有限公司设立的一间附属企业——北京首奥置业有限公司（以下简称"首奥置业"）。作为北京具有标杆意义的城市更新项目，首钢园—"六工汇"项目所含 6 幅地块经历了土地收储、规划用途变更及重新出让等程序。2019 年 7 月，北京市自然资源部门通过协议出让的方式，向首奥置业转让了位于首钢园区北区的首钢冬奥广场（五一剧场、制粉车间改造）项目（即首钢园—"六工汇"项目备案名）所含 6 幅地块，土地用途包括其他类多功能用地（含商业 40 年、办公 50 年、文体娱乐 50 年）等。首奥置业协议受让首钢园—"六工汇"项目 6 幅地块的总代价约为 6.62 亿元，若按照项目地块占地面积 13.27 万 m^2、综合容积率 1.2 计算，其计容建筑面积约为 15.9 万 m^2，因此首钢园—"六工汇"项目地块的成交楼面价仅为 4155 元 /m^2。根据首钢园—"六工汇"项目地块的更新改造方案，在项目内 13.27 万 m^2 土地面积上，总建筑面积（含地下）将达到 22.4 万 m^2，地上商业面积 16.5 万 m^2，其中办公面积 8.8 万 m^2、商业面积 7.7 万 m^2，项目总投资规模约 39.6 亿元。

由于负责运营的首狮昌泰并不实际持有首钢园—"六工汇"项目地块的相关权益，首钢园—"六工汇"项目不是一个产权类项目，而是以定制建设协议为基础的企业拥有部分运营权的项目。

（2）重大活动带动老工业区全面转型——北京首钢老工业区（北区）更新项目

首钢老工业区北区（以下简称"首钢北区"）位于长安街西延线北侧，紧临永定河，背靠石景山，具有独特的区位、历史和资源优势，规划范围 291hm^2。随着 2015 年底北京冬奥组委宣布落户首钢，首钢北区成为新首钢地区先期启动区域，开始全面更新转型发展，统筹解决土地资源利用、环境污染治理、工业遗存保护、员工就业安置、转型发展动力等多重问题。该项目以打造"新时代首都城市复兴新地标"为目标，推动文化、生态、产业和活力的全面复兴。目前，已经实施完成石景山景观公园、冬奥广场、首钢工业遗址公园等部分，总计约 220hm^2，初步建成老工业区全面转型发展的国际典范。

发挥单一实施主体、大规模整体连片更新的优势，实施整体性保护开发；创新"政府主导、智库支撑、企业推进"工作模式，院士领衔，强化整体风貌保护引导；率先实施"多规合一"，统筹控规① 专项、分区深化和重点项目设计，构建控规图则加详规② 附则的技术管控体系，"一张蓝图干到底"；搭建"首钢规划设计与实施管理协作平台"，市领导牵头成立建设领导小组，从规划编制到具体实施全程引导首钢老工业区更新改造。在规划中，该片区的复用以公园绿地、文化娱乐用地和多功能用地为主，形成"两带五区"的功能结构。在多团队的协作下，历经近8年的时间，陆续完成了整个北区的更新。规划中以"绿色生态、功能复用、文化重塑"为指导，通过遗存鉴别与分类保存、分层梳理、碎片复写与织补等多种手法完成了首钢北区主要区域的景观规划与设计。

大型工业用地多为划拨用地，产权模糊且所涉的产权主体强势，产权主体往往作为实施主体参与更新过程中且常成为更新实施后的运营主体。一般情况下，工业企业的固有属性会对更新后的产业定位带来惯性影响，其对片区定位仍然是以产业发展为核心、封闭系统的生产区；而城市区域整体功能的调整和实现，对老工业区更新转型的目标定位则是开放系统的城市功能区，强调产业、社会、空间相协调。城市更新的公共目标与企业资本属性间的利益博弈，成为老工业用地更新过程实施主体协同的最大难点。2005年经国务院同意，国家发展和改革委员会批复《首钢实施搬迁、结构调整和环境治理方案》，初步明确了由首钢集团作为石景山钢铁业搬迁后工业区改造主体及产业用地规划主体，即更新实施主体。2007年，首钢集团以更新实施主体及主要单位编制的《首钢工业区改造规划》经北京市政府批复，并发布实施。2010年，首钢集团专门针对首钢老工业区更新开辟"首钢园区"新业务板块，设立全资子公司北京首钢建设投资有限公司（以下简称"首钢建设"），专门承担首钢北京地区搬迁腾退土地任务及园区开发建设所涉及的规划设计、工程建设、产业发展、运营服务、市政基础设施业务工作。2013年，首钢集团启动"西十筒仓改造工程"，开始正式尝试工业遗存更新一二级联动的发展路径；同年，为应对具体工程改造完成后的运维和冬奥服务保障工作，首钢集团设立全资子公司北京首钢园区综合服务有限公司（以下简称"首钢综服"），承担更新后园区的物业管理、酒店餐饮、商务服务、文化旅游、能源运维和园林绿化工作，并代管位于厂区内的继续为园区内部用户提供能源动力的首钢动力厂。

综上所述，工业用地的更新具有较大的土地升值潜力，更新转型的方向也是丰富多样的，同时也可以吸引多元化的市场主体参与。工业是一个城市发展的重要基础，工业用地更新会受到政策、技术和环保等方面的制约，同时也是城市发展阶段和发展转型的重要表

---

① 控规，控制性详细规划的简称，也可简称控详规。

② 详规，修建性详细规划的简称。

现形式。因此，低效工业用地的更新不仅是一个市场行为，企业在参与工业用地更新的时候也需要审时度势，首先需要判断城市产业基础、产业发展诉求和发展趋势，然后还要匹配自身的产业需求和运营能力，审慎开展工业用地更新。

（3）演绎产业园区更新蝶变传奇——上海"新业坊"

21 世纪初以来，上海传统制造业园区逐步实现产业外移和升级，在中心城区腾挪出大量闲置空间。上海临港经济发展（集团）有限公司（简称临港集团）以"新业坊"[①] 为城市更新品牌，突破传统园区开发模式对土地资源的依赖，是一种向存量资产要空间、向存量资产要产出的有益探索和实践。2015 年起，临港集团先后与宝山区、静安区、虹口区人民政府签署"区区合作，品牌联动"战略合作协议，与属地政府国资委直属企业、原权利人等合资成立项目公司，通过自有资金与贷款融资的方式，不改变土地性质、土地权属，通过改变其用途及功能，对宝山区、静安区、虹口区老工业地块厂房进行改造升级。

"宝山新业坊·源创"项目占地面积 11.3 万 m²，总建筑面积 17.3 万 m²，是中国第一条商用铁路——淞沪铁路支线曾穿行的地方。项目合理保留了原有的铁轨与老厂房，更利用轨道和老厂房之间的高低差，结合老式蒸汽机车改造成连接两侧商业街的"时光月台"，使之成为商业空间的一大亮点（图 2-5）。"静安新业坊·尚影国际"占地面积 6.2 万 m²，总建筑面积 7.7 万 m²，其前身为始建于 1959 年的上海冶金矿山机械厂。建筑师根据旧厂房的原有结构进行再设计，将具有时代烙印的墙体、大部分红砖式厂房、斜尖屋顶和内部结构，甚至工业区内郁郁葱葱的绿植全部保留下来，用新旧融合的方式将半个世纪前的工业辉煌融入时尚智慧的创意元素，展现出历史和现代碰撞、工业和艺术结合的独特魅力（图 2-6）。"虹口新业坊·智立方"占地面积 2.5 万 m²，总建筑面积 2.1 万 m²，其前身为立新气瓶场、长江车辆检测场。通过存量改造释放 2 万多 m² 的空间，打造出了无边界嵌入式科创园区（图 2-7）。

---

① 项目实施主体：上海临港新业坊宏慧投资发展有限公司、上海新业坊虹信企业发展有限公司、上海新业坊尚影企业发展有限公司。合作单位：宝山新业坊·源创（中外运集团、宏慧创意、新业坊城建）、虹口新业坊（北科创集团）、静安新业坊（苏河湾集团、上海电气置业）。资料授权使用单位：上海市漕河泾新兴技术开发区运营管理有限公司。

图 2-5 "宝山新业坊·源创"项目实景图
（图片来源：上海市漕河泾新兴技术开发区运营管理有限公司）

图 2-6 "静安新业坊·尚影国际"项目实景图
（图片来源：上海市漕河泾新兴技术开发区运营管理有限公司）

图 2-7　"虹口新业坊·智立方"项目效果图
（图片来源：上海市漕河泾新兴技术开发区运营管理有限公司）

　　产业园区更新不仅是对建筑本身的改造和翻新，更多地赋予空间新的功能。新业坊在尊重历史文脉保护的同时，引入新兴产业，历经十年的探索，形成了以文化创意、在线新经济、空间信息、智慧文娱、体育竞技、邮轮经济等为核心的现代产业体系，引入了数百家优秀企业。通过打造 1.5 万 m² 产业孵化基地，深化产业协作，关注产业链、创新链、价值链，实现真实的源头创新和成果转化。通过"聚商、育商、营商、稳商、富商"的全流程服务，建立具有黏性的产业生态圈，以生态的竞争取代要素的竞争，走向良性可持续的产业发展创新之路。

　　新业坊的城市更新始终践行"人民城市"的理念，通过完善生活服务空间和提供城市公共空间等措施，让园区的活力和氛围向周边社区蔓延，用一种温暖人性的方式探索园区和城市的关系，打造一种"产城融合"的都市生活状态。例如，园区建成了篮球馆、羽毛球馆、网球场、足球场、健身房、博物馆等，服务市民高品质健康生活，成为文体新地标。持续优化广场环境，并在多个区域设置打卡区，添加动漫雕塑等情景元素，设置工业历史旅游路线、影视旅游拍摄路线、文创体验旅游线，让园区一跃成为周边居民休闲娱乐的新地标。此外，园区内设置"小哥驿站"，面向快递员、外卖员等新兴就业群体，配置充电、饮水、学习、休息等多个"微功能"区域，用更贴心的服务不断增强新就业群体的归属感和幸福感。此外，虹口新业坊开放夜间错峰停车，缓解周边小区停车难等问题；静安新业坊举办周末读书分享会、诗歌朗读分享会、诗歌音乐会等公益活动吸引民众参与并使其感受文化艺术的魅力。

（4）"规划引领、载体创新、产业导入"阶梯式推进城市更新——上海英雄金笔厂更新项目

上海英雄金笔厂更新项目[①]位于上海市普陀区"桃浦智创城"核心门户，总建筑面积14万 m^2，其中保留建筑约2万 m^2，新建建筑约12万 m^2，是上海少有的记载着历史全部信息并保存完整的工业街区（图2-8）。原厂始建于1954年，早期建筑风格具有明显的苏联式建筑特征，并结合了中国传统建筑的元素。1979年新建的绘图笔车间和1985年新建的注塑车间，则体现了浓郁的早期德国包豪斯建筑风格。英雄金笔厂完整记录了不同历史时期的轻工业厂房的典型特点，是现代轻工业的样板，也是国家工业标杆品牌的历史见证。

图 2-8　英雄金笔厂更新设计效果图
［图片来源：上海市工业区开发总公司（有限）］

---

① 本项目实施主体为上海市工业区开发总公司（有限）。2016年由上海交通大学城市更新保护创新国际研究中心对项目进行了保护与再利用规划。2018年由同济大学建筑设计研究院（集团）有限公司和Ennead Architects LLP进行了项目的建筑设计。项目资料授权使用单位为上海市工业区开发总公司（有限）。

上海英雄金笔厂更新项目立足于规划引领、载体更新、产业导入三个基点，形成以保护为主，以拆除为辅，从规划设计、项目审批、更新改造、项目运营各个阶段推进城市更新的创新做法，将英雄金笔厂地块打造为工业再生以及工业文化传承的产业创新示范项目。

1）规划引领。2016 年起，临港集团和上海市工业区开发总公司（有限）配合普陀区政府共同开展英雄金笔厂地块保护与更新规划，进行保护与再利用研究。通过评估英雄金笔厂地块风貌保护特色，编制地块保护规划，形成更新导则，提出更新保护要求，指导后续开发建设。通过专家评审，最终确定了本项目的保留范围为 1954 年的整体格局以及至 1985 年以来建成的具有代表性和风貌特点的建筑，共计 15 栋楼。由于历史风貌保护的要求，原有的控规对项目的更新改造带来了巨大挑战，通过控规的实施深化，更好地满足保留建筑的保护性改造利用需求，延续了小尺度空间相互穿插的肌理特征，优化街区尺度，提升地块空间品质。

2）载体更新。对工业历史街区进行全面保护与修缮，一是完整保护工业历史街区格局，保护并修缮厂区大门、广场、道路等公共空间；二是全面更新了 1954 年以来建设的苏联式厂房建筑以及早期德国包豪斯风格工业建筑；三是对能够体现历史印迹的绿化景观、树木等景观节点予以充分保护和更新。建筑形式上，保留历史建筑与现代玻璃幕墙新旧碰撞与融合；特色中庭很好地解决了工业建筑改造项目中需要克服的现存结构与新建空间的矛盾问题；项目采用被动式优先的设计，将加建的功能空间植入中庭，有效地解决了室内采光与通风问题。同时，项目引入智慧园区设计理念，集结了"腾讯云"的先进技术应用，搭建 AI-PARK 平台，把云计算、物联网、大数据、人工智能、5G 等前沿科技融入智慧园区运营体系，将项目打造成低碳环保、信息智能、高效安全的智慧楼宇。

3）产业导入。园区开园以来，重点围绕国际合作，引入外资、合资企业及相关技术企业，重点聚焦生命健康、智能制造、互联网信息三大领域，打造跨国合作共建创新标杆。生命健康领域，引入国际创新孵化器 Trendlines 和 eHealth，赋能产业创新；智能制造领域，引入计算机视觉头部企业——螳螂慧视；互联网信息领域，引入 360 公司，合作打造国际数据安全与生态运营中心，聚集国际国内一流网络安全企业及人才。

曾经英雄金笔厂的工业历史保留建筑群已正式开启"创新园"建设的新征程，助力 4.2km^2 的"桃浦智创城"成为上海科创中心的"西部主阵地"，建设"宜创、宜业"的产城新空间。

2.1.5　历史文化街区更新案例

历史文化街区是城市历史文化传统的主要承载区，有严格历史风貌保护要求，因此城市环境和建筑更新一般采用保留保护、有机更新的方式。该更新类型的特点是历史建筑的保护和活化利用，打造历史与现代交融的文化体验场所，难点在于短期内难以实现投资的平衡，社会资本参与的积极性不高。但在上海、苏州、南京、北京、广州等地积极探索，引入社会资本参与历史文化街区更新，积累了丰富的经验，代表性案例如上海新天地、田子坊、上生新所等，苏州平江路历史文化街区更新项目，南京小西湖片区保护更新项目，北京模式口历史文化街区保护更新项目，广州永庆坊历史街区更新项目等。

（1）"政府—国企—民企"联动——苏州市平江路历史文化街区保护更新项目

项目位于苏州古城东北隅，占地面积约为116hm^2，更新前存在古建老宅产权分散复杂、居民利益诉求复杂多元等问题，社会资本望而却步。针对古建老宅产权分散复杂的情况，项目建设单位积极组织房屋原居民开展协商协调，通过"建筑共生、居民共生、文化共生"，留住老宅格局机理，留住原居民、老街坊，延续老城的生活方式、社区网络和历史文脉。采用"政府支持引导—国企提供存量资产—民企投资运营"的方式，吸引社会资本参与，共同推动片区更新。如东升里13号为国有资产，由民企租赁后设计、投资建设并负责商业运营，并享受运营的全部收益。区属国企先后修缮顾家花园13号、悬桥巷47号等古建老宅，修缮后重点面向上市公司等各类高端市场主体进行推介，以姑苏千年文脉赋能当代企业发展，打造姑苏"城市会客厅"。

（2）统筹资金平衡的渐进式更新——南京市老城南小西湖片区保护更新项目

南京小西湖历史文化街区，是南京老城南部传统民居类历史文化风貌区，也是南京市28处历史风貌区之一。项目占地面积4.69hm^2，留存历史街巷7条、历史建筑7处、传统院落30余处。2019年，项目建设正式启动，片区以"留住记忆、改善民生、增强活力、延续风貌"为目标，推动多元产权主体参与的"小尺度、渐进式"社区院落微更新。南京市政府创新老城更新的资金政策，将新城建设和老城更新进行资金统筹平衡，每年南部新城开发收益反哺秦淮区20亿元用于小西湖等一批居住类、历史文化保护类城市更新项目。

（3）"疏租+腾退"的共生院模式——北京市模式口历史文化街区保护更新项目

项目位于石景山区中部，占地34.46hm^2，区域内有国家级文保单位2处、市级文保单位2处、区级文保单位17处、有价值院落37处。2020年以来，借鉴共生院模式，采用"疏租+腾退"相结合的拼盘模式，疏租沿街房屋118户99间，总建筑面积8200m^2，为全面完成主街、主巷房屋外立面的修缮改造提升打下基础。传统院落经调整升级后引入多元业态，规模化精品文化院落带动区域商业活力，临街小型店铺丰富街区烟火气。院落设计与甄选商户工作无缝对接，根据商户需求进行建筑及景观设计，主体结构完工后，商户立即开展内装工作，缩短建设工期，同时保证建筑使用合理性。

2.1.6　综合片区更新案例

综合片区更新是针对城市中的大范围需要保护更新或整体改造、拆除重建和整体转型升级的功能区，包括老旧工业区、老旧城区、城中村片区、交通枢纽片区，等等，是对城市空间结构的重构和城市功能的完善和提升。上海世博会片区更新、北京奥运会片区更新等整体提升城市能级的重大事件以外，对于城中村改造和轨道交通枢纽片区，由于涉及面积广、产权主体及功能类型多样，也需要采用片区统筹更新的方式，例如上海市青浦区重固镇的新型城镇化项目。近年来，在国家大力实施城市更新战略的背景下，上海、深圳等地开始探索片区统筹更新的新方式。

（1）以 PPP 模式实施的城中村改造——青浦区重固镇新型城镇化项目

重固镇位于上海市青浦区东北部，水陆交通便利，镇域总面积 24km²。距离虹桥机场 15.7km，距离上海市区 27km，是连接上海和青浦新城的节点，属于典型的上海近郊小镇，发展潜力极佳，具备明显的区位优势。重固镇是上海"第一单"落地实施的新型城镇化项目，也是当年上海唯一一个进入国家发展改革委 PPP 项目库跟踪落实的项目。项目由青浦区政府授权重固镇政府与社会资本合作进行区域开发，2015 年 12 月 31 日通过招标方式确定合作伙伴为中建八局和中建方程投资发展有限公司组成的联合体。合作周期为 10 年。

开发思路。一是引入实力央企，破解资金难题。由社会资本合作方（占 70%）和青浦区（重固投资发展有限公司占 10%、青发集团占 20%）组成项目公司。成立合资项目公司后，地方政府对开发主体按照一次授权、分期实施的方式，鼓励社会资本发挥片区开发、经营、管理优势。同时，共同发起设立总额约 50 亿元的新型城镇化基金，青浦区财政以注资区级国有企业（青发集团）的形式向基金出资约 15 亿元，社会资本出资约 35 亿元，分 3 年逐步配置到位。二是平衡各方利益，明确收益形式。社会资本按约享有固定比例的资金收益，但不参与土地出让收益分成。三是通过政府购买（用于集中建设区内公共设施的建设及运营）、配置定向出让土地（用于集中建设区外公共设施的建设及运营）以及特许经营（用于功能提升类使用者付费的经营性项目），共计 3 种补充模式补偿成本缺口，同时保留远期其他可能的合作模式。重固镇集体经济组织占有整个项目 10% 的股权，将获得稳定的收益。同时，整个项目还将提供 5 万 m² 的商业面积，让渡给重固镇集体经济组织，让当地农民分享城镇化红利，形成了长期的造血机制。

政策支撑。依托青浦区新型城镇化试点的契机，以 PPP 模式系统化推进项目范围内的规划修编、土地整理、基础设施、配套设施、功能项目投资运营、产业导入和产业服务等工作，充分发挥各类政策的叠加效应。具体涉及"城中村"改造和特色小镇打造；"195区域"① 转型和现代服务业集聚区建设；"198区域"② 减量、宅基地置换和"美丽乡村"建设。

（2）"三师"联创推动上海老城区更新——静安区石门二路01更新单元项目

2023年上海市政府发布《关于深入实施城市更新行动加快推动高质量发展的意见》，开启了上海城市更新的新篇章。为破解新阶段上海城市更新中的突出问题、关键症结难题，2023年上海市规划和自然资源局会同静安、黄浦、徐汇、虹口等四区政府，选取10个重点更新单元，探索建立具有上海特色的"三师"联创机制。"三师"联创机制核心是尊重城市更新客观规律，由规划师、建筑师、评估师立足于自身专业领域，通过前瞻性谋划、专业性策划、合理性评估、陪伴式服务，强化设计赋能，加强专业融合，带动价值提升，实现综合成本统筹平衡。

静安区石门二路01更新单元③ 是首批"三师"联创机制更新试点之一（图2-9）。更新单元总用地面积90.05hm²，其中城市设计地块用地面积11.9hm²，总建筑面积48.6万m²（含历史建筑保留与改造面积21.31万m²）。"石门二路01更新单元"项目坚持"红线内外、地上地下、系统局部、策—规—算一体"的原则，由责任建筑师先行，对区域内的交通线路、风貌保护、建筑高度、公共空间系统等进行空间研究和方案设计，再结合各部门要求和建议进一步优化。随后，责任规划师以空间研究为基础，综合周边公共设施配套、土地腾挪空间等因素，反向推导用地方案与管控指标，落实规划实施技术管控文件。责任评估师研究方案的开发运营情况以及灵活的成本统筹、配置与供给模式。在"三师"联创机制下，在空间上实现"跨河南北互动、跨高架东西联通"，打破行政边界，共同实现苏州河沿线核心区域的整体规划、设计与实施。

"石门二路01更新单元"成为最先落地的"三师"联创项目，设计成果通过展览讲座、论坛交流、新媒体发表等形式，向社会各界展现了上海市在城市更新方面的创新和积极探索，以及提升城市魅力与市民生活品质的决心；也为业内探索跨专业共谋城市更新单元高质量发展提供了宝贵的经验。

---

① 根据《上海市工业区转型升级"十三五"规划》，在规划集中建设区内104区块外还有近195平方公里现状工业用地，以规划引导、转型调整、功能提升和融合发展为导向，称为"195区域"。

② 规划集中建设区外还有近198平方公里的现状工业用地，以规划引导、生态优先、减量调整为导向，称为"198区域"。

③ 本项目责任建筑师单位为上海建筑设计研究院有限公司，责任规划师单位为上海同济城市规划设计研究院有限公司，责任评估师单位为上海市地质调查研究院。项目资料授权使用单位为上海建筑设计研究院有限公司。

图 2-9　石门二路 01 更新单元规划设计效果图
（图片来源：上海建筑设计研究院有限公司）

（3）市场化趸租改造和一体化整村更新——深圳市元芬新村城中村有机更新

项目位于深圳市龙华区大浪街道，占地面积约 10hm²。该项目改变政府统一征收、搬迁补偿的传统城中村改造模式，引入社会资本，开展长期趸租，采用市场化趸租改造和一体化整村更新的方式。具体做法是，在政府主导综合整治工程的基础上，由民营企业与元芬社区股份公司开展战略合作，投入资金对元芬新村整村统租改造，包括楼栋安全改造、整村风貌提升、公共广场等便民设施改造，并持续提供专业物业管理与运营服务。考虑到租户 80% 以上是 90 后，且其中 40% 的青年人是首次租房，按照青年人使用率，对原有户型配置予以优化改造，利用闲置空地增设篮球场、自习室、健身房、分享吧等共享空间，打造"10 分钟学习圈、健身圈"。

市场化趸租改造的方式并未改变现有物业产权关系，也不存在土地获取和拆迁安置成本，因此改造成本相对较低，可以给青年人提供宜居可支付的住房。此外，地方政府与项目实施主体争取多方支持，为居民提供多种金融方案。例如，与国家开发银行签署战略合作协议，截至 2023 年 10 月底，累计完成 12.5 亿的流贷和 15.39 亿的项目贷融资评选工作；联合深圳市住房公积金中心开展"公积金直付房租"等创新试点业务，缓解市民租金压力。

（4）统筹主体主导的市场化模式创新——蟠龙天地城中村改造项目

蟠龙天地项目[①]位于上海市青浦区徐泾镇，属于虹桥国际中央商务区的一部分，是上海 32 片历史文化风貌区之一的蟠龙古镇所在地。项目总占地面积约 50 万 m²，由徐泾镇人民政府、上海西虹桥商务开发公司和瑞安集团成立的项目合资公司共同开发，具体工作由合资公司上海蟠龙天地有限公司统筹和实施。项目以"上海前门院、江南新天地"为发展定位，将"城中村"改造与新城建设、历史文化名镇保护相结合，成为展现上海新城活力、城市文化魅力与现代生活时尚力的鲜活案例。

统筹和实施主体依托"整体定位、整体规划、整体开发、整体运营"的发展理念，创新"轻文旅模式下微度假体验"的发展模式，将城市中一片衰败的城中村转变为一个"公园里的新天地"，成为上海西部的"江南会客厅"，显著提升区域的整体品质。蟠龙天地已累计获得 24 项知名机构奖项，例如"2021 长三角城市更新贡献奖"、第一财经 2022 年城市更新"双子星"奖，以及 2023 年蟠龙天地（商业住宅）LEED 金级证书等。

蟠龙天地项目是由市场主导的城中村改造项目，在历史文化保护与传承、规划设计、商业策划与运营、绿色可持续发展方面展开了深度的研究和卓越的创新。

首先，在开发前期为了重新找寻、收集、梳理和连接古镇散落的脉络，项目团队开展了为期 3 年的蟠龙镇历史文化深度研究工作，采访了来自文化和旅游局、规划局、博物馆等 30 余位专家学者，挖掘蟠龙的人文、风貌和名人故事，并通过网络直播与社交媒体分享专家探讨，让更多人关注古镇复兴与"城中村"所蕴含的城市记忆。2020 年出版的《蟠龙新志》一书，全面考证、解读了蟠龙的建筑、历史与风土人情，为项目设计如何还原与再造历史场景和内容提供了蓝本。

其次，通过整体规划创新，化解历史风貌区的开发限制。一是，以运营逻辑指导规划设计，确保方案切实可行。租赁与运营团队在项目前期就参与了规划方案，提前将经营理念植入规划，确保后期的长效运营。例如，对于餐饮、娱乐、零售、文化、生活方式等细分业态品牌的明确，设计师们能够更好地匹配每个铺位的经营特性，优化室内外空间设计。二是，聘请了知名设计事务所和设计师制定整体规划方案，将历史文化保护与商业环境的创新营造、交通流线优化、建筑风貌传承与创新等完美结合。例如，将历史建筑的古建形态结合新立面设计，即保留历史建筑的风貌特色并融入现代建筑材料；借鉴江南风韵艺术化处理新建筑形态，外部突出江南建筑的风格，用国际视野重塑人文历史空间；通过设计还原以香花桥和凤来桥为核心的"九龙一凤"十座桥；参考《盘龙镇志》中记载的"蟠龙十景"并结合现代景观设计，绘制"新蟠龙十景"，重现这个独具魅力的水乡古镇。

---

① 项目资料由瑞安管理（上海）有限公司提供并授权使用。

再次，通过极具创意的运营策划，将文化、商业、旅游功能高度融合。蟠龙天地项目运营打破千镇一面的传统古镇商业模式，结合蟠龙的本地文化，融汇"古今东西"的未来商业形态，引入众多的创新业态，如茶艺会馆、当代肉铺、宠物公园、艺术精品酒店、生态有机餐厅等，形成了以古镇商业为核心，集餐饮、文化、娱乐、消费为一体的"公园里的江南新天地"。在节假日或任一二十四节气，多功能蟠龙主题公园将举办赶集、稻灯会、绿地音乐节及水上节目等活动，与商业区主题活动相互呼应。2023 年 4 月 29 日正式开业以来，蟠龙天地共计接待 2500 万人次的游客，国庆及春节等重大节日的日均客流近 15 万人，举办各类文化、艺术、演艺活动共计 420 多场。

最后，蟠龙天地项目在绿色可持续社区营造方面有卓越的表现。一是便捷的交通网络有效减少了社区出行的碳排放。通过设置了地面林荫道、从公交站点直通古镇商业的人行天桥等，实现 50% 以上住宅区的居民及游客步行 400m 就可以到达公交站点，步行 800m 到达地铁站。二是古镇建筑、道路和景观的建材沿用木饰面、砖、瓦等江南传统材料及元素，体现江南古镇水乡历史底蕴和可持续建造的理念。例如，使用其他古镇拆迁回收的金山石、黄锈石的老旧石材，用于建筑修复总计约 8500m²，用于河道驳岸修复总计约 4000m²；旧青砖主要用在优秀历史保护建筑的修缮墙体与新建建筑的外立面饰面，面积分别达 500m² 及 1000m²；旧青瓦主要用在优秀历史保护建筑屋面与核心区新建建筑屋面，面积分别达 1200m² 及 14800m²，等等。三是对区内建筑进行了整体节能规划设计，社区的照明、水泵等公共设施均采用节能设备，以减少温室气体排放。四是探索生物多样性保护，前瞻性探索并实施了"水系治理、植栽保护、原生动物保护"三大类措施。例如，项目保留了完整的 3km 原生江南自然水系；在水域投放土著生物菌活化剂，布置人工水草、微孔爆气、拦截网等设备，种植水生植物等，确保了整体较好水质；蟠龙天地良好的生态条件吸引留鸟来过冬，近一年鸟类种群数量增加显著等。

总之，蟠龙天地项目突破了"资金平衡、保留保护、保障民生、后期运营"的城中村改造难题，实现了人文环境、区域价值、公共利益的综合提升，为上海及全国未来"城中村"改造提供了可供借鉴的新模式。

2.2　城市更新相关科技创新

2.2.1　国内城市更新相关科技创新

存量空间的城市更新需要面对既有建筑、既有基础设施和既有空间环境无法满足当代人的生活需求和未来科技发展的空间需要问题。自 2023 年开始，上海市城市更新研究会组织了两届城市更新科技进步奖的评选，共评选出 42 个科技进步奖案例，大致可以划分为绿色低碳、数字化和新材料新工艺三大类主题。对 42 个案例的主题词进一步分析，大致可以看出近年来城市更新科技创新的动态和趋势（表 2-3）。

2023~2024 年上海市城市更新科技进步奖获奖主题分类与主题词构成　表 2-3

主题分类	主题词构成
绿色低碳	温湿度独立控制空调系统、交通枢纽提质降碳、步行系统、绿色低碳更新、水流量变频控制优化、碳中和、土壤修复技术、超低能耗
数字化	多元主体精准协调、智慧管理平台、实施平台、智能装备柜、智慧泊车系统、文物建筑数字化保护运维、数字化绿色设计、全生命周期管理系统、声光电同步控制系统、数字孪生体、更新设计辅助平台
新材料新工艺	小梁薄板房屋改造、工业遗存日常化更新、装配式、大跨度抽轴转换加固技术、新老建筑共生融合、公共建筑健康性能提升、地上地下结构同步施工改建、历史建筑保护性修复技术、饮用水高品质入户、加固改造技术、智慧安防与消防融合技术、建筑材料回收利用技术、住宅模块化加装电梯、钢结构模块化、智选城市家具、既有建筑改造拆除技术、外立面装饰造型安装技术、隔热涂料

当前，中国城市更新领域的相关科技创新如火如荼，涉及领域也非常广泛。绿色低碳方面，包含了城市和片区层面的绿色低碳更新、碳中和、土壤修复技术、交通枢纽提质降碳、步行系统更新等，也包括既有建筑改造方面的超低能耗、温湿度独立控制空调系统、水流量变频控制优化技术等内容。随着中国碳达峰碳中和战略的深入推进，未来城市更新与绿色低碳发展理念将进一步融合，涌现出更多的科技创新成果。

数字化技术赋能城市更新是人工智能和数字化时代的必然要求。目前，城市更新中数字化技术的应用包括全生命周期管理系统、智慧管理平台、数字孪生技术、数字化运维、更新辅助设计平台、智慧泊车系统，等等。

城市更新中新材料新工艺的发展更加多元化，目前涵盖了建筑改造、结构加固、地上地下结构同步施工改建技术、历史建筑保护性修复技术、建筑材料回收利用、加装电梯、模块化、隔热涂料等内容。未来新材料新工艺的创新和应用将进一步推动城市更新创新发展。

2.2.2　国外城市更新相关科技创新

通过 SCOPUS 数据库对城市更新与科技创新及其衍生相关主题词检索，2015~2024 年间的相关文献研究发现，城市更新中模块化建筑、智能技术、绿色建筑、数字化技术、新材料与新工艺等领域的科技创新能够显著提高城市更新的效率和可持续性（表 2-4）。

2015~2024 年间国外关于城市更新科技创新的相关主题分类和主题词构成　表 2-4

主题分类	主题词构成
绿色低碳	绿色建筑与可再生能源、保温隔热材料、城市生态系统修复、降低碳排放、太阳能光伏技术、降低建筑能耗、低碳社区再生、循环经济与资源再利用、建筑废弃物的回收利用、水资源的循环利用
智能技术与数字化	智能技术与大数据、智能交通系统、虚拟现实（VR）与增强现实（AR）技术、停车位功能替代决策支持、地理信息系统（GIS）、数字孪生技术、数字管理平台、历史建筑的数字化管理、数字乡村建设
新材料新工艺	模块化建筑技术、高性能建筑材料（如高性能混凝土、新型保温材料等）、3D 打印技术、智能材料（如形状记忆合金、压电材料等）和自修复材料、生物受容性陶瓷材料、太阳能光伏技术集成

绿色低碳方面。Lin Yijie、Cui Canyichen 等（2023）以某大学的旧砖砌学校建筑为例，将太阳能光伏技术集成到建筑的斜屋顶改造中，并定量模拟了光伏屋顶的能源效率和碳减排潜力，展示了绿色改造在降低建筑能耗和减少碳排放方面的显著效果。Cansu Coskun 等（2024）研究了绿色建筑中采用高效的保温隔热材料减少能源消耗，通过模块化建筑减少施工时间，利用可再生能源（如太阳能、风能）提供新动力，通过修复和保护城市生态系统提高城市的生态服务功能，通过建筑废弃物的回收利用减少资源浪费和环境污染等绿色低碳技术。

智能技术与数字化方面。Heng Song 等（2023）探讨了数字化在建筑遗产保护中的应用。通过开发和实施管理平台，集成了建筑信息模型（BIM）、物联网（IoT）和无线传感器网络（WSN）等技术，实现了对遗产建筑的实时监测和管理。Alba Arias 等（2022）研究了 GIS 技术在城市更新规划、项目实施中的应用，通过数字孪生技术创建城市虚拟模型并对城市运行状态实时监测和模拟，将大数据和人工智能技术用于城市更新项目的评估和优化等。Xia，B 等（2022）利用关联规则挖掘技术分析不同收费、规模和附属建筑类型的停车位与周边城市功能之间的空间关系，为停车位的功能替代提供了决策支持，为城市更新中的碎片化空间再利用提供了新的思路。Mocerino，C.（2024）利用 360° 视频技术和 VR 技术，为公众提供沉浸式的体验，增强公众对文化遗产保护的参与度；通过这些技术，公众可以在虚拟环境中"参观"更新后的城市空间，并提出改进建议。

新材料新工艺方面。Cansu Coskun 等（2024）在绿色建筑中提出高性能建筑材料（如高性能混凝土、新型保温材料等）的应用可以提高建筑的耐久性和节能性能；3D 打印技术可以快速制造建筑构件，减少材料浪费，提高施工效率，还可以实现复杂结构的制造，为建筑设计提供更多创意空间；智能材料（如形状记忆合金、压电材料等）和自修复材料的应用可以提高建筑的适应性和耐久性。Rotondi，C. 等（2024）通过将有机废物与陶瓷材料混合，开发出具有生物相容性的陶瓷表面。这种材料不仅减少了废物的产生，还通过多孔结构为微生物提供了栖息地，促进了生态系统的恢复。

这些城市更新科技创新方面的最新研究为实现可持续城市发展提供了新的路径。未来的研究可以进一步探讨这些技术在不同城市环境中的应用效果和优化策略，以推动全球城市的绿色和可持续发展。

2.3　城市更新操作模式探索

从国内较早开展城市更新的城市实践来看，城市更新操作模式强调规划引领和政策支撑，市、区两级政府通过编制城市更新专项规划（或行动计划）和确定实施主体来推进城市更新实施。不同的城市在操作模式上又有一些差别，以北京、上海、广州、深圳、青岛五个城市为例进行比较分析（表2-5）。

通过对五个城市的更新法规或政策文件的分析，在城市更新操作上形成"制定法规或政策——编制更新专项规划（计划）——确定实施主体——由实施主体组织开展设计、投资、建设、运营"的基本路径。市、区两级政府在城市更新过程中起到统筹、组织、审查的关键作用。更新专项规划是城市更新实施的总纲领，虽然不同城市的更新规划编制和审查方式不同，但均可以从不同空间尺度和管理层级上分为市（区）更新专项规划（指引）、城市更新单元规划（或更新方案）、城市更新项目建设规划等。实施主体一般包括市（区）政府、物业权利人（权利主体）、市场主体、权利主体与市场主体的联合体等，五个城市政策文件中均鼓励物业权利人（权利主体）的自我更新和积极引导市场主体的参与，但是在实施主体选择和确定方式上存在较大差异。面对存量更新的特点，各城市均在探索一些特殊政策机制，比如建筑用途转换和土地用途兼容政策、异地统筹平衡政策、容积率转移或奖励政策、地上地下空间分层开发使用政策、土地复合利用政策、共建共治共享的社区规划师制度等。各城市在政策机制创新上也有一些共识，主要包括在土地出让中探索存量补地价或协议出让的政策机制、探索政府专项债和城市更新基金等财政金融支持机制，等等。

国内主要城市的更新项目操作流程与特点比较　　　　　　　　表2-5

城市	北京	上海	广州	深圳	青岛
政策文件	北京市城市更新条例（2022）	上海市城市更新条例（2021）	广州市城市更新条例（征求意见稿2021）	深圳经济特区城市更新条例（2020）	青岛市人民政府关于推进城市更新工作的意见（青政发〔2021〕8号）

续表

城市	北京	上海	广州	深圳	青岛
更新规划	城市更新专项规划并纳入控制性详细规划	城市更新指引和行动计划	城市更新专项规划和国土空间详细规划、城市更新项目建设规划、片区策划	城市更新专项规划、城市更新单元计划、城市更新单元规划	城市更新专项规划、划定城市更新单元、城市更新单元规划
实施主体	物业权利人、区人民政府确定的统筹主体、各类市场主体	区域更新统筹主体、物业权利人	权利主体、市场主体、政府、权力主体和市场主体联合	市场主体、物业权利人	政府按规定确定的实施主体、土地使用权人、城中村集体经济组织、其他主体
实施程序	①建立市、区两级城市更新项目库；②纳入城市更新计划后由实施主体编制实施方案；③实施主体依据审查通过的实施方案申请办理投资、土地、规划、建设等行政许可或者备案	①区域更新项目由更新统筹主体统筹组织，零星更新项目由物业权利人组织；②建立更新统筹主体遴选机制；③更新统筹主体编制区域更新方案；④零星更新项目由物业权利人编制项目更新方案	①由市住建部门组织编制项目建设规划；②由市住建部门或区政府组织编制片区策划方案；③由区政府组织编制项目实施方案；④策划方案和项目实施方案同步编制、同步联审，由市城市更新领导机构审定后实施	①拆除重建类城市更新单元规划经批准后，物业权利人通过产权归集形成单一权利主体；②单一权力主体可以自行实时更新或者选择市场主体合作实施更新，并向区城市更新部门申请确认实施主体；③城市更新项目由物业权利人、具有房地产开发资质的企业（以下简称市场主体）或者市、区人民政府组织实施。符合规定的，也可以合作实施	①各区政府应当安排其相关职能部门组织编制城市更新项目实施方案，并报区政府批准后组织实施；②实行主体多元化：部分更新项目由政府收储改造；原土地使用权人可通过自主、联营、入股、出租、转让等多种方式进行再开发；农村集体经济组织自行或引入社会投资主体参与再开发
政策保障的特点	①探索实施建筑用途转换、土地用途兼容；②可以采用弹性年期供应方式配置国有建设用地；③鼓励采取分层开发的方式，合理利用地上、地下空间补充建设城市公共服务设施	①因历史风貌保护需要，建筑容积率受到限制的，可以按照规划实行异地补偿；新增不可移动文物、优秀历史建筑以及需要保留的历史建筑的，可以给予容积率奖励；②探索建立社区规划师制度，推动多方协商、共建共治	城市更新项目因用地和规划条件限制无法实现盈亏平衡，符合条件的，可以进行统筹平衡	实施主体在城市更新中承担文物、历史风貌区、历史建筑保护、修缮和活化利用，或者按规划配建城市基础设施和公共服务设施、创新型产业用房、公共住房以及增加城市公共空间等情形的，可以按规定给予容积率转移或者奖励	①片区统筹政策，做到项目内部统筹搭配实现自我平衡或跨片区组合实现资金平衡；②土地复合利用政策。探索"工业＋科研""工业＋公共服务"等功能适度混合的土地利用政策

51

在更新策略上，深圳和上海的城市更新表现出显著不同，也最具代表性。深圳市的旧村改造和"工改工"项目以"市场主导、政府监管"的方式为主，激发市场主体和原土地所有者的积极性。市场主导的方式将由市场主体负责更新单元或项目的投资、运营、建设等问题，政府提供政策支持和规划指引。政府主导编制城市更新专项规划或者城市更新行动计划，划定城市更新单元，并为更好地指导更新单元的建设增加了中观层面的"片区统筹更新规划"，为更新单元开发建设提供公共设施配套等方面指引。上海城市更新以"政府主导、市场化运作"的方式为主，近年来的更新方式也以"微更新"为主。社区规划层面，政府主导推行"美丽家园"三年行动计划，发布《上海市15分钟社区生活圈规划导则》，建立以"社区规划师"为特色，公众参与共建共享的社区更新机制。

对城市更新规划编制方法，张帆（2012）提出"进行性"规划方法，建立一个"编制—跟踪—评估—年度指导"构成的持续的规划机制；黄倩、耿宏兵（2021）提出绿色城市更新规划方法，探索将绿色生态发展理念和技术标准适当融入城市更新区不同层面的规划中，初步建立绿色城市更新规划总体框架，提出"要素控＋分区管"的绿色城市更新管控思路。

2.4　城市更新项目投融资模式的探索

2.4.1　国内城市更新项目投融资模式探索

目前国内城市更新投资模式尚处于探索阶段，尚未建立起完善的多元化投融资体系，导致资金来源单一，难以满足大规模城市更新的庞大资金需求。

（1）投资主体视角的投融资模式

受国家法律法规、社会经济转型、地方财政负担过重以及金融产品创新缺乏等影响，从投资主体视角看，目前城市更新投融资模式主要有政府主导模式、市场主导模式、政府和社会资本合作模式。马佳丽（2021）等指出这些投资模式多为现有投资经验的总结，缺乏理论指导和制度及金融方面的创新。政府主导模式包括政府财政资金直接投资、地方政府配套资金，同时发行城市更新专项债、地方政府授权地方国企为主体投融资、投资人＋EPC模式等。市场主导模式主要在深圳、广州等地推倒重建型的更新改造项目，包括企业收购改造模式、村企业合作改造模式等。政府和社会资本合作的模式主要为PPP模式、ABO模式和城市更新基金模式，但是也是以政府投资或政府购买服务为主，ABO模式本身还存在政府授权合法性、项目公司合法身份、政策支撑和汇款保障等问题的困扰，PPP模式会受到政府财政一般收入预算的限制。由于建设项目种类繁杂，不同的项目有着不同的特点，建筑业企业需要根据建设项目的特点选择不同的融资模式。BOT融资模式比较适用于大规模、高收益、经营性的基础设施，如电厂、水厂等；TOT融资模式适用于已建成的具有良好收益率的基础设施，如污水处理、节水设施、环保设施等；PFI 融资模式最适宜开发非经营性的公共基础设施，如城市绿化、城市广场等；PPP 融资模式适用范围最为广泛，除了包括 BOT、TOT 等项目使用范围外，还可以涉及收益率相对不高的经营性基础设施，如体育场馆、博物馆、展览馆等。徐世杰（2023）对各类投融资模式的优劣势、适用情况及当前存在的问题进行了详细分析，提出需要建立多元化的投融资体系，包括政府资金、私人资本、社会资本等在内的多渠道资金来源，以满足不同类型城市更新项目的资金需求；其次，还应制定和完善相关财税政策，鼓励和引导私人资本投入城市更新项目。

（2）更新项目视角的投融资模式

城市更新项目根据投资资金回报要求可以分为公益性项目、半公益性项和营利性项目。公益性项目是由财政直接投资或者居民众筹投资的项目，例如道路、公园绿化的更新改造等；半公益性项目是指具有一定现金回报能力的公益性项目，例如给水厂、污水处理厂及其管网系统，轨道交通及其站点等市政基础设施，体育馆、文化馆、医院等公共设施等，此类项目的更新改造属于政府财政投资范围，但是可以通过 PPP 模式等与社会资本合作；营利性项目即除公益性项目、半公益性项目之外的以经营和营利为目的的项目，一般由社会资本投资为主，根据资金使用的成本要求进行项目投资平衡。陈小祥（2012）等从资金来源主体的角度将城市更新融资分为内部融资（企业自身）、财政支持（政府）和外部融资（社会）三种方式，并重点探讨了外部融资的方式，主要包括银行贷款、城市更新专业银行、政府产业引导基金、城市更新投资基金、房地产信托基金、不动产证券化等方式，建议构建多层次、多渠道的融资服务体系，完善金融法制税收体系的建设，增加政府的支持力度等。徐文舸（2021）认为，在社会资本参与城市更新方面，广州、北京和上海投融资模式有所创新，值得借鉴和推广。例如，针对历史文化街区的"微改造"——广州永庆坊模式，针对城镇老旧小区的更新改造——北京劲松模式，针对城市产业综合体的更新改造——上海城市更新基金模式（上海城创城市更新股权投资基金）。杨冬冬（2023）以项目营利能力为出发点，按照"以收定支"的项目筛选原则统筹规划纯收益性项目和部分经营性、公益性项目，设计了"ABO+ 城市更新基金 + 社会投资人"模式，既考虑了成本与收益的平衡，也兼顾了公益性与营利性的平衡。

（3）政府财务平衡模式

赵燕菁、宋涛（2021）从政府视角提出城市更新中涉及资本投入阶段（建设阶段）和运营阶段的两种财务平衡，且二者必须独立地实现平衡。就财务平衡的模式而言，从时间上，可分为单一项目的静态平衡与多项目的动态平衡；在空间上，可分为就地平衡和异地平衡。从政府财务平衡的视角，赵燕菁、沈洁（2023）提出"好的城市更新"应该避免征迁陷阱、运营陷阱和容积率陷阱等三个财务陷阱，指出城市更新的根本目标是创造可持续的财务现金流。过去成功的土地融资工具和通过"增容"为城市更新融资的传统模式，隐藏着巨大的财务陷阱，正确的城市更新必须引入业主的资产负债表，以自主更新作为城市更新的主要模式。

（4）金融工具创新

不动产投资信托基金（REITs）在国外发展较早，20世纪60年代发源于美国，现今是美、英、日等国家主流的城市更新投融资模式。REITs是城市更新项目尤其是存量更新和微更新类项目投融资的重要金融支持工具，但国内REITs市场刚刚起步。徐文舸（2020）认为，从运作机制看，REITs的运营管理模式具有稳定的租金收益分配、不动产资产增值获利、可流通交易的收益凭证、经营管理的主动权等主要特征；从投资角度看，REITs具有吸引投资者（尤其是个人投资者）参与的五大比较优势；从金融支持看，REITs比较契合城市更新所强调的存量升级改造的特点。但REITs是一个复杂的金融工具，需要完善法律法规和制度建构以及政府的大力支持。

2020年4月，《中国证监会、国家发展改革关于推进基础设施领域不动产投资信托基金（REITs）试点相关工作的通知》（证监发〔2020〕40号）发布，同步征求《公开募集基础设施证券投资基金指引（试行）》意见，并于2020年8月发布实施。同年8月，《国家发展改革委办公厅关于做好基础设施领域不动产投资信托基金（REITs）试点项目申报工作的通知》（发改办投资〔2020〕586号）发布。2021年1月29日，上交所和深交所分别发布《上海证券交易所公开募集基础设施证券投资基金（REITs）业务办法（试行）》《深圳证券交易所公开募集基础设施证券投资基金业务办法（试行）》。2021年1月，上交所和深交所正式发布REITs业务配套规则，为基础设施公募REITs业务明确了相关业务流程、审查标准和发售流程。从市场上来看，国内首批9只基础设施公募REITs已于2021年6月21日正式上市，发行总规模314.03亿元。截至2021年9月30日，沪深上市的公募REITs共9只，收盘总市值338.5亿元，大部分产品呈现较好的涨幅。根据《2023中国公募REITs市场发展白皮书》，截至2023年6月底，中国公募REITs产品已有28支，其中4支产品实现扩募，募集资金近1000亿元，回收资金带动新项目投资超5600亿元，市场规模效应和示范效应日益显现。

城市更新基金因其专业、高效的特点，逐渐成为城市更新投融资的重要工具，在实际操作中展现出多种优势。例如，它能够为片区开发提供专门的金融支持，可以更好地实现老旧小区的改造提升，推动城市更新项目的顺利实施。然而，从西安、天津等地的实践中也可以看出，不同城市的更新基金在实施路径和运作模式上均存在差异。在政府的参与下，如何平衡各方利益，确保基金的高效运作，是一个复杂的博弈过程。蔡景辉（2024）认为，城市更新基金具备"解决项目资本金问题，撬动银行贷款"，"操作灵活，低成本开发"

等优势，可通过股权融资、债权融资、夹层融资等模式，投资"安、征、拆、土地整治、复建工程、商品房建设"等全周期城市更新领域的融资产品，将会在片区更新、开发、建设中得到推广及应用。杨辉（2023）通过解析城市更新基金融资模式的优势特点和运作机制，研究和借鉴国内外先进地区的实践经验，提出城市更新基金在设立运行、收益分配、退出机制方面优化实施路径。杨晓冬等（2023）针对政府与基金管理人的运作管理模式进行演化博弈分析，结果发现政府通过收益分配优化、监管惩罚及利益捆绑等手段可实现对基金管理人的策略引导，进而提出明确政府引导边界、建立立体化绩效评价体系及健全基金激励机制等政府参与下的城市更新基金运作管理建议，为提高城市更新基金运作效率及可持续性提供借鉴。

2.4.2 国外城市更新投融资模式探索

根据徐文舸（2020、2021）、任荣荣（2021）等对美国、英国、日本城市更新投融资模式的研究，这三国城市更新投融资模式经历了政府主导投资、政府与市场合作和市场主导多方合作的演变过程。20世纪60年代，欧美地区经过"第二次世界大战"后近20年的战后重建和快速发展，进入城市更新发展阶段，经过多年的发展，城市更新投融资模式相对成熟，有很多供国内城市更新借鉴的经验。代表性的投融资模式有美国的税收增量融资模式（TIF）和社区发展拨款计划（CDBG），英国的城市发展基金（竞争性的资本分配方式），日本的政府主导型融资模式、住宅公团制度和"住宅改修"项目计划等。

近年来，随着金融市场的不断发展和创新，国外城市更新领域中出现了多种投融资模式及创新实践，重点包括基于遗产保护的融资框架、金融创新模型、金融化与去金融化、融资约束与高质量发展、智能可持续再生以及公共与私人部门合作等关键议题。

（1）基于遗产保护的城市更新投融资模式

Bonnie Burnham（2022）提出了一个基于遗产保护的城市更新融资框架，强调通过公共和私人部门的合作，实现遗产保护与城市更新的双赢。该框架结合了遗产保护的社会和文化价值，通过吸引私人投资和公共资金，推动城市更新项目的实施。Burnham的研究表明，这种模式不仅能够提升城市的经济活力，还能通过节能改造技术减少运营能源的使用，有助于实现零碳目标。此外，该模式通过四步流程（愿景和战略、框架计划、资金池识别、管理框架构建），为城市更新项目提供了一种系统化的融资方法，能够有效解决城市更新中的资金瓶颈问题。

（2）金融创新模型

Francesco Tajani 等人（2023）提出了一种改进的财务模型，用于评估城市更新项目的可行性。该模型基于盈亏平衡分析（BEA），但修改了某些假设，用以更加符合实际的市场机制。例如，该模型考虑了单位售价和单位变动成本随建筑规模增加而降低的趋势，能够更准确地反映城市更新项目在实际市场条件下的财务可行性。这种模型特别适用于市场供应接近市场需求的情况，能够更好地评估大型建筑项目或历史建筑改造的经济可行性。

（3）金融化与去金融化

Steven R. Henderson（2024）探讨了城市更新中的金融化动态，特别是收入条（income strips）融资工具的应用。这种工具通过将未来财务支付打包成可投资资产，为城市更新项目提供长期、稳定的资金流。然而，这种工具也存在风险，如长期合同锁定和潜在的财务负担。Henderson 的研究还探讨了去金融化的可能性，即地方政府在某些情况下可能选择退出金融化项目。例如，Gravesham Borough Council 通过收入条融资对圣乔治购物中心（St George's Shopping Centre）进行了现代化改造，但最终因财务和合同问题选择退出该金融化项目。

（4）融资约束与高质量发展

Shaobo Wang 等人（2022）分析了中国 290 个城市的融资约束、碳排放和高质量城市发展的关系。研究表明，融资约束限制了城市发展的资金，不利于高质量发展。该研究提出了一个中介效应模型，证明了碳排放是融资约束影响高质量发展的关键因素。通过减少碳排放，融资约束对高质量发展的影响可以被部分缓解。这种模型为城市更新项目提供了新的视角，强调了在融资过程中考虑环境因素的重要性。

（5）智能可持续再生

Simon Huston 等人（2015）提出了"智能"可持续城市再生（smart-SUR）的概念，强调通过智能机构、高质量项目和创新融资模式实现城市更新。smart-SUR 框架结合了地理、程序和目标方面的机制，通过地方参与、机构强化、严格项目筛选和创新融资方式，实现包容性、有度量和协调的转型。该框架不仅关注硬件设施的升级，还强调"软"投资，如环境改善、就业创造和社区参与。这种模式通过综合考虑经济、社会和环境效益，能够更好地平衡城市更新中的多方面需求。

（6）公共与私人部门合作

Alastair Adair 等人（2000）探讨了私人部门在城市更新中的作用，特别是通过公私合营（PPP）或其他机制吸引私人投资。研究指出，城市更新项目需要通过公共资金撬动更多的私人投资，并通过灵活的行政程序和风险缓解措施来吸引私人部门参与。此外，研究还强调了透明度、合作伙伴关系和管理控制在城市更新中的重要性。这种合作模式能够有效解决单一部门难以解决的资金和技术问题，为城市更新项目提供更全面的支持。

2.4.3　目前国内城市更新项目投融资的难点痛点

城市更新项目投融资的难点，首先在于当前阶段城市更新项目本身的复杂性[①]。其次，中国城市化进程由"高速发展"进入"高质量发展"阶段之后城市开发模式转型探索刚刚起步，相关的配套政策和法规、金融工具创新、地方政府角色转型等均刚刚起步，尚在探索中前行。此外，中国社会经济和产业发展均进入转型期，未来 5~10 年中国的经济发展速度（GDP 增长率）将进入一个 4%~5% 的中高速发展区间，产业结构将进入一个创新驱动的技术密集型、资本密集型为主的产业结构，逐步淘汰落后产能、劳动密集型产能和高碳高污染型产能。因此，当前阶段的城市更新投融资处于一个风险投资和孵化投资的阶段，以政府财政投入为主，尚未进入一个可以有稳定预期收益的、可与社会资本分享城市更新盛宴的、多方共赢的阶段。

当前城市更新投融资的痛点在于地方政府财力不足。从西方国家城市更新的历程看，城市更新初期政府投资和支持是很重要的，但近年来，"受经济下行压力和减税降费双重影响，全国财政收支呈现'紧平衡'，地方财政收支平衡压力明显加大"。此外，城市更新投融资模式设计需要金融系统、中央及地方各级政府多维度的体制机制设计，从而带动社会资本金融工具的创新，而这，是一个复杂的系统工程。

---

① 如前所述，城市更新项目涉及多个维度、多种类型，加之中国各地区发展不平衡，城市所处的发展阶段不同，难以形成统一的标准和政策指导。

第 3 章

企业参与城市更新的政策机制

企业参与城市更新实践需要根据城市更新法律法规和地方政府的政策条件，结合自身的优势和特点选择参与城市更新项目的类型、参与方式和路径。国家和省市层面的法规、政策对企业参与城市更新提出了具体的约束条件和激励机制，同时约定了参与城市更新的相关流程和技术要求。本章节对当前国家层面和地方政府层面的政策机制进行分析，梳理当前政策机制的发展脉络，解读并评价当前政策对建筑业企业等市场主体参与城市更新的激励和约束机制，展望中国未来城市更新政策机制的发展方向。

3.1 企业视角的城市更新政策解读

截至 2024 年底，中国在国家层面还没有制定城市更新的法律法规，但出台了一系列政策文件。至 2024 年底，住房城乡建设部推出第一批城市更新试点城市和三批次的试点经验清单以及第一批次城市更新示范城市，逐步探索和完善城市更新相关政策机制。2021年以来，深圳、上海、北京和辽宁省等地区陆续制定了城市更新条例，各城市更新的试点城市和示范城市均出台了不同形式的与城市更新相关的政策文件。

3.1.1 国内城市更新相关政策梳理

（1）国家层面相关政策梳理

2013 年中央城镇化工作会议提出"提高城镇建设用地利用效率""严控增量，盘活存量"，2015 年中央城市工作会议提出"要控制城市开发强度，科学划定城市开发边界，推动城市发展由外延式扩张向内涵式提升转变"，开始在国家层面关注城镇建设用地的提质增效。

此后，国务院及各部门陆续提出一系列城市更新相关的政策文件，主要包括《国务院关于加快棚户区改造工作的意见》（国发〔2013〕25 号）、《国务院关于深入推进新型城镇化建设的若干意见》（国发〔2016〕8 号）、《国务院办公厅关于推进城区老工业区搬迁改造的指导意见》（国办发〔2014〕9 号）、国土资源部《关于深入推进城镇低效用地再开发的指导意见（试行）》（国土资发〔2016〕147 号）、《住房城乡建设部关于进一步做好城市既有建筑保留利用和更新改造工作的通知》（建城〔2018〕96 号）、《国务院办公厅关于全面推进城镇老旧小区改造工作的指导意见》（国办发〔2020〕23 号）等，统筹推进棚户区改造、老工业区搬迁改造、城镇低效用地再开发、历史风貌区保护与有机更新、老旧小区改造等。直到 2021 年国家"十四五规划"纲要提出"实施城市更新行动"，《住房和城乡建设部关于在实施城市更新行动中防止大拆大建问题的通知》（建科〔2021〕63 号）发布，"城市更新"作为一个正式词汇出现在国家级的政策文件中。

住房城乡建设部于 2022 年 11 月根据第一批城市更新试点城市的经验推出《实施城市更新行动可复制经验做法清单（第一批）》，又于 2023 年 7 月发布《关于扎实有序推进城市更新工作的通知》，探索建立城市体检机制和"政府引导、市场运作、公众参与"的机制等，同年 11 月发布《关于全面开展城市体检工作的指导意见》，全面推进城市体检工作。此后，住房城乡建设部分别于 2023 年 11 月、2024 年 9 月发布第二批和第三批可复制经验做法清单。同时，自然资源部 2023 年 11 月发布了《支持城市更新的规划与土地政策指引（2023 版）》的通知。

截至 2024 年底，国家层面上对城市更新制度的探索形成了比较明确的思路。从企业视角解读，实施城市更新行动的基本机制是"政府引导、市场运作、公众参与"；"市场运作"方面政策包括逐步加大地方政府资金投入，优化金融支持工具，优化土地混合使用政策，优化土地获取方式，鼓励国有企业、居民、物业权利人、社会资本等多元主体的参与等（表 3 1）。

2013 ~ 2024 年国家层面城市更新相关政策文件梳理与解读　　　表 3-1

时间	颁发部门或会议	发布文件或会议名称	企业参与的相关内容解读
2013 年 7 月	国务院	《关于加快棚户区改造工作的意见》	政府主导，市场运作。发挥政府的组织引导作用，在政策和资金等方面给予积极支持；注重发挥市场机制的作用，充分调动企业和棚户区居民的积极性，动员社会力量广泛参与
2013 年 12 月	中央城镇化工作会议	中央城镇化工作会议	推进以人为核心的城镇化；坚持使市场在资源配置中起决定性作用；提高城镇建设用地利用效率。放宽市场准入，制定非公有制企业进入特许经营领域的办法，鼓励社会资本参与城市公用设施投资运营

时间	颁发部门或会议	发布文件或会议名称	企业参与的相关内容解读
2014 年 3 月	国务院办公厅	《关于推进城区老工业区搬迁改造的指导意见》	政府推动、市场运作。与加快棚户区改造和加强城市基础设施建设相结合，统筹推进企业搬迁改造和新产业培育发展。进一步简政放权，支持社会力量参与搬迁改造，凡利用市场机制能够解决的交由市场解决
2015 年 12 月	中央城市工作会议	中央城市工作会议	要控制城市开发强度，科学划定城市开发边界，推动城市发展由外延式扩张向内涵式提升转变。鼓励企业和市民通过各种方式参与城市建设、管理，真正实现城市共治共管、共建共享
2016 年 2 月	国务院	《关于深入推进新型城镇化建设的若干意见》	提出加快城镇棚户区、城中村和危房改造，建立城镇低效用地再开发激励机制。创新投融资机制，深化政府和社会资本合作，加大政府投入力度，强化金融支持
2016 年 11 月	国土资源部	《关于深入推进城镇低效用地再开发的指导意见（试行）》	坚持市场取向、因势利导，让市场在资源配置中起决定性作用。鼓励产业转型升级优化用地结构，鼓励市场主体收购相邻多宗低效利用地块，申请集中改造开发，积极引导城中村集体建设用地改造开发
2017 年 3 月	住房城乡建设部	《关于加强生态修复城市修补工作的指导意见》	政府主导，协同推进，积极筹措资金。要求填补基础设施欠账，增加公共空间，改善出行条件，改造老旧小区。在此基础上，保护城市历史文化，塑造城市时代风貌
2018 年 9 月	住房城乡建设部	《关于进一步做好城市既有建筑保留利用和更新改造工作的通知》	避免片面强调土地开发价值，防止"一拆了之"。坚持城市修补和有机更新理念，延续城市历史文脉，保护中华文化基因，留住居民乡愁记忆
2020 年 3 月	中共中央	《关于制定国民经济和社会发展第十四个五年规划和 2035 年远景目标的建议》	明确提出"实施城市更新行动"
2020 年 7 月	国务院办公厅	《关于全面推进城镇老旧小区改造工作的指导意见》	明确城镇老旧小区改造任务。建立改造资金政府与居民、社会力量合理共担机制。按照谁受益、谁出资原则，积极推动居民出资参与改造。加大政府支持力度

续表

时间	颁发部门或会议	发布文件或会议名称	企业参与的相关内容解读
2020 年 8 月	住房城乡建设部等十二部门	《关于开展城市居住社区建设补短板行动的意见》	落实"完整居住社区"建设标准。推动社会力量参与。通过政府采购、新增设施有偿使用、落实资产权益等方式，吸引各类专业机构等社会力量参与居住社区配套设施建设和运营。支持规范各类企业以政府和社会资本合作模式开展设施建设和改造
2021 年 8 月	住房城乡建设部	《关于在实施城市更新行动中防止大拆大建问题的通知》	严格控制大规模拆除、增建和搬迁，保留利用既有建筑和保持老城格局尺度，延续城市特色风貌。鼓励推动由"开发方式"向"经营模式"转变，探索政府引导、市场运作、公众参与的城市更新可持续模式
2021 年 11 月	住房城乡建设部办公厅	《关于开展第一批城市更新试点工作的通知》	决定在北京、宁波、厦门等 21 个城市开展第一批城市更新试点工作
2022 年 11 月	住房城乡建设部办公厅	关于印发《实施城市更新行动可复制经验做法清单（第一批）》的通知	城市更新统筹谋划机制，建立政府引导、市场运作、公众参与的可持续实施模式和创新与城市更新相配套的支持政策三个方面，共计 30 个典型案例的经验推广
2023 年 7 月	住房城乡建设部	《关于扎实有序推进城市更新工作的通知》	建立城市体检机制；依据城市体检结果，编制城市更新专项规划和年度实施计划；将城市设计作为城市更新的重要手段；坚持政府引导、市场运作、公众参与，推动转变城市发展方式；坚持"留改拆"并举、以保留利用提升为主，鼓励小规模、渐进式有机更新和微改造
2023 年 11 月	住房城乡建设部办公厅	关于印发《实施城市更新行动可复制经验做法清单（第二批）》的通知	坚持城市体检先行。发挥城市更新规划统筹作用；强化精细化城市设计引导。创新城市更新可持续实施模式，包括：①完善存量用地管理政策；②健全城市更新多元投融资机制；③建立多主体参与机制；④探索运营前置和全流程一体化推进模式
2024 年 9 月	住房城乡建设部办公厅	关于印发《实施城市更新行动可复制经验做法清单（第三批）》的通知	建立城市更新工作组织机制；完善城市更新法规和标准；完善城市更新推进机制；优化存量资源盘活利用政策；构建城市更新多元投融资机制：①加大地方政府资金投入，②组织金融机构、社会资本多渠道融资；探索城市更新多方参与机制：①鼓励央企、国企参与实施，②引导经营主体市场化运作，③优化公众参与路径方法

续表

时间	颁发部门或会议	发布文件或会议名称	企业参与的相关内容解读
2023 年 11 月	住房城乡建设部	《关于全面开展城市体检工作的指导意见》	重点任务：①明确体检工作主体和对象；②完善体检指标体系；③深入查找问题短板；④强化体检结果应用；⑤加快信息平台建设
	自然资源部办公厅	关于印发《支持城市更新的规划与土地政策指引（2023 版）》的通知	激发多元主体的更新意愿，鼓励建立城市更新的多元合作模式，完善城市更新支撑保障的政策工具，主要包括：①丰富土地配置方式；②细化土地使用年限和年期；③实施差别化税费计收；④优化地价计收规则；⑤保障主体权益；⑥优化规划管控工具

（2）地方层面相关政策梳理

根据国内学者（赵科科等，2022）对 20 个城市出台的城市更新政策体系的研究，地方城市更新工作主要包括工作机制、规划计划、项目实施、政策保障、监督及法律责任等方面。工作机制方面，主要有统筹型、专业型、融合型三种，其中统筹型工作机制最为普遍。统筹型工作机制是在现有行政体制的基础上，设置市级城市更新统筹协调机制——城市更新工作领导小组，相关部门作为成员单位根据职能分工各司其职。在技术体系方面，形成以专项规划、计划、单元（或片区）规划、项目实施方案为主的技术体系。从配套政策来看，主要涉及土地规划、征收补偿安置、财税金融、不动产、立项审批、文物保护、环境保护、公众参与等内容。

据研究①，截至 2022 年，各省市发布的 43 项城市更新领域政策文件中，关于更新的相关原则要点共 39 项，其中 50% 及以上被提及的共识性原则有 7 项，包括"政府主导""规划引领""市场运作""民生优先""保护优先""共建共享""多方参与"等。其中，政府主导、规划引领、市场运作占据前 3 名（表 3-2）。

---

① 注：2022 年，上海同济城市规划设计研究院有限公司承担的自然资源部委托课题《城市更新策略与规划方法研究》，对截至 2022 年各省市发布的 43 项城市更新相关政策文件进行了系统梳理，对更新政策文件中的原则要点进行了统计分析。

当前各地城市更新政策中的共识性原则要点　　表 3-2

	共识性原则要点	占政策文件数量的比例（%）	原则要点类型	
			空间物质性原则要点	空间过程性原则要点
1	政府引导 / 政府主导 / 政府统筹 / 政府推动	75%		√
2	规划引领 / 规划统筹 / 科学规划	72%		√
3	市场运作	69%		√
4	民生优先 / 民生改善 / 公益优先	67%	√	
5	保护优先 / 历史传承 / 传承文脉 / 注重传承 / 保护城市肌理和特色风貌	56%	√	
6	共建共享 / 共治共享	53%		√
7	多方参与 / 多元参与 / 公众参与	50%		√
合计			2	5

　　根据住房城乡建设部公布的第一批城市更新试点城市的名单和第一批城市更新示范城市名单，共计 27 个城市发布并实施城市更新相关法规、政策文件（表 3-3）。重点对这些城市更新的法规、政策文件进行梳理，研究分析市场参与机制、激励与约束机制相关内容，为后续城市更新政策机制的创新提供参考。

第一批城市更新试点城市和示范城市相关法规、政策文件汇总　　表 3-3

序号	城市	主要办法、政策文件名称	公布日期
1	广州	广州市城市更新办法	2015 年 12 月 1 日
2	成都	成都市城市有机更新实施办法、关于以城市更新方式推动低效用地再开发的实施意见	2020 年 4 月 26 日、2024 年 4 月 11 日
3	烟台	烟台市人民政府办公室关于烟台市区城市更新行动的实施意见	2021 年 2 月 8 日
4	深圳	深圳经济特区城市更新条例	2020 年 12 月 30 日
5	长沙	长沙市人民政府办公厅关于全面推进城市更新工作的实施意见	2021 年 3 月 8 日
6	福州	福州市"城市更新 +"实施办法	2021 年 4 月 2 日
7	青岛	青岛市人民政府关于推进城市更新工作的意见	2021 年 4 月 21 日

序号	城市	主要办法、政策文件名称	公布日期
8	重庆	重庆市城市更新管理办法	2021 年 6 月 16 日
9	上海	上海市城市更新条例	2021 年 8 月 25 日
10	沈阳	沈阳市城市更新及发展基金管理办法、沈阳市城市更新管理办法	2021 年 8 月 23 日、2021 年 12 月 15 日
11	石家庄	石家庄市城市更新管理办法	2021 年 9 月 21 日
12	西安	西安市城市更新办法	2021 年 11 月 19 日
13	滁州	实施城市更新行动推动城市高质量发展实施方案	2021 年 11 月 22 日
14	唐山	唐山市城市更新实施办法（暂行）	2021 年 12 月 7 日
15	合肥	合肥市城市更新工作暂行办法	2022 年 3 月 3 日
16	铜陵	铜陵市城市更新试点实施方案	2022 年 3 月 25 日
17	南昌	南昌市城市更新实施办法	2022 年 4 月 21 日
18	武汉	湖北省城市更新工作指引（试行）	2022 年 9 月 9 日
19	北京	北京市城市更新条例	2022 年 11 月 25 日
20	杭州	杭州市人民政府办公厅关于全面推进城市更新的实施意见	2023 年 5 月 11 日
21	宁波	宁波市城市更新办法	2023 年 6 月 8 日
22	南京	南京市城市更新办法	2023 年 6 月 29 日
23	石家庄	石家庄市城市更新条例	2023 年 12 月 2 日
24	潍坊	潍坊市城市更新行动规划	2024 年 6 月 27 日
25	厦门	厦门经济特区城市更新条例	2024 年 12 月 27 日
26	银川	银川市城市更新管理办法（暂行）	2024 年 9 月 10 日
27	东莞	关于深化拓空间改革 有序推进城市更新的实施意见	2024 年 9 月 25 日

随着全国范围城市更新行动的深入推进，面对新问题、新需求，城市更新政策、机制也将不断发展和创新，但市场参与机制始终是最重要的内容之一，运用政策工具激发市场参与的积极性是城市更新政策未来研究的重点方向。

3.1.2 城市更新相关政策中的市场参与机制

通过对国家层面政策文件的分析，市场参与机制的相关描述包括："政府引导、市场运作、公众参与""政府主导、市场运作"或"政府推动、市场运作""政府主导、协同推进""深化政府和社会资本合作""改造资金政府与居民、社会力量合理共担机制""以市场化为主导，推动社会力量参与"，等等。针对不同的更新类型采用不同的市场参与模式，政府和市场参与程度的强弱取决于更新项目的公益性和营利性的比例关系，原则上公益性强的项目由政府主导或推动，市场运作；营利性强的项目由市场主导，政府引导或监督；兼具公益性和营利性的项目，由政府和社会资本合作，或者政府与居民、社会力量合理共担。

地方政策层面对市场参与机制的设计均强调了市场作用、多元化参与模式和资金支持引导。具体包括：各地均明确在城市更新中要发挥市场的力量，通过政府引导，吸引社会资本、市场主体参与，以实现公共利益与商业利益的平衡；鼓励多种主体参与，包括社会资本、市场主体、物业权利人等，参与方式多样化，如投资、合作、作为实施主体等；为吸引市场参与，各地均注重资金方面的支持与引导，包括设立基金、鼓励金融机构创新产品和服务、探索多种融资模式等。但各地在具体实施方式上各有不同。在实施主体的选择上，北京市和厦门市等规定较为细致，考虑了多种情况，如北京市涉及单一或多个物业权利人时的不同确定方式，厦门市针对不同类型项目规定了不同的实施主体选择方式；而部分城市对实施主体的规定相对较为笼统。政策侧重点也略有不同，成都市在推动低效用地再开发方面，针对自有存量土地自主改造制定了详细的土地补缴价款政策；宁波市则在审批流程上有创新，允许项目打包立项审批、分子项实施，建立主项目综合审批机制，为市场主体参与提供便利，等等。

3.2　企业参与城市更新的政策激励与约束

城市更新过程中"政府、市场、公众"三大主体相辅相成。市场主体是推动城市更新的中坚力量，一方面要符合政府的政策要求并积极与政府投资方合作，另一方面又要满足公众的更新诉求和消费需求，在二者之间寻求平衡并追求合理利润。建筑业企业是重要的市场主体之一，兼具投资、建设、运营等多种职能。分析当前城市更新政策中对市场主体的激励与约束机制，为建筑业企业参与城市更新提供合法性及合理性依据。

3.2.1　城市更新政策中对市场主体的激励机制

根据各地方政策文件及住房城乡建设部发布的"实施城市更新行动可复制经验做法清单"（第1~3批）以及自然资源部《支持城市更新的规划与土地政策指引（2023版）》，对政策激励相关的条款进行整理，对市场主体的激励机制主要有：存量用地管理机制、资源统筹协调机制、多元投融资机制、审批流程简化机制、多元主体参与机制、经营主体运作机制。

（1）存量用地管理机制

存量用地是城市更新的主要作用对象，具有产权复杂多样、用地零碎、地上建筑质量差异大、既有用地性质和条件不适用、既有环境和设施落后等特征。城市更新中首先要解决存量用地的使用限制，给城市更新提供用地要素保障。各地方在实践中对存量用地的出让方式、用途转换、容积率奖励等方面进行了探索。

1）存量用地的出让方式

城市中的存量用地历史上取得了土地使用权，在土地使用期限内无须再次出让，除非土地使用性质、使用条件发生较大变化，政府通过征收、补偿等回收使用权后再次出让。例如，青岛市人民政府《关于推进城市更新工作的意见》中提出，土地使用权人自行改造的项目，原土地使用权人可通过自主、联营、入股、出租、转让、土地归宗等多种方式进行再开发，符合条件的土地可以依法采取协议补地价的方式办理相关手续。

多地将带设计方案的"招标、拍卖、挂牌"作为常见出让方式。例如，成都市在《关于以城市更新方式推动低效用地再开发的实施意见》中提出，经营性建设用地通常采取公开招拍挂出让方式，可结合城市设计、产业发展等需求采取带方案出让，还试行"招拍复合"综合评价方式，这种方式为土地出让增添了更多灵活性与综合性考量。《宁波市城市更新办法》指出，城市更新项目涉及安置房、租赁住房、未来社区、轨道 TOD 等项目，可采取公开带方案招拍挂等方式办理供地手续。此类方式能使土地出让与项目的特定功能和规划更好地结合，确保项目开发符合城市整体发展规划。

部分特定用途土地采用划拨方式供应。例如，《苏州市城市更新条例（草案）》提到，无法单独出具规划条件或者难以独立开发的零星地块，用于建设非营利性公共停车场、公共绿地和公共厕所的，可以通过划拨方式供地。成都市《关于以城市更新方式推动低效用地再开发的实施意见》明确，保障性住房用地采取行政划拨方式供地，这体现了政府对保障性住房建设的支持，保障了公共利益。

各地也在尝试创新其他出让方式。例如，《厦门经济特区城市更新条例》探索综合评价出让、带设计方案出让、混合产业用地出让等模式。综合评价出让综合考虑投标人多方面条件，带设计方案出让能确保土地开发符合特定设计要求，混合产业用地出让允许按规定进行土地用途调整和复合利用，这些创新模式适应了城市更新中多样化的需求。《广州市城市更新办法》针对旧村改造项目用地，村集体可选择保留集体土地性质或按规定转为国有土地，复建安置地块转为国有土地可采取划拨方式供地，融资地块转为国有土地可采取公开出让给市场主体或协议出让给特定主体等方式，这种针对不同项目类型和土地用途的多元化出让方式，满足了旧村改造的复杂需求。《宁波市城市更新办法》规定，符合规划、具有保留利用价值的现状建筑，在取得相关成果和报告后，经审定可带建筑物出让及办理用地手续；对于符合低效用地再开发条件的城市更新项目，改造主体获批后允许以协议方式办理供地手续（商品住宅用地除外），零星新增建设用地难以独立开发且符合低效用地条件的，经批准可以和邻宗土地一并开发，并按低效用地再开发政策办理供地手续。

2）存量用地的用途转换

各种政策文件中关于存量用地的用途转换主要包括基于规划调整的用途转换、产业导向的用途转换、经政府批准的用途转换和兼容使用的用途转换四种方式。

土地用途可根据城市更新项目的具体需求，在符合规划的框架内进行转换。成都市在《关于以城市更新方式推动低效用地再开发的实施意见》提出，在编制城市控制性详细规划时，鼓励按相关原则设置混合用地。未完成控规编制审批的区域，可按特定原则布局混合用地并纳入编制审批；已完成编制审批的区域，可依据产业发展现状等明确混合用途并按程序调整。《苏州市城市更新条例》规定土地使用权人实施城市更新时，在符合国土空间详细规划前提下可依法改变用地性质等规划条件。这一方式使土地利用能更好地适应城市发展的动态需求，促进功能融合。

各地方政策普遍支持产业类用地在现有土地使用权不变的条件下临时改变建筑使用功能。例如，苏州市《关于促进存量建筑盘活利用提升资源要素利用效益的指导意见》（苏府〔2020〕319 号）中支持各类实施主体利用存量建筑发展新产业新业态，明确在 5 年过渡期内免征缴相关土地收益，5 年过渡期满后可恢复原功能、按年缴纳土地收益继续使用、一次性补缴地价款、永久调整用地性质等。湖北黄石市相关政策鼓励利用存量土地资源和房产发展文化创意、医养结合、健康养老、科技创新等新产业、新业态，设置 5 年过渡期，5 年期满或转让需办理用地手续的，可按新用途、新权利类型，以协议方式办理用地手续。对于居住类用地改变使用功能的情况（下称"居改非"），上海田子坊片区更新探索了一条对公租房临时"居改非"的路径，具体先由规划部门调整该地区的控制性详细规划，将划定范围内土地使用性质整体更改为综合用途，公房承租人凭相关证件向区房管局提出临时"居改非"申请，合同期满后恢复原有居住用途。

一些地方政府通过地方性法规、政策规定土地用途转换的要求和细则，充分考虑各方利益，使土地用途转换有章可循，确保城市规划的有序实施。《北京市城市更新条例》规定，市规划自然资源部门制定具体规则，明确用途转换和兼容使用的正负面清单、比例管控等政策要求和技术标准。存量建筑用途转换经批准后依法办理规划建设手续。符合正面清单和比例管控要求的，按不改变规划用地性质和土地用途管理；符合正面清单但超过比例管控要求的，依法办理土地用途变更手续，并按规定确定主用途、土地配置方式、使用年期及地价。《北京市城市更新条例》明确鼓励各类存量建筑转换为市政基础设施、公共服务设施、公共安全设施。公共管理与公共服务类建筑用途之间、商业服务业类建筑用途之间可相互转换,工业以及仓储类建筑也可转换为其他用途。此外,《银川市城市更新条例(草案征求意见稿)》指出,既有建筑在符合规划、确保安全的前提下,征得物业权利人、利害关系人同意,并经依法批准后可以转换用途。老旧住区既有公共服务设施配套用房,可根据实际需求用于市政、消防、养老等公共用途;既有公共管理类和公共服务类建筑用途可相互转换,既有商业类和服务业类建筑用途可相互转换;既有居住类建筑增(扩)建部分可用于住房成套化改造等。

鼓励用地功能混合使用,不仅可以提高土地利用效率,还为存量用地更新提供更多的可能性。例如,北京市在《关于存量国有建设用地盘活利用的指导意见(试行)》中规定,鼓励产业用地混合利用,单一用途产业用地内,可建其他产业用途和生活配套设施的比例不超过地上总建筑规模的 30%。滁州市在《实施城市更新行动推动城市高质量发展实施方案》中提出,利用既有建筑发展新产业、新业态、新商业,可实行用途兼容使用。

3)容积率奖励政策

对于历史文化风貌区更新、公共空间和公共设施更新等特定类型,一些地方通过出台容积率奖励政策鼓励社会资本参与。

《上海市城市更新条例》规定,对纳入城市更新项目,且高于现行标准并达到相应技术要求的绿色建筑,因采用绿色建筑技术而增加建筑面积的,经相关部门按照规定程序认定后,可以给予容积率奖励;城市更新因历史风貌保护需要,建筑容积率受到限制的,可以按照规划实行异地补偿;城市更新项目实施过程中新增不可移动文物、优秀历史建筑以及需要保留的历史建筑的,可以给予容积率奖励。

成都市《关于以城市更新方式推动低效用地再开发的实施意见》提到,支持容积率转移平衡,在确保区(市)县域范围内经营性建设用地总量不突破的前提下,各区(市)县政府(管委会)通过编制城市设计,原则上将容积率指标在本区(市)县域范围城镇开发边界内已拆迁或正在拆迁的相同用地性质的未出让国有建设用地中进行转移(特殊情况下,报经市政府同意,可在全市范围内进行转移平衡),并按程序同步进行控制性详细规划调整。对城市更新项目中保留历史建筑、工业遗产、额外提供公共服务设施、增设电梯消防设施等不计入容积率。

海南省、重庆市、杭州市等地,积极探索有利于补充公共服务设施、基础设施、公共安全设施的容积率奖励与转移等政策。海南省明确城市更新中新增补占地面积在 300m² 以下的市政基础设施和公共服务设施不计入容积率,不独立占地的公共服务设施不计入容积率,用地单位自愿将经营性用地用于建设绿地、广场、停车场等开敞空间的,在保障无偿开放使用前提下，可按照占地面积 1 ∶ 1 的比例折算为建筑面积，作为奖励面积不计入容积率。重庆市给予增加公共服务功能的城市更新项目建筑规模奖励，有条件的可按不超过原计容建筑面积 15% 左右比例给予建筑面积支持。杭州市明确对于符合规划要求，保障居民基本生活、补齐城市短板的城市更新项目，根据实际需要，按有关规定可适当增加建筑规模。

（2）资源统筹协调机制

城市更新项目在一个更新单元内或单个更新地块内无法实现投资平衡的情况下，一些地方政府通过探索跨项目统筹运作、"肥瘦搭配"、多地块联动开发等方式，实现城市更新资源统筹协调和总体平衡。

沈阳市探索跨项目统筹运作模式。允许在行政区域范围内跨项目统筹、开发运营一体化的运作模式，实行统一规划、统一实施、统一运营。对改造任务重、经济无法平衡的，与储备地块组合进行综合平衡，按照土地管理权限报同级政府同意后，通过统筹、联动改造实现平衡。如，将和平区太原街地区划定为城市核心发展板块，将板块内 125hm² 历史文化街区保护、101 万 m² 老旧小区改造、31 个口袋公园等民生公益项目，与 6 个储备地块、10 处低效用房项目进行组合开发，通过协议搬迁、先租后出让、带产业条件出让等多种方式，统筹进行跨项目运作实现收益平衡。

合肥市探索片区更新"肥瘦搭配"模式。将公共服务设施配套承载力与片区开发强度进行匹配，对收益率高低不同的项目进行"肥瘦搭配"，反哺片区内安置房、学校、党群中心等公益性项目建设。比如，卫岗王卫片区充分利用市场化运作机制，指定区属国有企业为片区土地一级整理单位，将轨道 TOD 项目、片区安置房、公益性项目建设等作为土地上市条件，支持区属国有企业竞得二级土地开发权，确保片区更新改造后公共服务有提升、公共空间有增加、公共环境有改善。

对于城市更新片区范围内"边角地、夹心地、插花地"等零星用地，上海市相关政策规定，同一街坊内的地块可以在相关利益人协商一致的前提下进行地块边界调整。长沙市明确"边角地、夹心地、插花地"等零星经营性用地可采用协议出让方式供地；此外，开发价值低、不能实现经济平衡的更新片区，可联动属地辖区内其他出让地，通过带条件、带方案挂牌进行综合开发。

（3）多元化资金保障机制

投资资金保障是城市更新可持续发展的关键。各地政府除了加大政府投资力度之外，也在积极探索多元化的资金保障机制。主要包括政府财政支持、争取政府专项债、设立城市更新基金或城市更新资金超市、争取金融机构支持、吸引社会资本参与、资产盘活与证券化等。

政府财政支持是重要的政策手段。成都市对城市发展需要且难以实现平衡的项目,经政府认定后采取资本金注入、投资补助、贷款贴息等方式给予支持。例如,在天府文化公园等城市重大功能性片区更新中,由市级财政向市属国有企业注资作为资本金;在历史建筑保护修缮中,市、区(县)两级财政按照7:3的比例给予70%~80%的投资补助;在老旧小区改造中,对已投放政策性开发性金融贷款且开工建设的部分项目,分类别、分标准给予贷款贴息。《江苏省"城新贷"财政贴息实施方案》提出按照政府引导、免审即享、总额控制、严控风险的原则,对城市更新重点领域和建筑市政基础设施领域设备更新中长期贷款给予总计4亿元的1个百分点省级财政贴息,引导金融和社会资本加大对城市更新领域的支持力度。《唐山市城市更新实施办法(暂行)》明确规定,城市更新年度计划项目,由市级统筹,积极争取中央、省补助资金支持。充分发挥财政资金的撬动作用,整合利用城镇老旧小区改造、棚户区改造、保障性租赁住房、排水防涝等专项财政资金统筹用于城市更新。

政府专项债是政府投资类更新项目的重要资金来源。烟台市将城镇老旧小区改造、地下管网改造、重大基础设施建设等更新项目分类打包、整体策划,形成稳定收益渠道,积极争取发行地方政府专项债。重庆市强化城市更新项目常态谋划和动态储备,挖掘项目长效收益,做好"肥瘦搭配",加强各类资金整合投入。如渝中区近3年共发行城市更新专项债包13个、发债总额83.3亿元,10~30年期,利率2.71%~3.3%,撬动区域固定资产投资约120亿元,形成投资拉动力,持续推动城镇老旧小区改造、风貌保护、"两江四岸"治理提升、地下管网改造、重大基础设施建设等城市更新项目实施。

城市更新基金是一种广泛吸引社会资本的资金筹集方式。上海地产集团联合招商蛇口、中交集团、万科集团、国寿投资、保利发展、中国太保、中保投资等多家房企和保险资金成立800亿元城市更新基金,定向投资城市更新项目,促进城市功能优化、民生保障、品质提升和风貌保护。西安市通过西安财金公司发起并认缴出资、市财政给予资金补充,设立100亿元城市更新引导母基金,采用母子基金模式,吸引国有企业、建设开发运营企业、投资机构等参与子基金投资运作,重点支持片区综合更新、老旧街区改造、产业园区建设等项目。母基金对单个子基金投资金额不超过子基金规模的20%,充分发挥母基金引导作用,带动社会资本参与。南通市独辟蹊径,通过设立城市更新资金超市广泛吸纳各类资金。由市住建、发展改革、财政、金融等七部门作为超市主办方,组织各类金融机构、社会组织和个人等资金供应方以及项目实施主体、专业经营单位等资金需求方入驻,涵盖财政资金、银行融资、社会资本和个人出资4类资金商品。资金超市主要提供政银企信息沟通对接、政策解读和项目资金申报、项目储备摸排和预先论证、优化资金申报审批流程、跟进项目资金落实情况等5项服务。

金融机构的支持是推动城市更新可持续发展的重要力量。各地政府积极与各种金融机构合作，为城市更新提供长期、稳定的资金支持。苏州市政府与国家开发银行签署战略合作协议，采用"政策性开发性金融工具＋银行贷款"投贷联动模式推动古城保护。如苏州历史文化名城高质量保护和提升利用工程一期项目，国家开发银行牵头组建 208 亿元银团，贷款期限 40 年，重点支持历史建筑保护修缮、老旧片区改造提升、基础设施建设、产业载体培育等。河南许昌市出台《关于金融支持城市更新行动的意见》明确城市更新 8 大类金融支持领域，搭建政企银沟通平台，积极引入银行等金融机构，建立项目对接机制，鼓励金融机构在贷款规模上给予专项支持，探索将项目主体未来收益权作为担保方式，支持区域统筹平衡项目融资；至 2024 年上半年，通过金融机构预审的城市更新项目 114 个，有 88 个项目获得金融机构批复，累计投放贷款 216.62 亿元。江西省引导开发性、政策性金融机构支持城市更新，探索通过资产注入（转让）、贷款贴息、运营权收益权质押、所有权使用权分离等方式，以及通过多功能混合利用、多业态融合经营、多主体共同出资等方法扩充项目经营性资产和现金流，提升融资保障能力；2023 年有 500 余个项目与开发性政策性金融机构对接，170 余个项目获批超 200 亿元的贷款额。

吸引企业、居民及利益相关方投资。各地均鼓励各类企业通过直接投资、间接投资、参与 PPP 项目等方式参与城市更新。上海市推广"政府引导，市区国企主导，市场公平参与竞争"模式，吸引市场主体参与旧区改造。南昌市鼓励，引导社会资本通过公开、公平、公正的方式参与城市更新项目，探索政府与居民合理共担机制、政府和社会资金合作建设模式。银川市引导物业权利人、物业企业、管线运营企业等出资参与城市更新，物业权利人可按规定提取住宅专项维修资金、住房公积金用于居住类城市更新。

资产证券化是以缺乏流动性但能产生稳定和可预测现金流的资产或资产组合进行融资的一种融资方式。宁波市支持国有资本、社会资本盘活存量资产，通过盘活存量与改扩建有机结合、资产证券化等多种方式筹集城市更新资金。湖北省规范有序推动存量资产证券化，通过转让—运营—移交（TOT）、改建—运营—移交（ROT）等方式盘活存量经营性资产。

（4）优化审批流程

城市更新项目涉及多个历史年代的建设工程，不同历史年代的建设规范、技术等存在较大差异。各地政府探索简化城市更新项目的建设审批流程，提高行政效率。

北京市对于社会投资、符合低风险等级、地上建筑面积不大于 1 万 m² 等条件的建设项目，纳入"一站通"系统，可"一表式"完成立项、建设工程规划许可申办等手续，精简审批事项、压缩审批时限，为社会主体参与更新改造提供便利。河北省唐山市采取打包审批、联合审批、联合验收等方式简化房屋建筑、市政基础设施审批环节，针对更新单元中的新建工业项目和重点项目、特殊项目分类制定简化审批流程方案，逐步推进城市更新审批事项同级化。湖北省黄石市对于配建公共设施或房屋改造的项目，免于办理建设工程规划许可，建立城市更新项目审批"绿色通道"。

（5）多元主体参与机制

政府、企业、公众和其他利益相关者均在城市更新扮演重要的角色。各地政府探索多元主体的合作机制，共同推动城市更新实施。

苏州市引入城市"合伙人"机制，通过赋予实施主体规划参与权、混合用地模式、给予适度奖励等手段，撬动市场主体参与积极性，构建政府引导、社会参与、市场运作、多方协同的工作机制。北京市组建涵盖城市规划、设计、建设、运营、材料供应、科技创新等全链条100多家企业参与的城市更新联盟，用市场化运作、实体化经营方式，建立政企协同的联系纽带，全过程提供城市更新规划、建设、管理、金融等专业指导和服务。重庆市开展"三师进企业、专业促更新"行动。建立"三清单一平台"，以"三师"（即规划师、建筑师、工程师）、意向企业、潜在合作项目三张清单为基础，搭建集城市更新项目、企业、"三师"、金融产品、招商运营信息于一体的城市更新资源信息平台，定期更新并向社会公开，建立政府引导、市场运作、专业促进的长效联动机制，解决社会企业参与城市更新项目"最后一公里"问题。

（6）经营主体运作机制

地方政府通过多种方式鼓励经营主体参与城市更新项目运营，实现可持续城市更新。

重庆市通过专业化运营提升城市公共空间活力。经营主体对城市更新项目进行投资、建设、管理、招商、运营和维护等一体化运作，政府提供相关政策支持，提升城市空间品质和消费活力。如南岸区开埠遗址公园项目以"保护修缮＋公共服务＋活动策划"的方式，对闲置的立德乐洋行旧址等8栋文物建筑、2处历史建筑和2.3万 m² 的公共空间进行修缮和活化利用，建设文化艺术中心、青少年活动空间、开放景观阳台等设施，丰富公共文化生活，并引入研学培训、特色餐饮、文化创意、艺术集市等新型业态，与城市公园有机融合，为市民提供研学、运动、艺术活动等公共服务3000余次，打造城市新地标和消费新场景。

合肥市探索国有企业一体化运营，推进老旧厂区改造。鼓励国有企业以市场化方式改造老旧厂区，打通老旧厂房改造的建设审批堵点，形成功能混合、业态融合的更新路径。如合柴1972文创园项目由国有文化创意企业负责项目建设策划、招商运营、艺术策展、活动策划、资产配置等一体化管理，保留原柴油机厂（监狱劳改工厂）老旧厂房建筑风貌和厂区肌理，引入展览、文创、新媒体等多样化业态，通过申请政府专项债、经营性地块租售、自持物业经营收益实现项目资金平衡。

江西省景德镇市探索陶瓷文化保护与文旅产业发展良性互动的历史文化街区保护利用

模式。陶阳里历史文化街区加强陶瓷工业遗存整体性保护，通过窑址考古挖掘、里弄保护、院落修缮、文化记忆整理方式，保留街区格局肌理和特色风貌，盘活利用存量建筑，采取"环境提升＋设施优化＋文化注入＋产业带动"模式，植入酒店民宿、陶瓷教育研学、非遗技艺展示、餐饮娱乐等文旅功能，打造文化交流、艺术展览、商业消费一体化公共文化空间。

3.2.2　城市更新政策中对市场主体的约束机制

城市更新中对市场主体的约束主要是对项目营利性与公益性的平衡，引入市场机制的同时兼顾公共利益和社会公平。综合国家和地方层面的城市更新政策，对市场主体的约束机制主要包括生态底线约束、防止大拆大建、风貌保护与文化传承、坚持规划引领、保障民生优先、坚持公众参与等。

（1）明确底线约束

2015 年中央城市工作会议明确提出，"要控制城市开发强度，划定水体保护线、绿地系统线、基础设施建设控制线、历史文化保护线、永久基本农田和生态保护红线"，防止城市"摊大饼"式扩张。2019 年《中共中央 国务院关于建立国土空间规划体系并监督实施的若干意见》（中发〔2019〕18 号）提出"划定生态保护红线、永久基本农田、城镇开发边界等空间管控边界以及各类海域保护线，强化底线约束"。

2023 年，《住房城乡建设部关于扎实有序推进城市更新工作的通知》（建科〔2023〕30 号，下称 30 号文）明确城市更新底线要求，"坚持尊重自然、顺应自然、保护自然，不破坏地形地貌，不伐移老树和有乡土特点的现有树木，不挖山填湖，不随意改变或侵占河湖水系""坚持统筹发展和安全""确保城市生命线安全，坚决守住安全底线"。

（2）防止大拆大建

2021 年，《住房和城乡建设部关于在实施城市更新行动中防止大拆大建问题的通知》（建科〔2021〕63 号，下称 63 号文）中提到 4 个关键控制指标。即①原则上城市更新单元（片区）或项目内拆除建筑面积不应大于现状总建筑面积的 20%；②原则上城市更新单元（片区）或项目内拆建比不应大于 2；③城市更新单元（片区）或项目居民就地、就近安置率不宜低于 50%；④同步做好保障性租赁住房建设，统筹解决新市民、低收入困难群众等重点群体租赁住房问题，城市住房租金年度涨幅不超过 5%。

2023 年，住房城乡建设部 30 号文再次强调要坚持"留改拆"并举、以保留利用提升为主，鼓励小规模、渐进式有机更新和微改造，防止大拆大建。

（3）保护历史风貌

住房城乡建设部 2021 年 63 号文中，对既有建筑保留利用、保持老城历史格局和延续城市特色风貌提出严格要求，对拟实施城市更新的区域，"明确应保留保护的建筑清单，未开展调查评估、未完成历史文化街区划定和历史建筑确定工作的区域，不应实施城市更新""不破坏老城区传统格局和街巷肌理""严格控制建筑高度，最大限度保留老城区具有特色的格局和肌理"。城市更新"坚持低影响的更新建设模式，保持老城区自然山水环境，保护古树、古桥、古井等历史遗存"等。2023 年，住房城乡建设部 30 号文提出"加强历史文化保护传承，不随意改老地名，不破坏老城区传统格局和街巷肌理，不随意迁移、拆除历史建筑和具有保护价值的老建筑"。

（4）保障民生优先

2016 年，《国土资源部关于印发〈关于深入推进城镇低效用地再开发的指导意见（试行）〉的通知》（国土资发〔2016〕147 号）要求"在改造开发中要优先安排一定比例用地，用于基础设施、市政设施、公益事业等公共设施建设，促进文化遗产和历史文化建筑保护"。

2020 年，《住房和城乡建设部等部门关于开展城市居住社区建设补短板行动的意见》（建科规〔2020〕7 号）提出"结合城镇老旧小区改造等城市更新改造工作，通过补建、购置、置换、租赁、改造等方式，因地制宜补齐既有居住社区建设短板。优先实施排水防涝设施建设、雨污水管网混错接改造。充分利用居住社区内空地、荒地及拆除违法建设腾空土地等配建设施，增加公共活动空间"。

（5）坚持公众参与

2015 年 12 月，中央城市工作会议明确提出"鼓励企业和市民通过各种方式参与城市建设、管理，真正实现城市共治共管、共建共享"。住房城乡建设部在关于城市更新的历次发文中均将"政府引导、市场运作、公众参与"作为基本原则。2023 年住房城乡建设部 30 号文明确提出"建立政府、企业、产权人、群众等多主体参与机制，鼓励企业依法合规盘活闲置低效存量资产，支持社会力量参与，探索运营前置和全流程一体化推进，将公众参与贯穿于城市更新全过程，实现共建共治共享"。

公众参与机制充分保障了城市更新中公众利益的实现，是对政府公权力和社会资本方的有效约束。

3.3　城市更新政策案例解读——以青岛市为例

3.3.1　青岛市城市更新相关政策汇总

2020~2024 年，青岛市相继出台一系列政策文件，逐步明确了青岛市城市更新的范围、对象和类型，提出更新实施主体、更新实施方式、更新规划体系、更新攻坚行动、更新策略、更新激励政策等内容，对指导实施城市更新行动提供了全方位的政策指引（表3-4）。

2020~2024 年青岛城市更新相关政策汇总表　　　　表 3-4

时间	政策名称	颁发部门	内容提要
2020 年 8 月	关于加强城市更新规划和用地管理有关工作的意见（征求意见稿）	青岛市人民政府办公厅	①范围与实施主体；②规划编制体系、更新专项规划和单元规划、规划编制主体和审批流程等规划管理规定；③确定改造模式，分为政府收储改造、原土地使用权人改造、原农村集体经济组织改造、市场主体改造等模式；④资金统筹平衡等资金扶持政策
2021 年 4 月	关于推进城市更新工作的意见	青岛市人民政府	①明确城市更新的定义和实施范围；②城市更新实施方式和不同更新类型的更新策略；③健全"专项规划－更新单元规划"的城市更新规划体系，编制城市更新年度计划；④明确实施方案和主体；⑤片区统筹、土地复合利用、拆除重建类更新实施、协议补地价、历史文化街区及建筑更新等政策规定
2022 年 3 月	青岛市城市更新和城市建设三年攻坚行动方案	青岛市市委办公厅、人民政府办公厅	八大攻坚行动：①历史城区保护更新攻坚行动；②重点低效片区（园区）开发建设攻坚行动；③旧城旧村改造建设攻坚行动；④市政设施建设攻坚行动；⑤交通基础设施建设攻坚行动；⑥地铁建设及地铁沿线开发建设攻坚行动；⑦停车设施建设攻坚行动；⑧公园城市建设攻坚行动
2022 年 5 月	关于进一步推进低效工业（产业）区升级改造的实施意见	青岛市自然资源和规划局	①深入开展辖区内工业用地摸底调查；②加强规划研究统筹，即分区域分类型差异化引导升级改造，高水平编制城市设计；③强化政策支持，即充分发挥国有企业作用，积极引导社会资本参与，鼓励自主转型或自愿退出，加强低效工业（产业）区用地保障；④健全倒逼退出机制，即强化资源要素配置调控，强化多部门协同联动；⑤建立长期机制，即探索工业用地全生命周期管理机制，建立完善"双合同"监管机制等
2023 年 3 月	青岛市城市更新专项规划	青岛市自然资源和规划局	八大更新策略：①城市结构重塑；②城市文脉传承；③公益利益优先；④产城迭代升级；⑤年轻友好城市；⑥交通引领发展；⑦人居环境提升；⑧生态环境修复
2024 年 4 月	青岛市城市更新和城市建设税费政策指引（2024 版）	国家税务总局青岛市税务局	青岛市城市更新和建设项目涉及的各类税费政策提供指导，助力相关主体办理涉税事宜，促进城市更新工作开展，涵盖历史城区保护更新，重点低效片区（园区）开发建设，老旧小区城中村改造，旧厂房改造，市政基础设施等多方面内容

3.3.2　青岛市城市更新政策解读

（1）青岛市城市更新的实施范围和类型

《青岛市人民政府关于推进城市更新工作的意见》（青政发〔2021〕8 号）中提出，青岛市城市更新"是指对建成区内历史城区、老旧小区、旧工业区、城中村等片区，通过综合整治、功能调整、拆除重建等方式进行改造的活动"。共包括六大类型：

1）国家产业政策规定的禁止类、淘汰类产业用地，不符合安全生产和环保要求的用地，"退二进三"产业用地等。

2）布局散乱、设施落后，规划确定改造的老城区、城中村、棚户区、老工业区等。

3）投资强度、容积率、地均产出强度等控制指标明显低于地方行业平均水平的产业用地，参照"亩产效益"评价改革确定的"限制发展类"企业名单认定的产业用地等。

4）历史建筑、工业遗产等文化遗存集中，亟须保护利用、激发活力的区域。

5）城市基础设施、公共服务设施亟须完善的区域。

6）经市政府批准应当进行更新改造的其他区域。

（2）城市更新实施方式和策略

城市更新项目可结合现状实际，因地制宜采取综合整治、功能调整和拆除重建等一种或多种更新方式。但是，历史城区、老旧小区、旧工业区、城中村应分类采取差异化更新策略。

1）历史城区。按照文物保护法、风貌保护条例等法律法规要求，落实历史文化保护控制线，保护好历史文化资源，严格控制新建建筑体量、高度和形态，延续历史城区总体风貌格局，通过功能调整、提升，激发城区活力。在2023年3月10日发布的《青岛市城市更新专项规划（2021—2035年）》中指出，老旧街区包含历史文化街区和老旧商业街区两类。历史文化街区指《青岛历史文化名城保护规划（2021—2035年）》确定的历史文化街区；老旧商业街区指建筑老旧、空置率高、活力不足、业态单一、环境品质不高的商业商务空间。

2）老旧小区。严禁大拆大建，采取渐进式、精细化的微更新，通过修缮房屋建筑、完善基础设施、增加开放空间等，提升社区环境品质。

3）旧工业区。按照产业发展和布局规划要求，落实工业区块控制线，严控工业用地擅自调整用途，稳定和保障工业用地规模比例，满足战略性新兴产业和先进制造业发展空间。允许适度配套必要的生活和生产服务设施，体现产城融合。

4）城中村。通过优化空间结构、转换集体建设用地性质、完善设施服务等方式，将城中村改造为城市社区或其他功能空间，实现其向城市的有效融入。

（3）城市更新规划和计划

青岛市城市更新规划体系包括市、区层面的城市更新专项规划、更新单元规划、城市更新年度计划。

1）城市更新专项规划

依据国土空间总体规划，衔接国民经济与社会发展规划，整合城镇低效建设用地再开发规划成果，制定城市更新专项规划，明确全市城市更新的重点区域及其更新方向、目标、时序、总体规模和更新策略。各区政府可根据需要，结合本区实际，编制辖区内城市更新专项规划。区政府负责根据控制性详细规划，结合城市更新专项规划，科学划定城市更新单元。

2）更新单元规划

城市更新单元规划是管理城市更新活动的基本依据，应当依据控制性详细规划制定，依法按程序进行社会公示、征求意见。

3）城市更新年度计划

各区政府负责组织其相关职能部门对辖区内各类需要进行更新的项目进行筛选，对已具备实施条件的更新项目，征求市政府相关主管部门意见后，向市自然资源和规划部门申报纳入城市更新年度计划。

（4）城市更新实施方案和主体

各区政府应当安排其相关职能部门，选取一流的策划、设计、运营团队，根据城市更新年度计划组织编制城市更新项目实施方案。实施方案应当包括更新方式、实现途径、建设方案、运营方案、资金来源和平衡方案等内容。实施方案应当紧密结合城市发展功能定位和主导产业，以城市更新单元规划为指引，坚持策划、设计、运营的整体性、系统性、协同性，优化资源配置，充分利用政策支持，实施一片，提升一片。实施方案报区政府批准后组织实施。

更新实施主体包括四种类型，即政府按规定确定的实施主体、土地使用权人、城中村集体经济组织和其他有利于城市更新项目实施的主体。

（5）配套激励政策

1）片区统筹政策

各区政府在划定城市更新单元和编制城市更新实施方案时，应当统筹考虑项目内各主体利益分配机制，力争更新项目自身收支平衡。鼓励将老旧小区与相邻的旧厂区、城中村、危旧房改造和既有建筑功能转换等项目捆绑统筹，做到项目内部统筹搭配，实现自我平衡。有条件的，也可以将城市更新项目与不相邻的城市建设或改造项目跨片区组合，实现资金平衡。

2）复合利用政策

探索"工业＋科研""工业＋公共服务"等功能适度混合的土地利用政策。同一宗土地兼容两种以上用途的，依据不同用途分别确定土地价格和供应方式。主用途可以依据建筑面积占比或功能重要性确定。鼓励产业链龙头企业、行业骨干企业将工业用地调整为商务金融用地建设企业总部，推动先进制造业和现代服务业深度融合发展。

3）拆除重建类城市更新土地利用政策

区分城市更新实施主体，探索运用多种土地利用方式，推动城市更新模式创新。对政府收储改造的项目，由政府按规定统一供应。土地使用权人自行改造的项目，原土地使用权人可通过自主、联营、入股、出租、转让、土地归宗等多种方式进行再开发，符合条件的土地可以依法采取协议补地价的方式办理相关手续，土地使用年限按法定最高年限重新计算。城中村集体经济组织改造的项目，可由农村集体经济组织自行或引入社会投资主体参与再开发，土地可以依法采取协议方式办理相关手续。

4）地价政策

以协议补地价方式办理用地手续的城市更新项目，涉及用途、容积率等土地使用条件变更的，应当按规定缴纳土地出让价款。其中，"工改工"城市更新项目，按规划提高容积率的，免缴土地出让价款。拆除重建类城市更新实施主体可以依约采用建筑面积分成、移交公益性用地或物业等方式补缴土地出让价款。

城市更新项目类型多样，从更新对象、改造强度、推进方式等角度可对城市更新项目予以细分，进而剖析各类城市更新项目的主要更新任务、更新难点和典型的推进模式。从建筑业企业的角度，按照适合参与的程度对城市更新项目类型进行筛选，进而对主要更新类型的更新范围和更新内容、更新难点及实施途径、实践经验等予以解析，以供各类市场主体参与城市更新项目提供理论知识和实操路径支撑。

4.1 城市更新项目分类与筛选

城市更新项目是指在一定的时间期限、空间范围和预算期限内，为实现特定的更新目的，并由一定的行为主体负责实施的城市更新任务。在当前大力实施城市更新战略背景下，未来城市更新项目将越来越丰富多样，将城市更新项目进行合理分类，有利于归纳总结特定类型项目的开发运营模式以及核心问题的解决方式，从而加速项目的高质量实施推进。对参与城市更新的企业来讲，明确城市更新项目类型，有助于企业识别更新项目的时间周期、技术难点、资金成本与发展潜力，筛选更为匹配企业自身优势和发展需求的更新项目。

城市更新项目存在多种分类视角，如按照更新空间范围、更新对象及更新前后功能变化、更新项目推进模式、更新主体参与模式、项目收益性等，本书将学界及相关政策中对城市更新项目分类情况进行梳理（表4-1）。不同类型更新模式在同一个更新项目中呈现相互穿插、重叠或覆盖，并不断产生新的更新模式。通过分类分析能够把握项目的本质，结合具体实际情况，调整要素与结构，制定出更加科学合理和具有可操作性的项目实施方案。在企业操作城市更新项目实践中，最为常见的是按照更新项目改造强度、更新对象和更新主体合作模式进行分类。

城市更新项目分类视角与项目类型　　　　　　　　　表 4-1

分类视角	项目类型
更新对象的空间范围	微更新、零星更新、建筑更新、地块更新、片区更新、区域更新等
更新对象及更新前后功能变化	旧商办更新（"商改商""商改办""商改住"）、旧工业区更新（"工改商办""工改工""工改办 – 文创 / 科创""工改康养""工改文体"）、城市街区更新（现代公共街区、历史保护街区）、旧住宅更新（旧小区、城中村）、基础设施与公共空间更新等
按照对原建筑改造程度	拆后重建、综合整治、有机更新、保护性修缮、恢复性修建等
按照更新项目推进方式	零星更新、渐进式更新（由点即面）、成片区规模性推进更新
按照更新主体参与方式	政府主导更新、市场主导更新、多元合作更新等
按照项目收益性	非经营性项目（如老旧小区改造项目、环境综合整治）、准经营性项目（如公用工程和公共服务设施的新建改造、历史文化街区保护、新型城镇基础设施建设等）、经营性项目（如广东"三旧"改造项目，以自平衡为主）
按照项目投资强度	重资产、轻资产等
按照地方政策指定范围	居住类（老旧平房院落、危旧楼房、老旧小区）、产业类（老旧厂房、低效产业园区、老旧低效楼宇、传统商业设施）、设施类（老旧市政基础设施、公共服务设施、公共安全设施）、公共空间类（绿色空间、滨水空间、慢行系统）、区域综合性更新及市政府确定的其他城市更新活动。2023 年 3 月 1 日生效的《北京市城市更新条例》；不包括土地一级开发、商品住宅开发等项目
按照更新地段功能属性	公共活动中心区、历史风貌地区、轨道交通站点周边地区、老旧住区、产业社区以及其他城市功能区域城市更新，2017 年 11 月发布的《上海市城市更新规划土地实施细则》[①]
按照项目开发模式	旧区改造（地方政府直接投资、地方政府授权下的地方国企投资模式、F+EPC、PPP 等）；历史街区更新改造（政府主导模式、政府和社会资本合作开发（BOT、EPC+O）等）；老旧工业区更新改造 [政府主导、政企合作、企业自主改造（产权方自行改建运营、产权方委托运营方改建运营、产权方与外部机构合资改建运营）]；城市环境综合整治（EPC、PPP、EPC+O 等）；轨道交通站点周边（TOD）更新开发（F+EPC+O、综合开发模式等）；特定产权地块更新改造（多采用产权方与外部机构合作改建运营的共建模式、产权方自行改建运营模式等）

---

① 《上海市城市更新规划土地实施细则》（沪土资详〔2017〕693 号）已经废止，但对城市更新对象的分类在历史上具有一定参考价值。2022 年 12 月上海市规划和自然资源局印发《上海市城市更新规划土地实施细则（试行）》（沪规划资源详〔2022〕506 号），将更新类型分为区域更新和零星更新，同时废止了"沪土资详〔2017〕693 号"文。

4.1.1　按更新对象分类

在地方城市更新政策和实践中，更多根据更新对象划分项目类型，以便针对同类项目提出统一要求，实现统一的管理。例如《北京市城市更新条例》规定，城市更新主要分为居住类、产业类、设施类、公共空间类、区域综合性更新及市政府确定的其他城市更新活动。依据《上海市城市更新条例》《上海市城市更新行动方案（2023—2025 年）》，上海城市更新分为六大行动：综合区域整体焕新、人居环境品质提升、公共空间设施优化、历史风貌魅力重塑、产业园区提质增效、商业商务活力再造。有学者深化研究其城市更新内涵，将上海城市更新类型体系具体划分为住区更新、历史风貌保护更新、公共空间更新、工业更新、商业商办更新、综合区域更新 6 大类，进一步细分为 29 中类和 92 小类。根据《广东省旧城镇旧厂房旧村庄改造管理办法》，按照更新对象在城市的空间布局和产权归属更新项目可以简单归纳为三类，即旧城镇、旧厂区和旧村庄更新，其中旧城区更新，包含了旧城区中的老旧小区更新、公共设施更新、旧街区更新、旧商业楼宇更新等。

综合以上分类方式对城市更新对象的类型进行划分，包括旧商业商务区更新、旧工业区更新、公共空间及基础设施更新、历史文化街区更新、旧住区更新、综合片区更新等。其中，旧商业商务区更新可以分为商业更新、商务楼宇更新，公共空间及基础设更新可分为基础设施更新、公服设施及公共空间更新，历史文化街区更新包括了历史文化风貌区、历史街区、历史街道和历史建筑等类型的更新，旧住区更新可以分为老旧小区改造、城中村更新，综合片区更新包括城市中心区、综合功能的旧城区、旧工业区的整体转型等（图 4-1）。

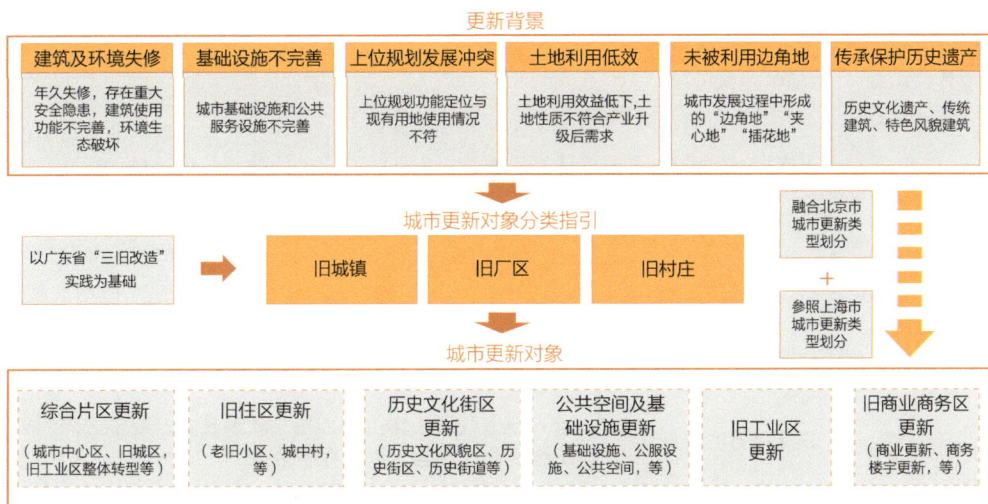

图 4-1　城市更新对象类型的划分

4.1.2 适合企业参与的项目类型筛选

存量用地或存量资产更新潜力的科学评估,是开展进一步可行性研究和筛选重点项目、制定投资决策的重要基础,无论是地方政府、市场主体,还是物业权利人和其他利益相关者,对此都非常关注。例如,上海低效产业用地更新评估中,综合考虑企业的创新能力、社会贡献、节能环保等方面,借鉴 ESG 指标架构,将科创贡献、就业情况、公益作用等高质量可持续发展指标融入综合价值评估指标中。实际上,存量用地或资产的更新潜力或价值评估标准会受更新主体价值判断、更新目标设定、更新对象类型及更新对象的空间尺度选取等因素影响。本书主要从企业视角,围绕影响更新投资成本和营收能力的经济性指标,对主要更新类型的更新潜力或价值开展参考性评价,为企业参与存量城市更新筛选适配度较高的项目提供决策参考。

城市更新实施周期长,业务类型多,参与主体多,资金要求高,平衡难度高,与新城开发模式差别较大,适合统筹实施能力强的企业介入。综合考虑各类城市更新项目特点、建筑业企业的资源条件,构建一个更新项目适配程度分析表(表 4-2)。商业商务区更新主要是由商业商务运营机构主导的更新、公共空间更新主要是由政府主导的更新,此两类更新除了建设施工之外与建筑业企业关联度不大。因此,以山东路桥集团为参照,基于经济性指标,分析筛选适合企业参与或可作为长期培育的项目类型主要包括六类:城中村更新、基础设施更新、旧工业区更新、老旧小区更新、综合片区更新和历史文化街区更新(表4-3)。本章节重点对以上六类城市更新项目进行深入分析。

各维度适配评级划分说明　　　　　　　　　　　　　　　表 4-2

适配评价维度	适配评级符号	评级划分说明
政府支持力度	A 支撑力度极高	是列入中央和地方政府工作报告或五年规划中的重点工作,政策体系支撑相对完备,有明确的财政激励和技术标准,审批程序明确便捷
	B 支撑力度较高	是地方政府工作重点领域,具有较为明确的政策导向,政策持续供给,审批查程序及工作机制有效
	C 支撑力度一般	是政府更新工作必要组成部分,相关政策有提及但非重点,工作机制有待建立
	D 支撑力度较低	未进入地方政府工作范畴,相关政策较少,或多为限制类政策,工作机制不明确,审批程序繁杂
	E 支撑力度极低	属于更新工作中的限制类型,具有较为明确的限制性政策,缺乏有效的工作机制

续表

适配评价维度	适配评级符号	评级划分说明
物业可销售潜力	A 销售比例极高	接近增量开发模式，更新产出全部或绝大部分为物业销售，且市场需求旺盛
	B 销售比例较高	更新产出物业销售比例较大，市场需求旺盛
	C 销售比例一般	更新产出包含一定的物业销售比例，市场需求一般
	D 销售比例较低	更新产出物业销售比例较低，且市场需求一般
	E 销售比例极低	无物业销售收入
可经营业务潜力	A 经营效益极高	可经营收费的项目丰富多样，收入持续、稳定
	B 经营效益较高	具有一定经营性收费项目，收入持续、稳定
	C 经营效益一般	具有一定的经营性收费项目，收入受政策和市场稳定性影响，相对持续
	D 经营效益较低	可经营收费项目有限，且收入严重依赖市场，收入不稳定
	E 经营效益极低	公益性项目，几乎不包含可经营性项目
资源协调成本	A 协调成本极低	项目成熟，地方政府支持力度大，原权利人积极响应，几乎不存在协调难度
	B 协调成本较低	项目基础成熟，原权利人利益关系明确，更新意愿明确，周边居民响应积极
	C 协调成本一般	项目规模单一，原权利人更新意愿较为一致，地方政府协调支撑较大
	D 协调成本较高	项目规模一般，涉及与原权利人、地方政府和周边居民影响的资源协调，周期较长
	E 协调成本极大	项目规模较大，涉及大量与原权利人、地方政府和周边居民的资源协调，周期难以预测，更新实施难度大，技术环节多，涉及与多类型业务伙伴之间的协调
技术施工成本	A 技术成本极低	常规性项目，技术标准明确，常规技术施工即可
	B 技术成本较低	在常规技术施工标准基础上有所突破，但强度不大
	C 技术成本一般	在空间形态、周边环境等方面有一定的施工难度，需要技术创新和突破
	D 技术成本较高	存量空间条件有限，涉及一定的专项管控要求限制，施工技术要求比较高
	E 技术成本极高	涉及多项管控标准突破，存量空间条件复杂，保护等级较高，具有极强的专业施工技术要求

续表

适配评价维度	适配评级符号	评级划分说明
资金平衡难易度	A 平衡极容易	资金来源明确、充足、及时到位，不需自投资金，不存在额外营收和平衡投资的压力。例如，施工单位承担的，政府财政资金支付的公益性基础设施建设项目
	B 平衡较容易	资金来源明确、充足，需要自投部分资金，但有明确的费用收入和偿还机制
	C 平衡难度一般	资金来源明确，需要自投资金和社会融资，但有明确的营收项目，且较为持续稳定
	D 平衡难度较大	需要自投资金和社会融资，投资成本较大，依赖后期销售和业态经营回收成本
	E 平衡难度极大	需要社会融资，投资成本极大，后期可经营的项目较少，且营收项目不确定性较大

城市更新项目适配分析　　　　　　　　　　表 4-3

项目类型	政府支持力度	资源协调成本	施工技术成本	可销售物业潜力	可经营业务潜力	资金平衡难易度	综合适配度
城中村更新	A	C	A	A	C	B	AAABCC
基础设施更新	A	A	C	E	D	A	AAACDE
旧工业区更新	B	B	A	D	A	C	AABBCD
老旧小区更新	A	D	C	B	C	D	ABCCDD
综合片区更新	B	E	D	B	B	D	BBBDDE
历史文化街区更新	C	E	E	D	B	D	BCDDEE

4.2　城中村更新

随着中国城镇化的快速推进，在许多城市中形成了一些位于城市规划区内、已经被城市建设用地包围，但在土地权属、户籍等管理体制上仍然保留着农村模式的城中村地区。城中村在解决失地农民社会保障、承接进城务工人员和保留传统文化等方面发挥了一定的积极作用，但是在人居环境、公共安全、社会治安等方面存在许多隐患，已引起社会各方面的关注。城中村更新作为居住区更新的重要类型，是存量时代城市更新中的重点工作之一。

从建筑业企业的视角来看，城中村更新具有政策支持力度大、建设施工技术成熟、建设增量多且营利空间大、投资平衡难度低等优势，是建筑业企业参与城市更新的优先选择对象。

4.2.1　更新对象与更新内容

城中村更新对象即城中村。从狭义上说，城中村是指农村村落在城市化进程中，由于全部或大部分耕地被征用，农民转为市民后仍在原村落居住，进而演变成的居民区，亦称为"都市里的村庄"。从广义上说，是指在城市高速发展的进程中，滞后于时代发展步伐、游离于现代城市管理之外、生活水平低下的居民区。城中村是中国城市中存在的一种特殊类型的城市社区，由于历史和城市规划的原因，城中村住宅区缺乏基础设施建设、居住条件较差，同时也是外来人口、贫困人口和低收入群体的主要居住地。城中村通常由一些老旧、密集、多层次的住宅楼组成，建筑质量较差，基础设施设备陈旧、缺失或无法满足居民需求，环境卫生状况较差。同时，城中村还存在一些安全隐患，如消防隐患、交通不便、违法建筑等。

城中村更新旨在通过拆除重建、改善市政基础设施、完善公共服务设施等方式，改善城中村居民的生活质量，推动城中村片区的社会经济可持续发展。更新内容主要包括以下几个方面。其一，对城中村的拆迁重建，提高居住条件和居住品质，同时，拆迁补偿和安置问题也需要得到妥善解决。其二，城中村更新需要加强基础设施建设，包括改善供水、供电、通信等基础设施建设，改善道路交通条件。其三，城中村更新需要加强公共服务设施建设，提高居民的生活品质，包括建设公园、健身设施、医院、学校等。此外，城中村更新还涉及原有历史文脉的保护与传承，例如保留保护祠堂、历史建筑等。

近年来，国家层面密集发布政策文件，深入推进城中村改造。2024 年 6 月，自然资源部办公厅印发《城中村改造国土空间规划政策指引》，提出充分发挥国土空间规划对城中村改造的统筹引领作用，加强规划与土地政策的衔接，在各级各类国土空间规划中深化落实城中村改造相关要求。优先改造位于国土空间规划确定的重点功能片区、重点发展组团的城中村，充分保障村民合法权益，先行做好意愿征求、产业搬迁、人员妥善安置、历史文化保护、落实征收补偿安置资金等前期工作。2024 年 11 月，城中村改造政策支持范围从最初的 35 个超大特大城市和城区常住人口 300 万以上的大城市，进一步扩大到了 300 个地级及以上城市，明确地级城市资金能平衡、征收补偿方案成熟的项目，均可纳入政策支持范围。主要政策支持内容包括：将城中村改造纳入地方政府专项债券支持范围；开发性、政策性金融机构提供城中村改造专项借款，适用有关税费优惠政策；稳妥推进城中村改造货币化安置；严格落实"一项目两方案"，即每个项目都要制定完备的征收补偿方案、资金平衡方案等。

4.2.2 更新难点与更新模式借鉴

（1）更新难点

城中村更新面临着多方面的难点，主要包括以下几个方面。①资金问题：城中村更新需要大量的资金投入，但往往城中村居民的收入水平较低，无力承担高昂的房屋改造和迁移费用，政府或投资商往往需要承担一部分甚至全部费用，这需要大量的财政支出。②拆迁问题：城中村更新需要进行大规模的拆迁工作，这可能会涉及复杂的法律问题和社会稳定问题，需要政府制定合理的拆迁政策，与居民进行有效的沟通和协商。③居民安置问题：城中村更新需要对居民进行安置，但往往城中村居民的职业技能较为单一，需要政府和更新主体提供职业培训和就业机会，以确保居民的生计不受影响。④社会保障问题：城中村更新需要加强社会保障，包括提高社会福利、社会救助、医疗保障、住房保障等，帮助城中村居民更好地适应城市生活。⑤更新意愿问题：一些居民有依附土地的传统观念，更希望居住在原有的环境中，对拆迁安置的高层住宅有抵触心理。

（2）更新模式借鉴

城中村更新与老旧小区更新相比，同为居住类更新，同样面临着资金、拆迁安置、更新意愿等一系列问题；但在更新决策和实施方式上存有较大不同，城中村的土地是集体性质土地，城中村更新改造的决策方式往往是集体制的决策方式。围绕城中村土地转性和更新实施方式，既包含行政参与性或强制性较高的农村集体土地征收模式，也包含非行政强制性的"协议搬迁"模式。另外，由于城中村往往是被城市所包围的区域，其更新方向和功能设定要与周边城市的整体规划统筹考虑。在此背景下，从参与主体、更新方向等角度考虑，形成以下主要的城中村更新模式或实施方式。

1）政府主导型城中村更新：政府主导城中村改造，并通过政府拨款、政策支持等手段引导开发商、投资者参与城中村更新。

2）公共住房型城中村更新：政府通过购买和改造城中村房屋，将其改造成公共住房，为低收入人群提供廉租住房，并通过政府的扶持和管理，保障住房安全、环境卫生和公共服务设施的配备。

3）商业综合型城中村更新：利用城中村现有的商业资源，结合城市规划和产业发展，将城中村改造成商业综合体，包括商业中心、文化娱乐、住宅等多种功能，提高城市形象和商业价值。

4）农村集体经济主导城中村更新：以农村集体经济组织为改造主体，可引入合作单位共同改造开发。改造方案在市、区有关部门指导下，经村民集体讨论确定后，由农村集体经济组织或合作单位自筹资金改造开发。通过居民自建、自我管理等方式推进城中村更新，促进社区建设和居民参与。

5）公益性项目推进城中村更新："城中村"地块规划建设为公益性项目的，可通过组织实施公益性项目建设，对"城中村"地块进行改造，以改善和提高区域生态环境质量。政府动用公共预算资金对搬迁居民进行集中安置。

6）整体趸租型城中村更新：保留原有集体经济组织和集体产权结构，减少政府搬迁安置和土地收储的成本支出，实施主体采用整体趸租的形式对既有建筑进行更新改造，并进行整体运营。

以上是城中村更新常见的几种模式，不同的模式适用于不同的城市发展阶段和城中村的实际情况。

4.3　基础设施更新

在快速城镇化背景下，中国城市基础设施建设得到快速发展和完善，但随着时间的推移，城市基础设施老化、功能配置与城市发展需要不匹配等问题日益突出。另外，在全面改造、混合改造等片区化推进城市老旧街区、老旧小区更新改造和公共空间品质提升项目中，存在大量的基础设施更新改造需求，如既有建筑加装电梯、配建停车位和充电桩、老旧燃气管道改造、海绵城市建设和城区雨污管网改造、交通道路重组、城市公园建设、智慧设施建设等工作。在此背景下，基础设施的更新改造与优化升级逐渐成为重要的城市更新类型。

4.3.1　更新对象与更新内容

基础设施是指为社会生产和居民生活提供公共服务的工程设施，是用于保证城市社会经济活动正常进行的支撑系统，是城市赖以生存发展的物质基础条件。狭义上，传统基础设施按照功能及特征，分为交通设施、供排水设施、能源设施、环卫设施、园林绿化设施、综合类设施、信息通信设施和其他市政设施等。广义上的基础设施包括经济基础设施和社会基础设施两大类型，包括狭义上的传统基础设施概念中的交通、能源、通信、水利等基础设施，以及教育、医疗、基础研究、科技攻关等社会基础设施。本书主要指狭义上的基础设施。

城市更新过程中，城市空间不断升级、城市质量不断提升，作为城市重要支撑的基础设施，也在不断升级进化。最开始的基础设施只能满足最基本的通路、通水、通电的需求（即"三通"）。随着人民生活水平的提高，需求开始多样化，基础设施的种类随之变多，增加雨水、污水、燃气、电信、热力、广电、桥梁、管廊、新能源、智慧设施等建设项目。在更新内容上，从基础设施建设改造程度的不同，包括老旧基础设施的拆除重建、老旧基础设施综合整治与升级改造（如管网设施更换和重组）、老旧基础设施新增配套基础设施

（如既有建筑加装电梯）、原有基础设施与新型设施的融合（如基础设施的数字化改造）等内容。

4.3.2　更新难点与投融资方式借鉴

基础设施作为城市建设和其他各类更新项目的重要基础部分，并具有一定的专业技术性，多由专业的勘察设计与施工单位执行，除了施工技术和标准规范方面的要求，城市基础设施更新改造面临的主要难点在于资金缺口大、投融资体制有待创新突破、建设管理缺乏统筹协调等。建立高效、畅通的投融资机制是推进基础设施更新顺利实施的重要保障。从投融资的角度来看，城市基础设施更新有多种模式。其中，非经营性的综合整治类项目，公益性较强，主要由政府直接投资、政府专项债投资、政府授权国有企业投资等，资金来源主要为财政拨款、政府专项债等。一些具有经营性的项目，经营及收益性较明显，资金需求较高，一般根据其经营特性采取政府与社会资本联合或纯市场化运作。下文列举了最为常见的几类项目投融资模式。

（1）地方政府直接投资

地方政府可利用本级财政资金直接进行基础设施更新项目的投资，有利于政府部门进行整体的监管和把控。但政府财政资金总量有限，仅适合资金量需求较小的综合整治项目、公益性较强的民生项目以及收益不明确的土地前期开发项目。此外，政府部门难以主导财政投资、组织实施、动迁、建设、协调和仲裁等各个阶段和方面，所以政府内逐步分化出国有市政公司、国有城建公司、住房保障中心等经济部门承担建设、运营等工作。

近年来，市场化的趋势正引导政府投资主体向市场投资主体转变。政府投资主要集中在非竞争性的公益类基础设施项目，退出一般性投资领域，将有收费机制、收益稳定的城市基础设施项目，交给社会投资者；对一些有收费机制但投资收益难以平衡的基础设施项目，政府通过适当的补贴等方式，鼓励社会资本规范有序投入。

（2）政府发行城市更新专项债

根据《地方政府债券发行管理办法》，地方政府专项债券（以下简称"专项债券"），是为有一定收益的公益性项目而发行的，以公益性项目对应的政府性基金收入或专项收入作为还本付息资金来源的政府债券。专项债券由项目未来收益作为偿还来源，纳入政府性基金预算管理，不计入财政赤字。专项债券的投资方式主要由直接投资、资本金注入和项目配套融资等。专项债券主要用于有一定收益的公益性项目，且要求项目收益和融资自求平衡性，因此需要城市更新项目能够产生持续稳定的现金流收入，且该收入应能够完全覆盖专项债券还本付息的规模。各地也已经开始利用专项债券进行城市更新项目融资，例如重庆市渝中区通过发行城市更新专项债，推动了城镇老旧小区改造、"两江四岸"治理提升、地下管网改造等城市更新项目。

2020 年 7 月，财政部《关于加快地方政府专项债券发行使用有关工作的通知》提出，重点用于交通基础设施、能源项目、农林水利、生态环保项目、民生服务、冷链物流设施、市政和产业园区基础设施等七大领域，积极支持"两新一重"①、公共卫生设施建设中符合条件的项目。2024 年 12 月，《国务院办公厅关于优化完善地方政府专项债券管理机制的意见》提出，扩大投向领域和用作项目资本金范围，实行专项债券投向领域"负面清单"管理，未纳入"负面清单"的项目均可申请专项债券资金；用作项目资本金的领域新增新兴产业的基础设施、卫生健康、养老托育、货运综合枢纽、城市更新等 5 个行业，以省份为单位，可用作项目资本金的专项债规模上限由 25% 提高至 30%。

随着专项债券发行使用机制的逐步完善，积极利用专项债券与城市更新有效结合，既为城市更新项目资金筹集拓宽了渠道，也有利于加快推进全国城市更新实施行动，对城市结构调整和高质量发展具有深远的意义。

（3）政府授权国企进行投融资

随着城市经济的发展和城市功能的转型，基础设施建设规模增大，政府可调控的资金十分有限，原有的融资渠道已不能满足经济建设和社会发展的需求。在此情况下，地方政府会根据相关法律和政策文件授权地方国企为实施主体，通过银行信贷、发行企业债券、中期票据、信托凭证等市场融资手段完成城市更新项目的融资。在此流程中，政府部门仅承担项目的识别筛选以及融资信用担保的职能，项目的投资、建设、运营完全委托地方国企实施。此类模式的运作更为市场化，其收入来源包括项目收益、使用者付费、专项资金补贴等方面。虽然由于国资企业的特殊股权结构并以政府信用作为担保进行融资容易增加政府隐性债务，但此模式为中国特色，为减轻政府在城市更新项目中的投资压力，拓展政府与社会资本合作路径提供了新思路。

例如，2002 年 7 月，爱建信托推出国内首个信托产品——"上海外环线隧道项目资金信托计划"，该计划募集资金总额为 5.5 亿元，每份合同的金额最低为 5 万元，信托期限为 3 年。一周之内，5.5 亿元基金全部售罄。个人投资者人均投资 15.5 万元，投资者当中，绝大部分是上海市民。2002 年 9 月，上海国际信托投资公司推出信托产品——"上海磁悬浮交通项目股权信托受益权投资计划"。投资者主要来自宝钢集团等沪上知名企业。作为投资者之一的上海国际集团以股权信托方式，委托上海国际信托投资公司将其拥有的 1.88 亿元的上海磁悬浮交通项目 18 个月信托产品，分割转让给普通市民。用这种方式，

---

① "两新一重"，即两个"新"和一个"重"，分别是新型基础设施、新型城镇化，以及交通、水利等重大工程，出自 2020 年《政府工作报告》。

上海的磁悬浮线建设引入了 1.88 亿元民间资金。项目的融资成本低于同期基准贷款利率。2003 年 2 月，上海久事公司成功发行 40 亿元上海轨道交通建设债券。2007 年，上海市城投总公司与泰康资产管理公司共同发起设立了"泰康——上海水务债权计划"向保险公司定向募集资金 20 亿元，用于青草沙原水工程项目建设。该工程是第一个将保险资金引入基础设施的项目，为上海市重大基础设施建设开辟了新的融资渠道。

此模式的主要问题在于国有企业的自身发展和风险，特别是对于投资回报期限较长的项目，国企融资也面临一定挑战；而对于自平衡比较困难的项目，需要政府补贴以弥补收益不足。同时，因为受到国家政策方面的影响以及当前市场投资模式不成熟，导致国有企业在项目投资中不得不承担经济成本过高的风险，增加了巨大的资金循环和市场运营的压力。

（4）以专营权有偿转让为代表的项目融资

专营权有偿转让是吸引社会资本，为基础设施建设融资，盘活存量资产的重要融资方式。专营权转让，是指不改变产权的前提下，将某类资产的经营权有偿转让给经营者，经营者依靠该经营权弥补投资并获得回报，对地方政府或受地方政府委托的代建国企而言，则有效利用了社会资本，完成了基础设施建设的任务。

例如，1994 年，经上海市政府批准，上海市城投总公司首次将"两桥一隧"（即南浦大桥、杨浦大桥和打浦路隧道）实行部分专营权有偿出让。上海城投总公司与上海久事公司联合组建上海建事公司，由建事公司与香港中信泰富有限公司签订"两桥一隧"部分专营权有偿出让协议，合同期内建事公司向香港中信泰富有限公司支付投资回报。25 年的经营期，每年回报 15%。筹措资金 24.75 亿元，为徐浦大桥的建设筹足了资金。徐浦大桥在建时又以 26.77 亿元专营权出让给中信泰富。之后，转让延安东路隧道北线 30 年的专营权。紧接着，把内环线高架 35% 的专营权转让给上海实业集团，获得的 6 亿美元用于延安高架道路等项目的建设。1995 年，参照上述转让模式，市城投总公司陆续转让延安路高架西段、沪宁高速公路、沪杭高速公路的部分专营权，转让的资金用于建设新的城市基础设施项目，解决了当时建设资金极度短缺的问题。

另外，除了经营权转让，在一定情况下还存在收益权转让的情况，为创新基础设施建设融资方式和融资渠道提供了新的路径。例如，由于市政基础设施投资规模大，建设周期长且回本慢，政府通过基础设施项目收益权转让，例如供热收费权转让、公路收费权转让、电费收益权转让等，通过这些收益权转让以政府信用背书，未来可预测的现金流为收益，向资本市场推出，这样可以快速实现资产证券化，达到融资建设的目的。

在专营权有偿转让模式下，借鉴国际经验，建设—经营—转让（build-operate-transfer，简称 BOT）逐渐成为出让基础设施特许经营权，吸收社会投资开展基础设施建设的融资新举措。BOT 是指政府部门（或由政府部门授权的国企）就某个基础设施项目与私人企业（项目公司）签订特许权协议，授予签约方的私人企业（包括外国企业）来承担该项目的投资、融资、建设和维护，在协议规定的特许期限内，许可其融资建设和经营特定的公用基础设施，并准许其通过向用户收取费用或出售产品以清偿贷款，回收投资并赚取利润。政府对这一基础设施有监督权、调控权。特许期满，签约方的私人企业将该基础设施无偿移交给政府部门。

2002 年 3 月，经上海市政府批准，上海城投总公司把拥有的沪杭高速公路上海段99.35% 的股权，折价 32.07 亿元人民币出让给一家民营企业。这是民间资本首次大举进入上海基础设施存量领域，通过此次转让，该企业拥有了沪杭高速公路上海段 30 年的经营权，而市城投总公司则实现了资产在流动中增值。2002 年 5 月，同样以 BOT 模式组建了沪芦高速公路项目公司，市城投总公司占了 30% 的股份，其余 65% 由 3 家民营公司占有，5%由国企城建集团所有。市城投总公司 30% 的资金带动了 70% 的社会资金。另外，根据项目特点，BOT 模式也演变出不少新的类型，如 BOO（build-own-operate），即建造—拥有—经营；BOOT（build-own-operate-transfer），即建造—拥有—经营—移交；BLT（build-lease-transfer），即建设—租赁—移交；ROO（rehabilitate-ow-operate），即修复—拥有—经营；ROMT（rehabilitate-operate-maintain-transfer），即修复—经营—维修—移交等模式。

实际上，通过专营权移交、收益权移交、BOT 等模式的融资方式，均可归纳为项目融资。项目融资是指贷款人向特定的工程项目提供贷款协议融资，对于该项目所产生的现金流享有偿债请求权，并以该项目资产作为附属担保的融资类型。项目融资以项目的未来收益和资产作为偿还贷款的资金来源和安全保障，由项目参与各方共担风险，融资的种类分为无追索权的项目融资以及有限追索权的项目融资。项目融资模式包括但不限于 BOT、TOT[①]、TOO[②]、ROT[③]、PPP（狭义）[④]、PFI[⑤]、ABS[⑥]、ABO[⑦]、EPC 及 F-EPC[⑧] 模式等。

项目融资主要适用于资源开发类项目、基础设施建设类项目和制造业项目等。竞争性不强的行业以及通过对用户收费取得收益的设施和服务更适合项目融资方式，此类项目建

---

① TOT（Transfer-Operate-Transfer），即移交—运营—移交。
② TOO（Transfer-Own-Operate），即移交—拥有—运营。
③ ROT（Renovate-Operate-Transfer），即改扩建—运营—移交。
④ PPP（Public-Private-Partnership），即公私合作模式。
⑤ PFI（Private Finance Initiative），即私人融资计划。
⑥ ABS（Asset-Backed Securitization），即资产证券化。
⑦ ABO（Authorize-Build-Operate），即授权—建设—运营。
⑧ EPC（Engineering-Procurement-Construction），即设计—采购—施工总承包。F—EPC 模式是指由政府或政府授权的项目业主招募融资方或投资人（Finance），与项目业主单位共同组建项目 SPV（Special Purpose Vehicle，即特殊项目载体）公司，再由 SPV 公司向金融机构融资。

设周期长，投资量大，但收益稳定，受市场变化影响小，对投资者有一定的吸引力。

（5）不动产投资信托基金（REITs）模式

不动产投资信托基金（Real Estate Investment Trusts，简称 REITs），是一种直接金融工具，通过发行收益凭证汇集投资者的资金，将不动产交由专业投资机构经营管理，并将投资收益及时分配给投资者的一种投资基金。REITs 底层资产类型广泛，但须产生长期、稳定的现金流作为主要收益来源。

REITs 有助于盘活存量不动产，并有效去杠杆及降低债务。经过多年高歌猛进式固定资产投资，现中国已经形成了百万亿级的不动产市场，"基础设施""商业地产"长期运营的特性，天然地长期占用及沉淀了政府、开发商大量资金，最终提升宏观投资杠杆水平。REITs 通过募集资金投资于存量成熟不动产，为"基础设施""商业地产"等不动产提供了有效退出渠道，大大提升了存量不动产流动性，有助于政府、开发商回笼沉淀资金，实现宏观层面去杠杆及降低债务的目的。

自 2020 年 4 月，中国基础设施 REITs 试点启动以来，涵盖领域历经了 4 次扩容。首次试点的基础设施包括仓储物流，收费公路、机场港口等交通设施，水电气热等市政设施，产业园区等其他基础设施，不含住宅和商业地产。2021 年 6 月，首次扩容将能源基础设施、保障性租赁住房等纳入试点范围。2022 年 11 月，再次扩容，新加入新能源、水利、新型基础设施等。2023 年 3 月，将消费基础设施纳入基础设施 REITs 的试点资产范围，优先支持百货商场、购物中心、农贸市场等城乡商业网点项目以及保障基本民生的社区商业项目发行基础设施 REITs。2024 年 7 月，国家发展改革委发文，全面推动基础设施领域不动产投资信托基金（REITs）项目常态化发行。

就短期及中期而言，REITs 在城市更新领域中，主要是为城市更新投资者提供退出通道。REITs 作为长期权益性资金，其资金属性决定了只要能长期产生稳定现金流，无论是"商业地产"抑或是"工业地产"，均是其良好的投资标的。从供给与需求匹配的角度而言，待商业地产纳入 REITs 领域后，REITs 将为商业、工业类城市更新项目提供了非常好的退出渠道。商业地块更新改造和工业地块更新改造项目在完成更新改造后，可通过将资产标的出售给 REITs，提前实现收益。这将有助于激发非住宅类更新项目的热度，平衡更新项目中各种类型项目的比例，结构上有助于增加"有机更新"的项目类型。

另一方面，尽管短期、中期受限于稳定现金流的需求，REITs 无法直接为城市更新项目拆迁阶段、供地阶段、建设阶段提供融资，但 REITs 是城市更新基金等 Pre-REITs 资金的重要退出渠道。通过引入 REITs 吸引社会资本直接参与城市更新项目，可有效解决政府资金短缺问题。从长远来看，REITs 除了为前期投资者提供退出渠道外，在直接全周期参与城市更新项目方面，也有着更为广阔的应用前景。

在实际的基础设施建设融资中，还存在境外融资、信贷、融资租赁、小额贷款等方式进行融资，本书中将不再予以赘述。根据基础设施建设项目公益性或经营性和项目实际情况，可以选择不同的融资模式，并对以上五种投资模式进行合理合法的延伸和组合使用。

4.4　老旧工业区更新

伴随城市经济结构转型升级，一些用地低效、产能下降、业态跟不上城市发展需要的老旧工业区、老旧厂房的功能调整和更新改造备受关注。在当前新型城镇化和经济新常态的背景下，老旧工业区和老旧厂房成为城市建设转型、经济发展模式转变和资源分配效率提升的重要空间载体，如何充分挖掘潜在价值，以匹配现代社会需求的新功能，促进其再利用成为当下城市更新领域的重要议题。

4.4.1　更新对象与更新内容

近年来，国家高度重视老旧工业厂房及老旧工业区的更新改造工作。2016 年 2 月，《中共中央住房城乡建设部国务院关于进一步加强城市规划建设管理工作的若干意见》对有序实施城市修补和有机更新、改造利用旧厂房、恢复老城区功能和活力等作出了重要的决策部署。2017 年 3 月，住房城乡建设部印发《关于加强生态修复城市修补工作的指导意见》，要求编制城市修补专项规划，完善城市道路交通和基础设施、公共服务设施规划，明确城市环境整治、老建筑维修加固、旧厂房改造利用、历史文化遗产保护等要求。2018 年，住房城乡建设部在《关于政协十二届全国委员会第一次会议第 1739 号（城乡建设类 050 号）提案答复的函》中明确提到，要加快推动老旧工业区的产业调整和功能置换，鼓励老建筑改造再利用。

老旧工业区一般是指不符合国家产业政策、不符合现行城市规划、安全和环保等不达标、生产经营长期停滞、低效占用工业用地的旧工业区，从所包含的物质内容来看，包括老旧工业厂房、仓储用房及相关工业设施；从规模上看，除了单体的老旧厂房，还包括区域性的旧工业厂区、旧工业园区等。老旧工业区更新通过综合整治和全面改造，盘活存量工业用地，转变区域功能，完善配套设施，并着力解决旧工业区对周边生活环境带来的影响。

从更新内容上看，老旧工业区更新强调通过生态修复、环境景观塑造与建筑留、改、拆等，融入城市肌理，植入新产业内容，为城市增加了富有魅力的公共空间和功能，并推动了老旧工业区转型升级。在符合规划的前提下，鼓励通过更新改造或旧工业区厂房用地置换等方式，增加道路、绿地、广场等设施；引导利用旧工业区厂房优先发展智能制造、科技创新、文化娱乐等产业。具体包括以下几个方面内容。

（1）旧工业区功能置换

新时期，旧工业区更新得到了一定的发展机遇，但旧工业区也面临着更加严峻的挑战，如旧工业区多数存在生产与生活服务功能不足等问题。通过更新改造对旧工业区内生产功能、生产服务功能、生活服务功能以及建筑空间等方面存在的问题进行系统体检，确定旧工业区未来发展目标与定位，确定相应功能置换的策略，制定相应更新改造的政策，促进旧工业区功能的完善。

（2）产业转型升级

旧工业区的产业发展曾经为城市提供了众多的就业岗位和发展动力。随着城市的不断发展，旧工业区原产业发展很难满足新的发展需求，若将产业全部搬迁并进行单纯房地产开发易引起城市就业岗位减少、城市发展动力不足等问题。旧工业区产业转型可将传统工业企业的低端制造功能向外迁移或取消，根据产业链的上下游情况，强优势、补短板，同时注重引入产品研发设计、文化创意等现代服务业，以促进旧工业区产业转型升级，进而促进区域内产业结构升级。

（3）加强工业遗产的合理化保护

对旧工业区进行更新与改造不是单纯的推倒重建，还需要采取多元化方式，做到因地制宜，保留好具备文化特征、历史价值高的建筑与空间，协调好保护与利用之间的关系。通常来讲，主要是采取整治环境、调整用地、重塑空间环境形态、保护标志建筑物与构筑物等相关措施，让旧工业区改造在满足未来发展的功能定位与空间环境品质的基础上，保留旧工业区发展历史记忆。

（4）对原建筑空间的改造

根据旧工业区的更新方向，需要对原工业区的厂房、设施等建筑空间进行不同程度的改造。按照改造程度的不同可分为拆除重建、综合整治和有机更新。在"留改拆"并举的有机更新理念下，旧工业区更新活动更为注重对具有历史印记的旧厂房结构和形态的保留，在其原有基础上进行创新设计和改造，将空间与历史、文化、生活更多地结合，打造更具生命力的空间场所。

（5）提升生态环境品质

传统工业生产往往造成环境污染，将生态理念引入旧工业区的更新与改造，采取景观规划与园林设计以增加旧工业区生态空间的规模与质量，通过更新活动，实现对废弃的旧工业区或局部地段进行生态恢复和景观重建，不断提升更新后的空间品质，在城市旧工业地段形成新的生态平衡，为健康、绿色的生态环境系统的形成提供保障。

值得一提的是，2023年3月1日开始生效实施的《北京市城市更新条例》进一步明确了老旧工业区更新的对象和内容，可为各地旧工业区更新提供借鉴。在该条例中，主要将产业类城市更新划分为老旧厂房、低效产业园区、老旧低效楼宇和传统商业设施的更新，进一步丰富了旧工业区更新的对象范围。尤其是将老旧楼宇的更新列入产业类更新范围。根据北京市住房和城乡建设委员会、北京市发展和改革委员会、北京市规划和自然资源委员会关于印发《老旧低效楼宇更新实施办法（试行）》的通知，老旧楼宇主要指安全、节能、设施设备、空间等设计标准较低或运行存在问题，不能满足现行标准相关要求和运营需求的楼宇。根据北京市社会经济发展特点和工作要求，现阶段主要包括两类：第一类是 1980 年以前建成且未进行抗震鉴定与加固，或其他存在建筑安全隐患且未进行鉴定与加固；第二类是 2005 年前建成且未进行节能改造，或连续两年用能超过标准约束值80%。低效楼宇主要指由各区动态认定的对本区国民经济和社会发展综合贡献率较低的楼宇。

4.4.2　更新难点与更新模式借鉴

（1）更新难点

老旧工业区更新面临工业建筑遗存价值评定标准不完善、工业用地管理不规范、历史文化价值保护与利用的平衡问题、资金压力大、产业转型困难，等等。

1）工业建筑遗存价值评定标准不完善。关于工业遗存的价值评定，目前国内评估主要有三个体系，一是工业和信息化部颁布的《国家工业遗产管理暂行办法》；二是国家文物局及中国建筑学会等相关组织提出的《中国工业遗产价值评价导则（试行）》；三是东南大学王建国院士、蒋楠教授提出的"工业遗产综合价值评价指标体系"。但目前，中国还未形成关于工业遗存价值判断的相对统一的标准，工业遗存项目的分级分类在实际操作过程中缺乏明确的技术标准，项目改造时整体保留比例、新增面积范围等，还没有可以指导实践的可操作规范。关于工业遗存更新的相关规范，各主管部门审批环节执行的还是增量概念指导下的相关新建建筑物规范，针对存量更新量身定做的设计规范，涉及结构鉴定、加固标准、防火等级及措施等环节仍需补白。

2）工业用地管理不规范。在存量工业用地转型过程中，存在用地性质不改变但商业、研发办公、文化创意、人才公寓等多种功能并存，一些城市通过设置过渡期政策探索工业用地更新利用，但缺乏制度层面上统一的管理。此外，工业用地产权问题复杂，用途转换以后土地增值空间大，原土地使用权人、政府以及利益相关者的收益分配机制尚未成熟。

3）历史文化价值保护与利用的平衡问题。老旧工业区承载着丰富的历史文化记忆，但在更新过程中，如何在保护历史文化遗产的同时实现合理利用，是一个亟待解决的问题。例如，在经济效益导向下的再利用过程中忽视了工业遗存再利用中隐含的文化资源利用和重构，造成文化要素单一；仅考虑工业遗存自身特质，忽视了周围城市建设的条件，更忽视了与城市功能的有机融合的情况；单纯效仿再利用模式，容易忽视城市特色，导致再利用产业定位与功能属性雷同，产生严重的同质化竞争。

4）资金压力大。更新改造需要大量的资金投入，包括基础设施建设、环境整治、建筑修缮等，且资金来源有限，政府财政压力大，社会资本参与度低等。在中国工业遗存再利用的细分市场中，社会投资机构较少，多为企业自有资金，来源较为单一。工业遗存更新改造项目虽然避免了土地拆迁费用开支，但遗留物修旧如新、修旧如旧的改造装修以及前期规划和设计费用投入较大，而改造后多数属可租不可售的支持型项目，投资回报周期较长。

5）产业转型困难、生态环境问题等。传统工业区的产业结构单一，转型面临诸多挑战，如缺乏新兴产业基础、人才短缺、市场需求不确定。长期的工业生产活动可能导致土壤污染、水体污染、空气污染等环境问题，修复难度大，成本高。

（2）更新模式借鉴

从已有研究来看，对旧工业区更新改造模式主要涉及以下方面：更新目的、更新手段、开发政策、开发主体和后继功能。本书从便于企业参与更新项目操作的角度出发，主要从更新目的、后继功能和开发主体的角度探讨旧工业园区的更新模式。城市工业区更新改造依据更新目的可分为四类基本模式：产业转型升级、城市公共空间提升、可持续生态修复、居住功能转型，四种基本模式的更新目的、开发主体和后继功能之间的关系见表4-4。

工业区更新改造模式其更新目的、开发主体、后继功能之间的对应关系　表4-4

模式	更新目的	开发主体	后继功能	典型案例
模式一	产业转型升级	市场主导；公私合营；政府主导	产业园、办公、科研、配套商业等	景德镇陶溪川文创街区
模式二	城市公共空间提升	政府主导	公园、广场、绿地、运动场、博物馆、图书馆、学校、配套商业等	上海杨浦区滨江南段滨水公共空间
模式三	可持续生态修复	公私合营；政府主导	绿色生态园区	英国康沃尔郡伊甸园
模式四	居住功能转型	市场主导	居住区及配套	上海上港十四区开发项目

根据旧厂房更新前后的用地性质、产业类型和后继空间功能的转变情况，可划分为多种类型。其中，旧厂房更新类型包括"工改工""工改文创""工改商办""工改租赁住房""工改公共空间"等多种类型，旧工业园区包括用地性质不变更的产业升级更新和用地性质发生变更的新型产业园区更新。不同的旧工业更新呈现了多样化的更新手法、更新

实施主体、更新模式和更新案例，本书整理见表 4-5。

从主体参与的视角看，侧重经济效益的更新改造既可以由政府主导，也可以由市场主导或采用公私合营的方式，侧重社会效益、环境效益的更新改造匹配政府主导的开发主体，更有利于更新目标的实现。在具体的改造操作路径上，根据主体参与有所不同。其中，政府主导模式主要适用于承载产业发展战略的工业区块或公益性改造地块。一般有三种改造路径：全额资金补偿、"异地置换 + 拆迁补偿"以及"就地安置 + 房产、土地共享"。政企合作模式适用于成片工业用地或者单个产权用地。一般有两种改造路径：政府引导、企业出资；政企共建股份合作公司 + 专业开发商运营。企业自主模式，由企业自己负责整个工业地产的改造更新，适用于企业自身改造意愿强烈的单个产权地块。

旧工业区更新的对象、模式和内容　　　　　　　　　　　　　　　表 4-5

更新对象	更新方向	改造内容	实施主体	改造手法	更新目标	模式优势
旧工厂	"工改文创"	以多层办公、生产厂房、仓库为主的轻工业园区或建筑单体，且大部分建筑具有较高的保留价值	以德必集团、锦和商业、万科为代表的创意产业园专业运营商	通过夹层、外立面装饰等低成本改建即可转型为 SOHO、LOFT 等产品。同时，引入休闲、娱乐，形成混合业态布局。一般不改变用地性质，可适当增加建筑面积	盘活存量物业，使老旧厂房满足文创、创意企业、联合办公企业入驻需求，实现工业向服务业转型	地产开发商轻资产模式介入，不涉及土地招拍挂
旧工厂	"工改商"	仅有少部分建筑具有保留价值的成片工业厂区	万科、龙湖、中粮等兼具商业、办公、住宅产品经验的一线房企	一般保留具有特殊历史意义的厂房，拆除大部分缺乏保留价值的厂房，重新建设为能够快速去化和实现持续租金收益的商办物业	以协助政府实现区域复兴为目标，获取用地性质调整后的原工业企业土地使用权，改造为商业、办公、公租房等复合空间，为片区重新注入活力	以市场化力量推动传统工业片区彻底转型升级
旧工厂	"工改租"	大体要求为工业（厂房、仓储），且两年内无征收计划的已建成、闲置存量房屋	具备一定经营规模、较强管理能力和良好社会信誉的住房租赁企业，前期以住房租赁国有企业为主	将工业改造为公寓的过程中，主要以隔断方式重新布置平面户型，增添适合年轻人的生活服务空间，新增给水排水设施，改造电路布局	改造后的物业应符合住房租赁管理要求，并统一纳入市级住房租赁交易服务平台监管，以解决进城务工人员、新就业大学生等新市民住房问题	长租公寓需求大，改造难度低

续表

更新对象	更新方向	改造内容	实施主体	改造手法	更新目标	模式优势
旧工业园	"工改工"	将旧工业区拆除重建升级改造为新型产业园，开发产品包括新型产业用房、配套商业、配套公寓等多种物业形态	天安数码、联东集团、合一城市更新集团等产业地产商为主，万科、越秀等传统地产商积极布局，部分高科技制造企业与房企合作，对自有土地实施更新	针对原有发展水平低、企业污染严重、产业结构落后的传统工业区，以转变经济增长方式和产业结构优化为目标，引入高新技术、创意产业、智能制造或生态循环等先进产业	实施产业升级，实现产业结构的生态化重组，推动可持续发展。具体可分为"退2优2"和"退2进2.5"两种模式	政府鼓励的支持力度较大，改造投入相对较低
旧厂房遗址	"工转城市公共空间"	钢铁厂、货运码头、石化罐区等重工业厂区内的核心工业遗迹	项目多为国有工业企业资产，主要由政府或公益基金主导，社会资本参与	保留厂区内的核心工业遗迹，并改建为以博物馆、美术馆、运动馆等主题性场馆为代表的城市公共空间	以主题场馆为文化引擎，重塑片区形象，促进重工业区实现整体区域转型	以较低的成本补充完善文化艺术、运动休闲等城市公共空间

4.5 老旧小区更新

老旧小区更新改造是典型的城市更新类别。中国老旧小区数量巨大、人居环境亟待改善，国家层面高度重视老旧小区改造工作。2019年6月，国务院常务会议全面部署推进城镇老旧小区改造工作，并明确"加快改造城镇老旧小区，群众愿望强烈，是重大民生工程和发展工程"。2020年7月，《国务院办公厅关于全面推进城镇老旧小区改造工作的指导意见》明确了城镇老旧小区改造的总体要求、目标任务以及政策机制，标志着老旧小区改造工作在全国范围内全面铺开。《中共中央关于制定国民经济和社会发展第十四个五年规划和二〇三五年远景目标的建议》提出，加强城镇老旧小区改造和社区建设，明确将实施一批重大工程。提出新型城镇化建设工程中的城市更新需要完成2000年底前建成的21.9万个城镇老旧小区改造。

4.5.1　更新对象与更新内容

（1）更新对象范围

2020 年《国务院办公厅关于全面推进城镇老旧小区改造工作的指导意见》明确了城镇老旧小区的范围，是指城市或县城（城关镇）建成年代较早、失养失修失管、市政配套设施不完善、社区服务设施不健全、居民改造意愿强烈的住宅小区（含单栋住宅楼），并提出各地要结合实际，合理界定本地区改造对象范围，重点改造 2000 年底前建成的老旧小区。其实城市中所有的新建小区都会变成"老旧小区"，城市建设总是会随着时代的发展和社会的进步而由新变旧，城市的持续更新包括城市最大量的住区的更新本来就是城市发展的客观规律。随着时代的发展对老旧小区的更新理念、范围和方式均会发生变化。

（2）更新改造内容

根据《关于全面推进城镇老旧小区改造工作的指导意见》，老旧小区更新的主要内容，分为基础类、完善类、提升类 3 类。

1）基础类。为满足居民安全需要和基本生活需求的内容，主要是市政配套基础设施改造提升以及小区内建筑物屋面、外墙、楼梯等公共部位维修等。其中，改造提升市政配套基础设施包括小区内部及与小区联系的供水、排水、供电、弱电、道路、供气、供热、消防、安防、生活垃圾分类、移动通信等基础设施，以及光纤入户、架空线规整（入地）等内容。

2）完善类。为满足居民改善型生活需求和生活便利需要的内容，主要是环境及配套设施改造、小区内建筑节能改造、有条件的楼栋加装电梯等。具体包括拆除违法建设，整治小区及周边绿化、照明等环境，改造或建设小区及周边适老设施、无障碍设施、停车库（场）、电动自行车及汽车充电设施、智能快件箱、智能信包箱、文化休闲设施、体育健身设施、物业用房等配套设施。

3）提升类。为丰富社区服务供给、提升居民生活品质、立足小区及周边实际条件积极推进的内容，主要是公共服务设施配套建设及其智慧化改造。具体包括改造或建设小区及周边的社区综合服务设施、卫生服务站等公共卫生设施、幼儿园等教育设施、周界防护等智能感知设施，以及养老、托育、助餐、家政保洁、便民市场、便利店、邮政快递末端综合服务站等社区专项服务设施。

此外，一些地方政府根据自身城市特点积极探索老旧小区改造的新方式。例如，2023年 3 月施行的《北京市城市更新条例》对老旧小区更新的对象和更新内容做了详尽的规定，明确了居住类更新项目主要包括老旧平房院落、危旧楼房、老旧小区的更新。在更新方式上主要明确了保护性修缮和恢复性修建两种方式。保护性修缮是指对现存建筑格局完整，建筑质量较好、建筑结构安全的房屋院落进行修缮，对存在安全隐患的房屋进行维修，通过结构加固、设施设备维修和改造提升等方式，恢复传统风貌、优化居住及使用功能。保护性修缮项目原则上不增加原房屋产权面积、建筑高度，不改变原房屋位置、布局及性质。保护性修缮包括翻建、大修、中修、小修和综合维修。恢复性修建是指对传统格局和风貌已发生不可逆改变或无法通过修缮、改善等方式继续维持传统风貌的区域，依据史料研究与传统民居形态特征规律，对传统格局和风貌样式进行辨析，选取有价值的要素，适度采用新材料新技术新工艺，进行传统风貌恢复的建设行为。

4.5.2 更新难点与更新模式借鉴

（1）更新难点

老旧小区更新面临产权关系复杂、居民意愿难统一、市场参与积极性不高等难点，具体包括以下几个方面：

产权关系复杂，居民意愿难以达成一致。增设电梯、停车位均涉及小区公共利益，在实际执行过程中，因为权益人不同意，其执行难度也非常大。以老旧小区改造中的"加层加梯"为例。这些改造前期均需要进行民意调查，征求 90% 以上居民同意方可实施，然而由于实施改造对于某些居民毫无利益可言，造成民意难以统一，致使改造无法进行，比如加装电梯的费用原则上由居民按各自楼层高低和房屋面积大小出资，虽 1~2 层的居民无须或较少出资，但主要反对意见仍集中在 1~2 层居民，因为加装的电梯阻挡了北面住宅的光线，且加装电梯后主要有利于高楼层区的业主，造成其改造意愿不强。另外，老旧小区的整体搬迁或征收过程中常常由于补偿标准、易地搬迁意愿等因素造成更新改造意愿难以达成一致。

现有政策限制市场主体参与积极性。现阶段城市开发建设从注重规模速度转为更加重视质量效益，从大规模增量建设转为存量提质改造和增量结构调整并重，原有政策体系已不再适应高质量发展的需要，亟须在地方层面不断加强城市更新政策创新予以完善。例如，如何突破土地制度限制，协调多种土地权属；如何从异地安置、容积率奖励、实行土地出让及土地置换等方面寻求机制创新，实现合理、高效的土地利用；如何根据存量建筑特点，制定弹性管理标准，以适应消防、绿色低碳和历史风貌保护等方面需求；等等。在老旧小区更新方面，亟须在一些政策机制方面寻求创新，降低更新项目成本，增加更新项目收益，以激发市场主体参与老旧小区更新的积极性。

产权方面限制市场主体积极性。例如，对老旧小区改造所增加面积的出售受限。对于售后公房，其土地使用权、物业权等权利均已属于业主所有，政府已不是其权利主体。因此，对其进行改造可能涉及物权法、不动产权法等法律方面的障碍。除用于原有居民成套租赁，其他增加出来的面积不允许进入市场出售。目前，规划部门要求纳入社会公共租赁住房和廉租房的范畴，不进入市场，开发商由于没有回报而积极性不高。

专项审批效率有待提升。对于老旧小区内存量空间资源的改造提升，以及新建、改扩建社区服务设施等，受限于社区配套用地用房的原规划用途。提出规划调整以及审批、许可的程序极为复杂，一定程度上影响了社区闲置资源的高效利用。例如，进行加层加梯、捆绑进行商业开发等旧住房改造，涉及整片区域的容积率、土地性质等问题的变更，还可能涉及环保、消防等方面的问题。以上海为例，上海旧住房审批权在市级层面，区级政府没有控制性详细规划调整和土地调整权限，规划调整审批周期过长。市场主体参与其中要求项目营利，但容积率等政策控制严格，造成收支难以平衡。市场主体法治化参与路径还不通畅，造成社会资本事实上的准入限制。目前，社会资本通过与街道办事处签订框架战略协议等方式参与老旧小区改造项目，但这类方式对于社会资本投资回报、长期运营权益等依法保障力度明显不足。另外，老旧小区更新项目低利润、长周期，对社会资本吸引力不足。一方面，仅靠小区内现有资源很难平衡社会力量投资；另一方面，小区内的国有产权低效空间资源租赁年限一般不超过 5 年的规定[1]，不利于社会资本以运营权质押方式开展长周期融资。

社会化融资困难。老旧小区改造建筑存量基数较大，若"基础、提升、完善"三类改造内容叠加推进，资金募集难度显而易见。相关金融支撑体系还不完备，造成市场化融资成本高。老旧小区改造具有长期惠民性社会事业属性，亟须长周期、低成本银行融资产品的支持。目前，中国金融机构尚未形成运营权质押类的成熟金融产品、审批流程和风控标准，社会资本在以运营权向金融机构申请贷款支持时，需要满足足额资产抵押和较高担保措施等硬性要求。

专业化社区服务有所欠缺，造成老旧小区难以实现长效运营。中国的老旧小区很多长期处于"准物业"管理或者失管、脱管的无序状态。很多居民们长期习惯性不缴费或公共福利支持下的物产使用状态，对老旧小区改造出资的认识和意愿还需要不断强化。专业化社区服务的缺失，造成了以往老旧小区"改造—破坏—改造"的恶性循环。

（2）更新模式借鉴

在大力实施城市更新行动的时代背景下，为了满足人们对美好生活的向往，老旧小区

---

① 国土资源部《规范国有土地租赁若干意见》（国土资发〔1999〕222 号）规定：四、国有土地租赁可以根据具体情况实行短期租赁和长期租赁。对短期使用或用于修建临时建筑物的土地，应实行短期租赁，短期租赁年限一般不超过 5 年；对需要进行地上建筑物、构筑物建设后长期使用的土地，应实行长期租赁，具体租赁期限由租赁合同约定，但最长租赁期限不得超过法律规定的同类用途土地出让最高年期。

改造内容将更为全面，而且以完善类和提升类为主。改造内容的增加带来了投资的增加，导致原来用于老旧小区改造的财政资金出现了不足，因此老旧小区改造的融资、建设和运营方式也出现了较大变化。老旧小区改造面临资金需求高、产权关系复杂、居民意愿难统一、协调难度大、市场主体参与积极性不高等难点，破解这些难点的关键在于根据老旧小区地方特点，应采取适合的主体参与模式。目前，老旧小区更新改造呈现开发商主导、政府主导和多元主体参与三种主要的更新模式（表4-6）。

老旧小区更新模式比较 表4-6

更新模式	整体改造	综合整治	有机更新
主要方式	拆除重建	立面更新、环境美化	有机修补、开发利用
参与主体	开发商主导	政府主导	多元参与
改造对象	物质空间	物质空间	物质空间、社会环境
更新周期	短	短	长
呈现形式	自上而下、运动式	自上而下、运动式	自下而上与自上而下相结合、渐进式
社会效应	社会断裂、活力消退、烟火气消失	难以维护、重新衰退	共同缔造、社区活化
可持续性	弱	弱	强

开发商主导的整体改造模式。中国大规模的住区更新始于20世纪90年代，伴随住房制度改革和城市化进程加快，为了解决日益紧张的土地资源问题，各地纷纷开展旧城更新。这个时期的更新改造主要采取开发商主导的大规模的整体改造模式，虽然城市面貌和生活品质迅速改善，但也带来了原有社会网络断裂、历史文化破坏、邻里关系淡漠、社区活力消退等一系列社会问题。

政府主导的综合整治模式。进入21世纪，随着市场化进程以及物权法等相关法律的完善，大拆大建、推倒重建的模式面临越来越大的阻力，政府开始寻求一种更为温和的改造模式——环境整治。主要针对老旧小区的问题，以改善物质空间环境和小区形象为目的，包括修整道路、增加停车位、增加健身活动设施、建筑立面出新等内容，对居民需求、长效管理等方面关注较少。这种模式因政府主导，缺乏小区主体参与，后续维护、管理易出现遗留问题，不少小区随着时间推移有可能重新面临衰败局面。

多元主体参与的有机更新模式。传统自上而下、单一主体的住区改造模式显然难以适应、融入居民主体，通过有机修补和开发利用，实现从空间、功能等物质层面到人文、社会非物质层面的系统更新成为新的方向。在这一背景下，各地纷纷开展实践活动，如"北京劲松模式"，上海尚在实践中的"社会资本与小区业主利益捆绑""商业捆绑开发改造"和"旧区改造＋物业管理"等模式，这些尝试基于问题、需求、发展、治理等多维导向，探索参与式规划、微改造模式、社区活化、机制政策等，对于提升人民群众获得感和幸福感、推动社会治理转型以及发展中国的有机更新理论均产生了积极影响。

作为城市更新的重要内容之一，老旧小区的改造将从成片旧区推倒重建的物质性改造单一目标，发展成为城市功能和产业结构升级等多元化城市更新目标，更强调"政府引导、市场运作"方式，通过引入社会资本，采用创新的商业模式（表4-7），在完善居住条件和环境、提高居民生活品质的同时，充分提高城市建设用地的经济效益和社会效益。

老旧小区更新模式的分类解析　　　　　　　　　　表 4-7

更新模式	北京"劲松模式"	广州恩庆路永庆坊微更新模式	从街道到社区到片区的有机更新模式	南京小西湖小尺度、渐进式有机更新模式	上海美丽家园更新模式	浙江未来社区模式
更新对象	老旧小区	老旧小区＋历史街区	历史街区	历史风貌保护片区	老旧小区	老旧小区/城中村
更新主体	社会资本（愿景集团）	政府负责前期安置补偿，企业负责实施和运营	国企与民企联合体（如，愚园文化创意公司）	产权人、项目改造方、社区规划师等多元主体共同参与	政府主导，代建方、规划设计团队、社区居民共同参与	政府作为建设主体，指定实施主体，招标确定建设单位和运营单位
更新手法	党建引领、多元共治、民意导向、有机更新；创新老旧小区四种改造方式和筹资模式，即大片区统筹平衡、跨片区组合平衡、小区内自求平衡、政府引导多元化投入改造等模式	政府负责项目前期安置补偿，以出租公有物业为条件，引入企业，公共空间提升、房屋修缮维护、消防安全、市政提升、产业引入及商业运营，运营期满后，企业无偿将物业交回区政府	政府引导、国资参与、企业运营	厘清产权关系推动规划设计和实施，划定规划管控单元和更新实施单元；结合产权和居民意愿，引导多元主体共同参与	微更新方式，以建筑修缮、设施设备更新改造、环境综合整治、改善交通与停车为主要内容	"拆改留"并举，拆除重建为主；政府主导，市场运作

续表

更新目标	设施提升、物业服务提升、公共服务改善	完善空间形态，整治街巷肌理、导入产业、活力提升	街区空间与配套设施更新、业态提升、风貌整治、活力提升	风貌延续、设施提升	改善环境，更新改造设施，提升基层治理水平	提升生活水平，打造共同富裕示范区，系统探索未来社区生活方式、建设方式和运营方式
模式优劣	"微利可持续"的市场化模式，实现一定期限内的投资回报平衡；促进居民参与更新和基层治理。劣势在于适用规模较小，适用于社区周边租客较多，具有一定消费能力的区域	有效降低政府财政负担，实现政府和企业的优势互补。劣势在于企业作为出资者、建设者、运营者，在运营过程当中追求利益最大化，有可能损害公共利益	政府成立专门的协调机构，有助于推进多方合作；运营前置设计多类型文化艺术活动，吸引外来消费者	多方主体参与，促进城市更新共建共治共享。更新范围较大，对地方政府的资源统筹能力有要求	适用于城市核心区的老旧小区	政策创新引领，政府主导实施，系统改善和提升居民生活质量
典型案例	北京劲松社区、南京夫子庙街区老旧小区更新	广州恩庆路永庆坊更新	上海市长宁区愚园路、武夷路更新	南京小西湖片区更新	上海曹杨新村社区微更新	杭州拱墅区瓜山未来社区等

4.6 历史文化街区更新

历史文化街区是城市系统中最复杂、最具内涵的地区之一。历史文化街区的更新改造是城市功能演进、迭代进化的重要内容。与老旧小区、旧厂房不同，历史文化街区更新中面临更为复杂的问题。

4.6.1 更新对象和更新内容

1986 年国务院在《国务院批转建设部、文化部关于请公布第二批国家历史文化名城名单报告的通知》中就有关四川阆中的简介里提到"古城内有许多会馆等古建筑，还保留着主要的历史街区"，这是"历史街区"一词首次出现在国家层面的文件中。1997 年 8 月，建设部将"历史文化保护区"正式列入中国的历史文化遗产保护内容。此后，中国遗产保护体系的重心由宏观（即历史文化名城）、微观（即文物建筑）逐步转向中观层次（即历史街区）。但直至 2002 年，历史街区并没有明确地被定义，不同的研究者对历史街区的定义也不尽相同。2002 年，随着修订后的《文物保护法》的颁布，"历史文化街区"正式成为中国遗产保护体系中观层面具有法律效力的概念。

本书提到的"历史文化街区"，是经省、自治区、直辖市人民政府核定公布的保存文物特别丰富、历史建筑集中成片、能够完整和真实地体现传统格局和历史风貌，并具有一定规模的历史地段。根据《历史文化名城保护规划标准》GB/T 50357—2018，历史文化街区应具备下列条件：应有比较完整的历史风貌；构成历史风貌的历史建筑和历史环境要素应是历史存留的原物；核心保护范围面积不应小于 $1hm^2$；核心保护范围内的文物保护单位、历史建筑、传统风貌建筑的总用地面积不应小于核心保护范围内建筑总用地面积的 60%。

2016 年 2 月，《中共中央　国务院关于进一步加强城市规划建设管理工作的若干意见》提出"有序实施城市修补和有机更新""加强文化遗产保护传承和合理利用""用 5 年左右时间，完成所有城市历史文化街区划定和历史建筑确定工作"；同年 7 月，《历史文化街区划定和历史建筑确定工作方案》发布。截至 2024 年 8 月，全国现有历史文化名城 142 座，划定历史文化街区 1200 多片，认定历史建筑 6.72 万处。

历史文化街区更新强调在明确保护要素的基础上，通过保护修缮、活化利用历史文化资源，发展创新业态，讲好历史故事。根据 2024 年 2 月住房城乡建设部、国家发展改革委联合印发的《历史文化名城和街区等保护提升项目建设指南（试行）》，历史文化街区建设内容主要包括建筑保护修缮和活化利用、历史风貌保护修复与提升、周边环境配套改善、必要基础设施与防灾设施提升、公共文化设施建设提升、必要动态监测与智慧化管理等六类。

此外，根据历史文化街区的业态特征可细分为商业旅游复合型街区更新、产业复合型街区更新、居住复合型街区更新三种类型。商业旅游复合型街区更新以商业或旅游作为主要功能，人流密度高，公共开放性强，历史遗迹受到一定破坏，需要加以改造以恢复传统风貌。如何平衡保护价值与商业价值是商业复合型街区更新需要解决的首要问题，通过对街区历史及现状，物质和非物质文化价值进行充分挖掘，最大限度尊重历史文化环境，保留并恢复其稀缺的价值，并在各类现实条件制约下植入现代商业逻辑，让历史环境成为当下体验型商业的契机，通过卓越的运营实现历史文化街区的价值再生。产业复合型街区更新多位于城市核心地段，涉及旧工业区及工业遗产，对街区原有厂房、闲置地块等加以改造，通过产业腾挪、更替实现升级。将现代设计与开发理念融入历史文化街区更新，从封闭的厂区转化为开放的城市街区，从生产性功能转化为生活功能，导入新兴产业及更多功能，具备可持续的营利能力。居住复合型街区更新既是具有一定空间完整性和历史风貌特征的物质存在，又是市民生活的载体，与城市经济、文化、社会息息相关；以居住为主，保留一定的历史文化遗迹，但需要一定程度的改造和修复。

4.6.2　更新难点与更新模式借鉴

（1）更新难点

历史文化街区更新是以"保护"为大，在严格落实历史文化街区保护规划的前提下实施更新和利用。其次，历史文化街区内存在复杂的社会文化关系和深厚的历史文化内涵，是一个城市空间文化复合体，在更新过程中需要应对社会文化网络的保护、传承与创新。在中国快速城市化过程中，历史文化街区保护总体上面临着整体脉络断裂破碎、节点更新各自为政、投资主体单一难以持续等矛盾，尤其是居住型街区保护，主要面临物质空间老化与人口老化、房地产开发引发的建设性破坏和过度商业化、人口绅士化问题，等等。因此，历史文化街区更新的难点在于协调风貌保护、文化传承与街区可持续发展之间的关系。

历史风貌保护的要求与困境。一方面由于历史原因，大多数历史文化街区位于城市区域的中心，随着交通条件、居住条件的改变以及商业和行政中心的转移等，促使街区内的人口不断外流，或街区内房屋低价出租，导致历史文化街区功能衰败，街区内居住人群逐渐贫困化、老龄化，给街区日常管理维护带来较大压力。另一方面，在历史文化街区建筑的使用中，街区内的翻建、装修等建设随意性强，部分居民在旧房改建、翻修时，使用具有明显现代特征的建筑材料，使街区传统景观风貌受到不同程度的破坏。这种无序的使用不同程度地降低了街区的历史文化价值。

更新任务的多样性与复杂性。传统的建筑设计或景观设计会根据业主的设计要求来执行设计工作，而历史街区更新则没有具体的任务书，大多要求在更新后有效提升街区活力。需要从规划层面与改造可行性两个层面的调研与判断，在正式设计之前花大量精力与街区管理方、街区不同的使用方沟通，调取街区相关规划、产权方面的资料，踏访现场，反复与建设方、使用方确认大家对改造目标的一致性，梳理出街区可以更新改造的点位与行动计划。历史文化街区的管理方式与后期使用管理，均密切关系街区更新的最终呈现效果。例如，商铺前区的灯光，是否能采用统一的管理，会对最后的效果产生相关影响。

经济回报的长周期性。历史文化街区更新中常涉及道路两侧的商铺，这些商铺的产权多数分散在小租户手中，对街区业态的更新时间周期相对较长，在短期内可以做到街区物理环境的改造，对业态的提升是慢慢发酵的市场行为的过程，并非人为可控，但是经过空间品质与行为规范的提高，业态与租金会有相应的变化。在历史文化街区更新当中，需考虑如何在有限的空间中，实现更好的营商环境，如何实现一个可持续性的、易于维护的街区，以保证它在未来更长的生命周期中实现业态的更换和提升。

更新资金短缺、投融资手段单一。目前历史文化街区更新项目，大部分以政府财政投资为主，在短期内很难看到直接的经济回报。以上海市徐汇区乐山社区项目为例，经济回报是长周期的，该项目的业态只做了微调，项目基本保留了原先便民的业态，经过一年期的观察，房屋租金有所提升，周边的白领被吸引到这里来居住。乐山社区既有的存量发挥出与新的城市建设和产业发展相匹配、相共荣的效果，并非投入就能直接显现，而是长期的经济回报。

烟火气和生活真实性的留存。在历史文化街区保护与更新的过程中，普遍注重的是物质实体层面的更新保护，对于整个街区人文氛围的保护没有给予足够的重视。在更新活动中，虽然历史性建筑得以保留及修缮、街区空间格局得以恢复，但大量居民及商贩的外迁破坏了街区原有的社会文化结构体系，丧失了街区原有的人文氛围和生活气息，地域文脉的连续性被生硬地切断。随着外来租客的入驻和部分街区商业化的运营，历史文化街区更新后逐渐转型为一处设施完备的旅游景区，街区本身失去了由物质遗产和人文精神所共同构成的文脉特性。这种更新策略本质上是一种对于历史文化街区的破坏。

（2）更新模式借鉴

历史文化街区更新常见模式根据主体参与方式，主要有居民主导模式、政府主导模式、开发商主导模式和政府引导市场参与模式，以及多元主体联合渐进式微更新模式（表4-8）。

历史文化街区更新常见模式及特点　　　　　　　　　　　　　表 4-8

更新模式	居民主导 （自下而上）	开发商主导	政府主导	政府引导市场参与	多元主体联合参与 （渐进式微更新）
模式描述	居民和市场产业个体作为设计、投资和运营主体，政府完善基础设施建设，引导协作	企业作为设计、规划、投资、建设和运营主体，政府提供服务	政府或政府旗下平台开发企业作为投资、规划和运营主体	政府引导下遴选出市场主体参股组建的更新实施主体，负责街区的更新和运营	政府、国企、民企、居民多方联合参与，多元主体协商，采用渐进式微更新方式推进
权属特征	权属复杂、分布分散	权属清晰、归属集中统一	权属归属相对集中	权属复杂，分布相对均匀	权属复杂、分散
更新导向	经济效益为首位	经济效益为首位	侧重街区保护	历史风貌保护、社区融合和经济效益的协同	多元利益平衡，居民广泛参与
营利模式	招商出租收益	招商出租收益、周边地产开发收益	招商出租收益、税收	招商出租收益、税收	招商出租收益、居民自营

更新模式	居民主导 （自下而上）	开发商主导	政府主导	政府引导市场参与	多元主体联合参与 （渐进式微更新）
优势	改造工程简单、运营风险分散、业态调整快速	开发模式成熟运营管理统一	更侧重街区保护	政府派出机构参与协调	多方共赢，可持续更新
劣势	环境风貌难控、运营管理难控、商住矛盾难解	对区位依赖高、投资规模大、拆迁难度高	改造要求高、投资规模大、投资回报小	对区位依赖高，对实施主体统筹协调能力要求高	微更新为主，各方利益协调难度大
典型案例	上海田子坊	上海新天地、成都太古里	北京杨梅竹斜街	上海愚园路	北京模式口

1）居民主导（自下而上）模式。自下而上的再开发模式，由居民及众多产业个体一起参与，按照市场导向自发调整使用功能、逐步演替扩展，进而实现再生。整个改造不涉及土地开发和居民拆迁，无须政府投入大量资本，依靠市场化力量使得街区更新、居民生活改善。例如，上海田子坊片区更新，以居民自发式的、自下而上的更新改造为主，从一个里弄式居住、工厂混杂的片区演变成以文化创意为主导功能，文商旅融合的活力街区。但是，市场化运作也引发了过度商业化问题，导致原有社区结构的瓦解及社区文化的衰退。分散的产权不仅使得街区风貌及业态难以统一管理，也使得公共空间被严重挤占作商用，商住矛盾频频发生。

2）开发商主导模式。开发商主导模式往往倾向于地产开发，居民在开发前已全部迁出，不参与后续改造过程，由开发商主导整体规划及运营。从开发成效上看，类似上海新天地无疑是一个成功的商业地产项目。但从文化角度看，除去传统建筑外立面的保留，其对传统建筑内部空间及所附居民全部更新、迁移，使得街区所承载的上海本地文化逐渐趋弱，在街区文化保留方面表现也有所遗失。

3）政府主导模式。政府主导下的历史文化街区再造，往往是一种自上而下的，有计划、有目的的旧城改造，是一种更为折中的发展模式，其能较好地兼顾商业开发、历史文化保护之间的平衡。但与此同时，为保护街区文化氛围而对入驻商业的筛选控制也减少了项目的收益来源。项目的可持续发展性及可复制性尚且不足。以南京小西湖历史文化街区更新为例，南京市政府通过新城开发与老城保护资金联动的方式为历史文化街区更新持续投资，实现了小西湖历史文化街区整体保护、公共设施改造、活力激发、持续更新、合作共赢的多元目标。

4）政府引导市场参与模式。政府无力应对持续的更新改造投入，积极引导市场主体参与是促进历史文化街区可持续更新的必然路径。政府通过制定规划、公共资源开发、政策支持等手段吸引市场主体联合参与更新。例如，上海市愚园路更新。

2014 年，长宁区委、区政府提出了愚园路历史文化风貌街区城市更新建设工作要求，率先将愚园路的江苏路至定西路路段政府所有的商业网点拿出，以公开招标的方式择优选择弘基公司为愚园路的开发建设企业。弘基公司出资 80%、九华集团出资 20%，共同组建了"愚园文化公司"，具体推进愚园路的城市更新。从 2015 年起，长宁区分别从景观环境提升、建筑立面修缮、经营业态置换、土地整备与建筑收储等四个方面着手开展城市更新。采取渐进式更新方式，至今，沿线更新预备项目按照协商成熟度，分时分步地进行更新改造和开张运营，街道受到的关注度逐年提升，一揽子更新改造行动重新唤醒了街道活力，逐渐成为上海"流量明星街道"，吸引了不同年龄段各阶层人群对愚园路人文历史环境、生活休闲方式及线下交往活动的关注。

5）多元主体联合参与（渐进式微更新）模式。历史文化街区内复杂的产权关系和人群构成对任何单一实施主体来说均是一个巨大的挑战，政府、市场、公众的三方联合，采用渐进式微更新模式，是未来历史文化街区更新的新方向。苏州平江路和北京模式口历史文化街区更新借鉴"共生院"模式，政府、国企、民企、居民多方联合参与更新，共享更新发展成果。

从街区开发的几种代表模式看，其在街区活化改造、遗址保护及经济效益等方面各有优劣，但从街区开发的方式来看，商业植入、建筑改造及文创策展几乎已成为街区活化的通用举措。未来，明晰街区更新中相关产权归属，平衡街区传统建筑保护与商业开发之间的关系是复兴历史文化街区的重要考量。

4.7　综合片区更新

城市更新实践中还存在从更大空间范围上整体性推进的更新片区，片区内可能包括居住、产业、基础设施、公共空间等多类型的更新对象。为考虑更新效果由点到面的整体呈现，更新片区多种功能和业态的同期迭代升级，以及追求更新资金投入的最优产出效果，综合片区更新成为破解城市更新难题的重要更新类型。

4.7.1　更新对象和更新内容

综合片区更新是特指在较大空间范围内，以"留改拆"并举模式推进，以城市风貌传承为特色，呈现空间多业态、多功能混合特征，提升片区品质、活力、效益的更新。综合片区更新区别于点状、单业态和拆除重建类的更新，它的主要内涵关键词包括片区、有机更新、多业态复合。在综合片区更新模式下，可能存在多类型的更新对象和更新项目，例如老旧小区更新、旧城改造、老旧工业区更新、商业楼宇和街区更新，以及公共空间更新及相关配套的基础设施更新，等等。在更新内容上，主要涉及城市生产、生活、生态三大功能空间的统筹调整、优化和完善。

综合片区更新在中观尺度上起到了地块微观尺度与城市宏观尺度下的衔接协调作用，是落实城市功能完善、提升片区整体品质和效益的有力抓手，可以有效避免微观尺度的更新碎片化以及宏观尺度更新难以实施操作等问题。在"做优增量、盘活存量、提升质量"的城市发展转型阶段，片区统筹是化解当前城市更新面临的诸多困难的一种理念和方式，也将成为大型建筑业企业参与推进城市更新工作的重要实施模式。

4.7.2 更新难点和经验借鉴

在综合片区更新中存在多类型的更新对象和更新项目，使得城市更新项目推进复杂性和难度增加，表现为参与主体更加多元、更新内容更加多样、产权关系更加复杂、资本投入更加密集、利益博弈更加激烈、资金平衡周期更长等，对实施主体的政策理解把控能力、投融资能力、长期参与开发、团队培养和产品服务迭代等能力提出了更高的要求。在综合片区更新中，要注重统筹以下六个关系（表4-9），它们既涉及综合片区更新的内容，也是其主要的难点所在。

城市综合片区更新中有待统筹的六个关系 表4-9

统筹六个关系	主要问题	说明
"新"与"旧"	城市发展与风貌保护	从"拆改留"到"留改拆"。对历史建筑，既要关注建筑本身，也要关注其背后文脉的传承，以发挥好城市历史风貌的时代价值
"增"与"缺"	城市功能补短板和公共要素提升	从单业态更新到多业态综合统筹更新，通过片区统筹来实现多业态发展，从而补齐城市功能的短板
"密"与"疏"	空间资源配置效率	通过片区更新，计算和调整空间开发密度，在保持整个城市或整个片区的容积率不变的前提下实现空间经济效益的最大化
"盈"与"亏"	更新资金投入与产出平衡	把大片区或跨行政区的更新绑定在一起，设定利益统筹规则，把有效益的和没有效益的项目统筹起来算经济账，解决盈与亏的统筹
"先"与"后"	城市更新"挑肥拣瘦"以及"碎片化"	统筹有经营性价值的开发空间和公益性价值的民生空间、公共空间，创造整体效益

统筹六个关系	主要问题	说明
"管"与"放"	更新实施的多方工作协同	更新离不开政府的监管和引导，但也需要市场的积极参与，需要有效连通政府和市场，实现过程协同

在更新项目的操作实施上，对经营性项目建议通过成本控制、全流程精细化管理、适时退出等手段实现项目内自平衡，对难以自平衡的经营性项目或非经营性项目，建议与经营性项目"肥瘦捆绑"的形式进行统筹平衡，包括单元内跨项目间统筹平衡和跨更新单元的片区统筹平衡等形式。在更新实施过程中，注重运用好"两个工具"和做好打通"四个路径"（表4-10）。

"两个工具"和"四个路径"说明　　　　　表 4-10

用好"两个工具"	说明
规划工具	规划是产品力的核心，要将过去通过硬性指标进行管理的模式变成"多规合一"的治理模式，统筹协调区域内的人口、产业、生态、功能和居住等，提升片区的整体质量，真正实现片区内人口结构、产业结构、功能结构的最佳匹配
金融工具	通过运营可提高片区内的资管能力，长期低成本的金融支持是提高资管能力的重要一环。片区更新产生的现金流可为政府创造合理税收，从而提高整个地区的运营效率
打通"四个路径"	说明
多元主体参与片区统筹更新的政策路径	通过片区统筹调动各方面资源，运用市场化力量参与更新。需构建一系列的激励机制，例如产权激励、土地用途调整激励、容积率优化激励、财政税收激励机制等
片区统筹更新实施方案编制的路径	打通"三个规划""四个统筹"。所谓"三个规划"是指城市空间规划、资金路径规划、产业服务规划；"四个统筹"是指资管运营统筹、产权归集统筹、土地供应统筹、公共要素统筹
社会资本参与片区统筹更新的金融路径	政府资金起引导作用，社会资本要改变以往以债权为主的融资路径和以销售为主的退出路径。除拆除重建之外，城市的有机更新需要实现投资的基金化、建设的信贷化、运营的证券化，如此方能实现社会资本投入和退出的完整闭环
共建、共享、共治、共赢的公共参与路径	城市更新涉及大量的存量、主体、利益、产权，需要一个融合专家、产权人、投资人以及实施人的平台，以协调多方利益，发掘城市文化的价值和遗产，共同促进城市更新的顺利推进

基于国内外相关案例分析，梳理归纳综合片区更新，得出以下几点经验可供借鉴：一是促进"业态共生、产城共荣"发展，以优势业态（如商业，办公，居住）为核心，在更

新实施中引入多元复合业态和产业，以提升地区活力，实现产业的转型、升级或跨界融合；二是促进功能完善、弥补服务缺失，在更新中通过扩展公共空间和补充城市公共服务的方式，弥补原有片区的功能缺陷；三是促进文化传承、提升空间品质，在保留原有片区的建筑肌理与文化的前提下，通过对存量建筑的现代化改造，以优化片区的功能与形象，带动旅游与商业，在促进自身发展的同时，辐射带动周边地区乃至整个城市的发展。这一特点主要针对历史文化街区或者旧城区。在不破坏原有建筑风格的基础上，对于土地的功能以及原有空间设计进行微改造，尤其是通过开发其历史文化功能，激活商业和旅游功能，提升片区形象，最终带动城市的发展。

存量空间发展时代的城市更新项目在土地供应、规划设计、投资融资、改造实施和运营管理等方面展现出了与以往增量开发不同的特征。由于项目实施中涉及多元的权利主体，也存在一些与现行政策规定和专项标准相冲突的地方，实践中的城市更新项目多在资金平衡、利益协调、过程管控等方面存在不少现实挑战，对参与城市更新项目开发和实施的相关主体在更新角色认知、知识吸收、业务操作等方面提出了更高的要求。为此有必要从更新参与主体的视角，对存量空间发展时代的城市更新项目予以解析，列举参与城市更新的多种主体角色及其开展的主要业务模式，以期为传统的建筑业企业向适应城市更新时代要求的综合发展型企业转型提供参考。

5.1 存量城市更新的"主体—过程—对象"解析

城市更新项目是更新实施参与者通过拆除重建、综合整治或有机修缮等手段对存量空间对象予以更新改造，实现其形态提升、功能改善、业态优化和品质提升的过程。根据更新对象的不同，存在多样化的更新过程、主体参与模式，涉及不同的权益统筹再分配机制。为深刻剖析不同类型城市更新项目实施要点，可借助社会学"主体—过程—对象"概念框架对存量时代城市更新项目三维内涵予以解读。

5.1.1 存量城市更新的对象内涵：建成空间的活力再生

对象维度上，存量城市更新是对建成空间上发展权益的重新分配和活力再生。对象维度上认知存量城市更新内涵包含两个层次。一是表面的物质空间层，根据建成空间的主要功能可以分为居住区、工业区、商业区、公共空间、基础设施等类型，从更新对象范围上可分为单体楼宇更新、街区/街坊式更新和区域更新等。二是透过表面的物质空间层看社会经济层，从社会经济学的角度讲，存量城市更新是对建成空间上附属的权益关系重构和再生的过程。这些附属的权利类型包括土地使用权、地上构筑物产权以及相关的使用权、承租权等。更新实施者通过产权重构、开发控制、安置清退和经营分红等行为过程完成建成空间上权益关系的重构，实现原有建成空间上的物理形态、环境品质、业态活力和经营收入等方面的更新迭代，实现原有建成空间上发展权益的重新分配和活力再生。

5.1.2 存量城市更新的过程内涵：资金平衡与全过程统筹

从以建筑业企业为代表的市场主体视角看，过程维度上存量城市更新要求项目实施全过程的资金统筹平衡。一是，从项目实施的时间环节来看，存量城市更新项目是由若干相对独立又紧密联系的几个业务阶段串联而成。例如，拆迁安置、土地供应、规划设计、投资融资、建设改造、运营管理等，根据更新对象不同，项目实施方参与的可能是其中某个环节，也可能是若干环节的组合。二是，从项目实施的资金收支来看，存量城市更新项目与传统的增量开发相比，一般存在前期投入资金较大、回本周期较长的特点，对项目实施方的资金量和资金收支统筹平衡有较高的要求。项目实施方在参与存量城市更新项目全过程或某些过程环节中，需要合理评估项目收益能力和平衡能力，最大程度确保参与环节的资金链完整有序，确保业务环节的顺利开展。在全过程参与存量城市更新项目的情况下，要注重统筹单个项目的短期和长期资金平衡、多个项目之间的"肥瘦搭配"资金平衡，以及更宏观层面上在满足资金平衡的基础上，实现更新项目在社会、经济与环境等方面的平衡。

在城市更新项目管理层面，具体的操作流程和实施方式会因更新项目的主要对象、规模和主体参与模式而有所不同。2022年12月，上海市规划和自然资源局印发《上海市城市更新操作规程（试行）》，明晰了上海市区域更新和零星更新两类城市更新的工作路径，明确相关操作流程、规范相关的工作内容和要求。其中，区域更新的操作流程分为城市更新行动计划制定、统筹主体确定、区域更新方案编制和项目实施四个部分。零星更新的操作流程分为项目咨询、项目更新方案编制和项目实施三个部分。

5.1.3 存量城市更新的主体内涵：多主体参与下的共建共治共享

主体维度上，存量城市更新是多元主体参与下共建共治共享的过程和结果。城市更新全生命周期中涉及的主要参与者主要包括政府、市场和公众三个维度。政府维度上的参与者主要为地方政府及其职能部门，中央政府以出台法律、政策为主，不直接参与城市更新项目实施。市场维度上的参与者主要包括投资主体、施工主体、运营主体、统筹实施主体以及为以上各主体提供咨询设计等服务的主体等。公众维度上的参与者主要包括物业权利人、物业使用者、在地居民、新入消费者，以及代表以上人群利益的社区组织，如村委会、居委会、业主委员会、志愿者组织，等等。此外，参与者的身份有可能发生叠合，例如，在自更新的情况下，物业权利人或者社区组织也是更新的统筹实施主体。在城市更新的具体事务中，各参与者的诉求各不相同、参与阶段也不同，因而参与者之间的关系指向也是错综复杂的（图 5-1）。

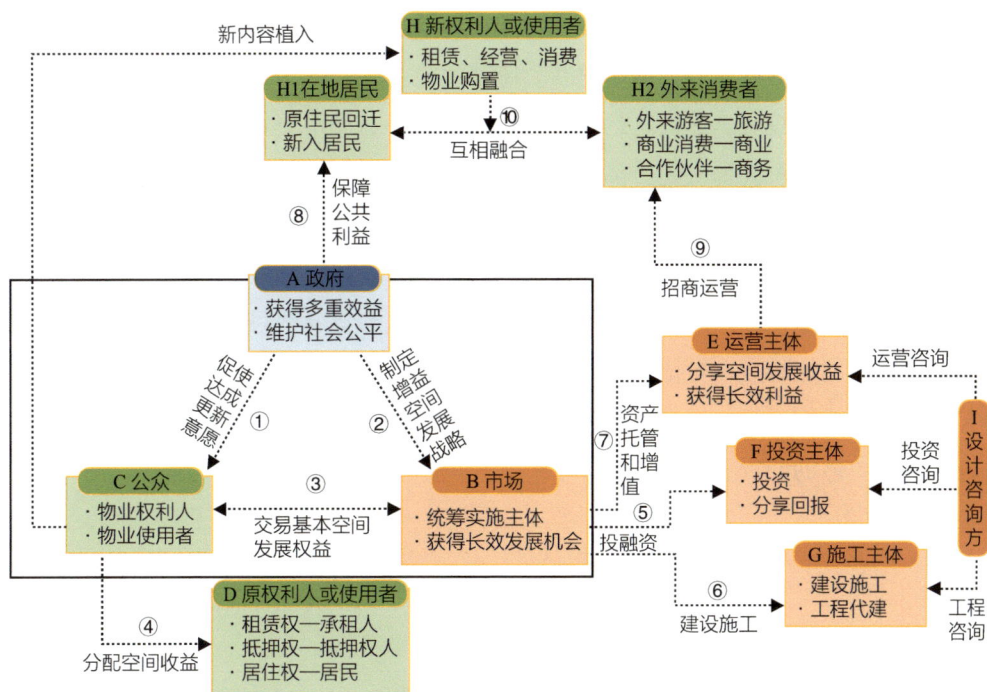

图 5-1　城市更新中各类参与主体及关系示意

在城市更新相关地方政策中，也体现了多元主体参与的变化。例如，在 2015 年发布的《上海市城市更新实施办法》中明确"区县政府是推进本行政区城市更新工作的主体"，明确了城市更新实施的主导权。过去上海完成的城市更新大多数从项目的计划、启动到实施，全过程基本由政府主导，其成绩是显著的，也确实带动了城市更新整体有序发展。但在 2021 年发布的《上海市城市更新条例》中扩大了更新主体的范围，归纳为三类主体：市、区政府通过遴选机制或指定的更新统筹主体、物业权利人本身以及物业权利人与市场主体通过合作方式组成的联合主体，并进而提出"物业权利人可以通过协议方式，将房地产权益转让给市场主体，由该市场主体依法办理存量补地价和相关不动产登记手续"，这就为解决城市更新中的多元主体参与提供了良好的制度基础，也更加能够充分调动物业权利人和其他市场主体参与更新的意愿。

另外，对于实施主体来讲有广义和狭义之分，广义的实施主体是相对于地方政府和原产权人而言的，承担项目的投融资、规划设计、建造实施和运营管理等业务的主体。狭义的实施主体主要是指操作实施具体更新改造业务的主体，及包括投融资主体、规划设计主体、建造实施主体和运营管理主体等。在本书中，将广义的实施主体统一称为"统筹实施主体"，将狭义的实施主体以"某种业务 + 主体"的形式命名区分，如投资主体、施工主体、运营主体等。

其中，投资主体作为资本的属性，并以股权投资、投资基金、合作开发等形式参与城市更新；施工主体以工程建设为主要方式参与更新项目；运营主体作为产业的属性，并以产业运营、运营管理等形式参与城市更新。统筹实施主体，作为综合性项目的实施主体，以整体的组织协调、投资、建设、运营一体化等方式参与城市更新。

值得注意的是，对统筹实施主体而言，在当前国内城市更新政策中，通常会提到一些相关的概念，包括更新单元统筹主体、项目实施主体、统筹实施主体。这些概念主要涉及城市更新项目的管理对象和主体的功能性质。在本书中，为突出城市更新项目的实施导向，统一界定为统筹实施主体。统筹实施主体主要突出对城市更新项目资源筹措、项目推动协调和利益平衡的功能特点，可能采用投资、建设、运营一体化的模式，也可能将其中一部分分包给专业的机构进行。在实际操作中，地方政府和相关部门会根据具体情况和政策要求来确定各个主体的职责和角色（表 5-1）。

地方性城市更新政策中有关统筹主体的界定   表 5-1

相关概念	定义	相关说明	来源
项目实施主体	实施主体受物业权利人委托，组织开展城市更新项目投资、建设、运营等各项工作	按照《条例》第二十条规定，城市更新项目涉及单一物业权利人的，物业权利人自行确定实施主体；涉及多个物业权利人的，协商一致后共同确定实施主体；无法协商一致，涉及业主共同决定事项的，由业主依法表决确定实施主体。城市更新项目权属关系复杂，无法依据上述规则确定实施主体，但是涉及法律法规规定的公共利益、公共安全等情况确需更新的，可以由区人民政府依法采取招标等方式确定实施主体。确定实施主体应当充分征询利害关系人意见，并通过城市更新系统公示	《北京市城市更新条例》（左侧说明中简称《条例》）
实施单元统筹主体	区人民政府可以根据城市更新活动需要，赋予实施单元统筹主体推动达成区域更新意愿、整合市场资源、推动项目统筹组合、推进更新项目实施等职能	为更好地支持街区片区类城市更新项目实施推进，《条例》将区域综合性更新项目作为本市项目类型之一。《条例》规定，区人民政府依据城市更新专项规划和相关控制性详细规划，可以将区域综合性更新项目或者多个城市更新项目，划定为一个城市更新实施单元，统一规划、统筹实施。区人民政府确定与实施单元范围内城市更新活动相适应的主体作为实施单元统筹主体。实施单元统筹主体也可以作为项目实施主体	《北京市城市更新条例》（左侧说明中简称《条例》）

相关概念	定义	相关说明	来源
统筹主体	统筹主体由区政府通过市政府确定的遴选机制，按照区域要求，通过公开的程序遴选，统筹负责本区内特定更新区域的城市更新工作	统筹主体是从以往更新项目操作过程中的政府职能中分离出来的，在此次《上海市城市更新条例》中做出的一种制度化的、体系化的安排。统筹主体不一定是城市更新项目的建设单位，建设单位可以是原物业权利人，也可以是统筹主体参与的项目公司，或者其他相关单位。统筹建设相分离有利于加快城市更新项目的前期工作进度，减少项目操作成本，特别是面对老城区巨大的拆迁成本时，需要兼具政府职能和市场操作能力的统筹主体需承担一定的社会责任，推进前期更新意愿达成、产权归集等工作	《上海市城市更新条例》

5.1.4　适合建筑业企业参与更新角色的筛选

综合考虑城市更新流程、主要业务和建筑业企业资源条件，开展适合建筑业企业的更新参与角色筛选分析，适合建筑业企业参与或可作为长期发展的城市更新市场主体角色包括：施工主体、投资主体、运营主体和统筹实施主体（表5-2、表5-3）。

建筑业企业参与更新角色的适配度分析　表 5-2

参与角色	企业适配分析维度					
	资本运作	技术资产	核心业务	人才队伍	业内品牌	综合适配度
施工主体	A	A	A	A	A	AAAAA
投资主体	B	B	B	B	B	BBBBB
运营主体	D	D	C	C	C	CCCDD
统筹实施主体	C	B	C	C	C	BCCCC

企业参与城市更新适配维度的评级说明　表 5-3

适配分析维度	评级划分	评级说明
资本运作	A 资本运作能力极强	可迅速调动巨额资金，具备多样融资渠道，风险管理极强，可投资大规模城市更新项目
	B 资本运作能力较强	具备较高融资能力和灵活性，可投资中大规模城市更新项目，能适应市场变化，处理一定风险
	C 资本运作能力一般	能进行一定规模资金调动，融资时间有一定的要求，需要审慎规划项目和资金
	D 资本运作能力较低	资金调动能力受限，需借助外部融资，适合小规模项目
	E 资本运作能力极低	难以有效调动资金，投融资经验极少，需在融资和合作方面寻求外部支持

适配分析维度	评级划分	评级说明
技术资产	A 技术资产极高	技术资产完备一流，对技术难题具有独特的解决方案，具有引领行业创新和发展的能力
	B 技术资产较高	技术资产完备，并在特定领域具有专业优势
	C 技术资产一般	具有常规基本技术能力，能完成一般项目要求，创新和引领能力有限
	D 技术资产较低	技术资产有限，依赖外部支持，通过合作满足技术需求
	E 技术资产极低	缺乏实质技术资产，严重依靠外部技术支持
核心业务	A 业务能力极强	拥有核心业务，并具备卓越的核心竞争力，可为城市更新提供创新、高质量的解决方案
	B 业务能力较强	具备核心业务，其专业优势能够支撑项目的成功实施
	C 业务能力一般	拥有核心业务，但能力较为平均，可能在某些方面稍显一般，需要更多的优化和专业支持
	D 业务能力较低	具备相关业务，但核心能力相对较弱，在市场中面临一定的竞争压力
	E 业务能力极低	拥有相关但能力非常薄弱，在市场中难以与竞争对手抗衡
人才队伍	A 人才队伍极强	拥有高素质多元化人才，涵盖技术、管理、策略等领域，能够为城市更新提供卓越的团队支持，提供创新解决方案
	B 人才队伍较强	具备优秀人才队伍，覆盖城市更新所需的核心职能，能够有效协调项目实施，解决问题
	C 人才队伍一般	有一定的人才储备，能够满足城市更新项目的基本需求，但可能在某些专业领域存在一定的短板
	D 人才队伍较弱	人才队伍相对薄弱，在关键职能或专业领域缺乏足够的支持，需要加强人才储备和发展
	E 人才队伍极弱	人才队伍能力非常不足，难以支持城市更新项目的成功实施，需要大幅度提升人才招募与培养
业内品牌	A 业内品牌极强	拥有卓越的业界声誉和知名度，品牌被认为是行业的领导者，能够吸引合作伙伴和客户，为城市更新项目提供强大的吸引力
	B 业内品牌较强	业务品牌良好，在市场中具有一定的影响力，为城市更新项目带来信任和认可，有能力吸引关键合作伙伴
	C 业内品牌一般	业务品牌存在，但可能在市场中知名度相对较低，需要更多努力来提升品牌认知度，为项目赢得信任
	D 业内品牌较弱	业务品牌影响力较弱，可能在市场竞争中处于相对劣势，需要加强品牌建设和宣传以提升知名度
	E 业内品牌极弱	业务品牌非常弱或几乎无影响力，难以在城市更新领域建立信任，需要大幅度提升品牌建设和市场认知

城市更新项目中，各类功能性企业是推动项目进展的关键市场力量。根据各类企业的主营业务、企业规模和企业综合能力等的不同，在实际的城市更新项目中，参与更新的企业可以在项目流程中扮演多种角色。结合建筑业企业优势和发展布局，建议建筑业企业以施工主体、投融资主体、运营主体及统筹实施主体角色参与城市更新实践。

5.2　施工主体与参与模式

施工主体主要是指对城市更新项目中开展原建筑拆除重建、旧建筑修缮保护和建筑周边环境改善与设施提升等具体施工业务的主体，一般是具备相关资质的建筑施工类企业。城市更新项目的施工主体通常是建筑工程公司，他们负责城市更新项目的具体建设、施工和交付。政府一般通过招标等方式来选定施工主体，以确保项目的质量和效率。此外，统筹实施主体企业也可以自行组建建筑团队或者与建筑公司合作来负责城市更新项目的建设。无论是哪种方式，施工主体都需要严格遵守相关的建筑标准和法规，确保项目的安全和质量。尤其在历史风貌区更新项目中，由于历史建筑的敏感性、脆弱性，同时由于历史建筑一般处于市区中，建筑施工应考虑最大限度减少对周边市民工作生活的不利影响，这些对施工主体的施工技术和质量管理提出了较高的要求。

建筑施工企业作为施工主体是参与城市更新的重要方式之一，在参与模式上，既可以通过一级开发项目招标投标直接参与，或经由城投 / 国企委托代建参与；或者通过 EPC、F+EPC 以及 PPP 等模式参与。

5.2.1　代建制

代建制一般是指项目建设、使用或资产管理单位（委托单位）通过直接委托、招标等方式，选择专业化的项目管理单位（代建单位）按照合同约定履行政府投资项目（代建项目）全过程中的建设管理职责，严格控制项目投资、质量和工期，竣工验收后移交委托单位的制度（图 5-2）。代建单位的收益通过收取代建管理费的方式实现。2004 年 7 月，国务院颁发《国务院关于投资体制改革的决定》，要求加强政府投资项目管理，改进建设实施方式，明确提出："对非经营性政府投资项目加快推行'代建制'，即通过招标等方式，选择专业化的项目管理单位负责建设实施，严格控制项目投资、质量和工期，竣工验收后移交给使用单位"。

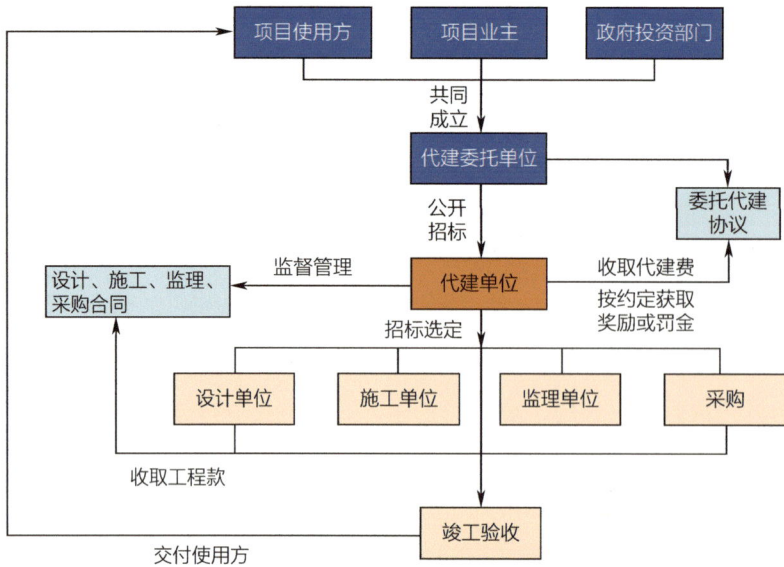

图 5-2　代建制模式实施流程图

一些地方政府灵活运用相关国家政策规定开展"代建制"探索。例如，山东省发展改革委《关于印发山东省省级政府投资项目代建制管理暂行办法的通知》（鲁发改投资〔2019〕1232 号）规定，在本省行政区域内，使用省级财政资金 1000 万元以上，且省级财政投资占总投资 50% 以上的非经营性省本级项目，原则上实行代建制；省发展改革委按照公平、竞争、择优的原则，会同有关部门，对自愿提出申请并符合第七条规定条件的单位，通过公开招标方式，择优确定入选机构，列入代建单位名录库。根据代建工作开展需要，结合代建单位具体实施情况，对名录库实行动态管理，原则上每两年调整一次；对确定实行代建的项目，原则上采取竞争性谈判等方式从名录库中确定承担代建任务的单位。省政府有特殊要求的项目，可按照共同协商的原则，从名录库中直接选择产生，即采用"招标入库 + 竞争性谈判"的方式确定代建单位。

案例解析：海泊河景观综合整治工程

海泊河是山东青岛的一条市内河，发源于浮山，流经市北区，穿越海泊河公园、沿八号码头北侧汇入胶州湾，河道总流域面积 27km²，全长 6.8km，滨河景观空间是青岛老城区面积最大的开放空间。该项目东起南京路，西至威海路，全长 2940m，贯穿辽阳西路、连云港路、徐州北路、敦化路、山东路、镇江北路、威海路等八条城市主干道，使台东商圈、中央商务区及浮山商圈的空间联动、功能互补。

青岛市政府在 2008 年对海泊河进行了全面治理，该工程由市北区城市管理局具体组织实施，致力于把海泊河打造成游客观光的景点、百姓休闲的乐园、服务业发展的沃土、城区文化的载体。海泊河改造工程完成后，流域商业总面积由 3 万 m^2 增加到 30 余万 m^2，沿河两岸将打造成"青春港湾""永浴爱河""白领会所""最美夕阳"，四大主题区域，着力引进特色餐饮、休闲娱乐、文化体育、中介服务、品牌专卖店等现代服务业业态。

海泊河景观综合整治工程项目属于典型的非经营性政府公益项目。项目采用工程指挥部的形式，由市北区城市管理局负责组织，从政府各部门抽调人员成立临时指挥部，对项目进行全过程管理。全部工程项目均采用代建制，通过招标投标确定代建单位。根据代建委托合同，由代建单位负责施工单位的招标工作及施工的全过程控制。全部工程分为五个标段，每个标段包括不同的景观营造、河底防渗、亮化美化等多项工程，数十个工程标的共同推向市场，既解决了由一家代建单位中标力不从心、进度缓慢的问题，也给一部分具备良好施工条件却资金链较短的企业一个较好的机会，营造出企业争相竞标的良好局面，成为市北区具有典范意义的"阳光工程"，以及后续工程项目竞相模仿的范本。

海泊河项目实现了公益性项目政府融资模式的创新。市北区政府在具备稳定的财政投资基础上，把握适度规模的债务融资，保证了政府财政收支的良性循环，满足海泊河景观综合整治工程的建设资金需要。此外，海泊河沿河两岸按照四大功能区域，有针对性地进行了业态调整，招商引资颇为成功；改造后的海泊河流域成为市北区服务业发展新的增长点。据不完全统计，仅海泊河项目落成五年间，海泊河流域新增税源及所增加的税收就已大大超过工程项目前期的投入资金，且将不断为市北区经济建设提供充足动力，在政府投资公益性项目中少有地实现了融资平台的良性运作。

5.2.2　EPC 模式

设计—采购—施工总承包（EPC）模式是工程总承包的一种，是指总承包商按照合同约定，完成设计、采购、施工，实现设计、采购、施工、试运行（竣工验收）各阶段工作合理交叉与紧密配合，并对工程质量、工期、造价、安全等向业主负责。对于一些公益属性比较强的城市更新项目，往往是以政府部门为实施主体，利用财政资金直接进行投资建设。政府采用 EPC 模式，以公开招标方式选择总承包单位进行建设。

另外，在 EPC 模式下，产生了不少新的模式，比如"F+EPC"（投融资＋工程总承包）、"F+EPC+O"（投资人＋EPC＋运营）等（图 5-3）。"F+EPC"模式是应业主及市场需求而派生出来的一种新型项目管理模式，F 为融资、投资，从"F+EPC"模式中的投融资方式来看，目前市场上可选的投融资手段丰富多样，包括权益融资、商业贷款、两优贷款、融资租赁、特许经营项目融资等。

一般 EPC 模式

"F+EPC+O" 模式

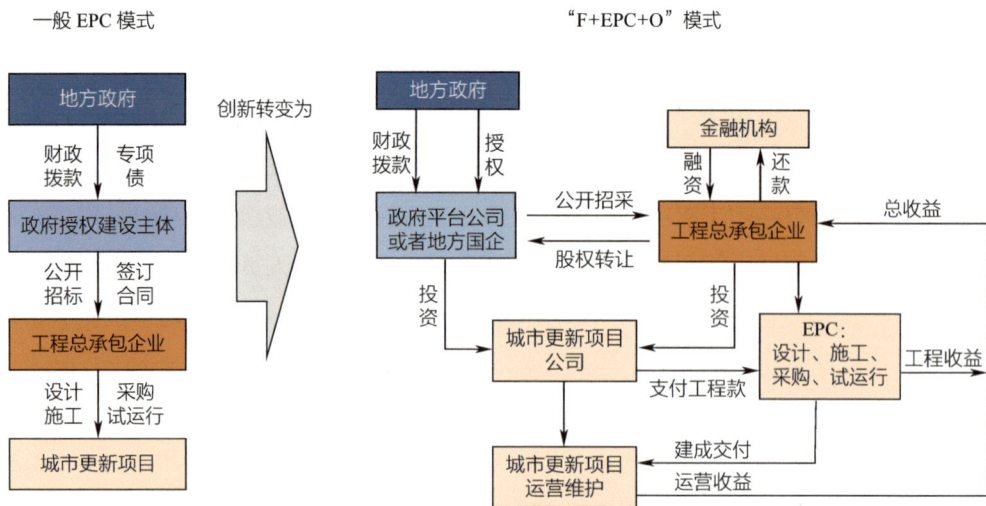

图 5-3　EPC 及其衍生模式实施流程

案例解析：投资人 +EPC 模式——上合大道建设改造工程

作为青岛市胶州湾北岸城区重要的南北向大通道，上合大道南起生态大道与交大大道交叉口，北至胶东国际机场航站楼，全长约 26.7km，其中上合示范区范围内长度约 11.5km，大沽河旅游度假区范围内长度约 6.8km，临空经济区范围内长度约 8.4km（图 5-4）。胶州上合大道是上合示范区、青岛胶东临空经济示范区及胶州市"1+2+3+N"发展新格局的两条发展主轴之一，是目前胶州市建设工程规模最大、建设标准最高的一条市政道路。

为保证工程融资进展，采用政府授权，按程序确定国有平台公司作为上合大道所辐射区域沿线组团及道路两侧土地的一级整理单位。采取"政府 + 平台公司 + 头部企业 + 社会资本"的模式，支持其参与土地的二级、三级开发运营等，经营收益平衡资金投入，优质高效推进项目实施。上合大道建成后，将成为胶州市国际化、现代化、智慧化的对外门户大道、骨干交通大道、产业发展大道、迎宾景观大道，为加速形成大青岛北部经济隆起带提供有力支撑。

2022 年 7 月，青岛新城环湾投资建设发展有限公司发布《上合示范区配套交通设施建设项目（投资人 +EPC）》（下称本项目）招标公告，公开招标上合示范区配套交通设施建设项目的设计（初步设计、初步设计概算、施工图纸及相关设计服务）、施工、保修、融资、配合手续办理、配合竣工验收及移交等全过程工程总承包。本项目总投资额约 52.28 亿元，建设单位按照自有资金 + 项目贷款模式进行贷款，其中自筹资金 20.1%、融资 79.9%。

图 5-4　上合大道项目区位图

　　本项目包含上合大道新建道路工程（南起正阳西路，北至北部快速通道，全长约 7.6km）和中运量 L1 线工程（南起湘江路与和谐大道交叉口，北至胶东国际机场大巴候车区西侧，全长约 25.7km，设置车站 17 组，购置车辆 25 辆）；其中，上合大道新建道路工程包括道路工程、交通监控工程、照明工程、桥梁工程、地道工程、排水工程、景观绿化工程、管线保护及迁改工程；中运量 L1 线工程包括道路工程（中运量专用道）、车站工程（中途站和首末站）、排水工程、交通工程及 L1 线的供电工程、智能化工程、停车场、保养维修基地、车辆购置等内容。工程控制价 32.84 亿元（其中包含设计控制价 0.31 亿元，施工控制价 32.53 亿元）。

最终，山东路桥集团联合体中标。具体操作模式为青岛新城环湾投资建设发展有限公司注入总投资额 20.1% 的资本金成立项目公司，山东路桥集团作为公开招入的社会资本方增资部分资金，剩余资金由项目公司向银行申请贷款。建成后，由主管部门胶州市住房城乡建设局进行养护运营。

5.2.3 政府和社会资本合作（PPP）模式

根据《关于在公共服务领域推广政府和社会资本合作模式指导意见的通知》的定义，政府和社会资本合作模式（PPP），即"公共服务供给机制的重大创新，即政府采取竞争性方式择优选择具有投资、运营管理能力的社会资本，双方按照平等协商原则订立合同，明确责权利关系，由社会资本提供公共服务，政府依据公共服务绩效评价结果向社会资本支付相应对价，保证社会资本获得合理收益。政府和社会资本合作模式有利于充分发挥市场机制作用，提升公共服务的供给质量和效率，实现公共利益最大化"。

PPP 模式适用于项目体量适中，无法开展大拆大建，仅依靠后期运营无法完全收回投资的城市更新项目。政府采用公开招标方式选择社会资本，通过一次性招标方式确定社会资本方与政府授权的平台公司组建项目公司，负责项目设计、投资、融资、建设、运营、维护及移交工作。项目主要改造内容包括基础设施改造、完善工程建设和提升工程建设。该类型项目投资体量一般为 5 亿 ~10 亿元，合作年限一般为 10~20 年。项目回报来源为财政资金 + 运营收入（停车收入、社区便民服务用房出租收入、散居楼栋清扫保洁收入、门面及铺面出租收入、单元门广告牌出租收入、物业管理收入等）。

PPP 模式在城市更新运用种类上，可根据项目特点选择，包括服务协定、租赁协定、承包协定、BOT 协议（建设—运营—转移协议）、BOOT 协议（建设—运营—拥有—转移协议）、打包协议（即工程整体运营和转移协议）、BBO 协议（购买—建设—运营协议）和 BOO 协议（建设—拥有—运营协议）等在内的多种方式。为避免单纯市场化不愿建设、不能建设的情况，政府部门在运用过程中应根据项目特点进行划分，从而采取因地制宜的模式。

但是，为规范 PPP 模式的使用，国家财政部等相关部门连续发文规范该模式的适用范围和约束条件，在具体实施中需要根据具体项目情况和政策要求执行（图 5-5）。根据财政部发布的《关于联合公布第三批政府和社会资本合作示范项目 加快推动示范项目建设的通知》规定，"PPP 项目主体或其他社会资本，除通过规范的土地市场取得合法土地权益外，不得违规取得未供应的土地使用权或变相取得土地收益，不得作为项目主体参与土地收储和前期开发等工作，不得借未供应的土地进行融资；PPP 项目的资金来源与未来收益及清偿责任，不得与土地出让收入挂钩"。2019 年，财政部《关于推进政府和社会资本合作规范发展的实施意见》进一步提出规范 PPP 项目的 6 项条件，规定财政支出责任不超过当年本级一般公共预算支出的 10% 和使用者付费比例低于 10% 不予入库等。2023 年，国务院办公厅转发国家发展改革委、财政部《关于规范实施政府和社会资本合作新机制的指导意见》的通知提出，政府和社会资本合作（PPP）新机制，以及"聚焦使用者付费项目""全部采取特许经营模式"，限定于有经营性收益的项目，主要包括 8 个公益性重点领域[①]。

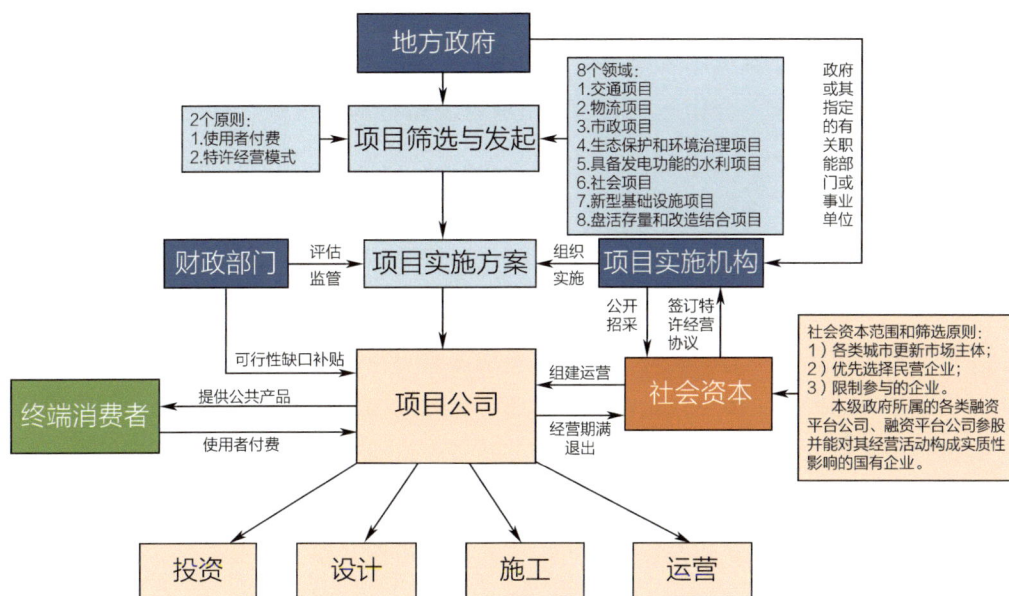

图 5-5　PPP 模式实施流程

另外，施工主体模式下还有业主自建、股权式代建、配资代建等方式。此处不再赘述。

案例分析：重庆九龙坡区老旧小区改造 PPP 模式

九龙坡区是住房城乡建设部确定的首批 21 个城市更新试点城市（区）之一。2020 年

---

①　根据国办函〔2023〕115 号文，政府和社会资本合作应限定于有经营性收益的项目，主要包括公路、铁路、民航基础设施和交通枢纽等交通项目，物流枢纽、物流园区项目，城镇供水、供气、供热、停车场等市政项目，城镇污水垃圾收集处理及资源化利用等生态保护和环境治理项目，具有发电功能的水利项目；体育、旅游公共服务等社会项目，智慧城市、智慧交通、智慧农业等新型基础设施项目，城市更新、综合交通枢纽改造等盘活存量和改扩建有机结合的项目。

9月，重庆市九龙坡区住建委采用 PPP 模式实施启动"九龙坡区城市有机更新老旧小区改造项目"，包括农贸市场周边老旧小区、杨家坪兴胜路片区、兰花小区（3-5）、劳动三村、红育坡小区、埝山苑片区共六大片区，涉及四个街道、八大社区，总规模 102 万 m²，涵盖 366 栋楼、14336 户居民，总投资达 3.71 亿元，主要改造内容包括基础设施改造、生活服务设施完善工程建设和景观提升工程建设。

由九龙坡区住建委作为实施机构，通过公开招标方式择优选择社会资本。由渝隆集团作为政府出资代表，与中选的社会资本（北京愿景集团）以 2：8 的资本金比例共同出资组建 SPV 项目公司，作为实施运营主体，项目合作期限为 11 年（建设期 1 年，运营期 10 年）。项目采用 PPP 模式下的"ROT"（重整、运营、移交）运作方式，即由项目公司负责重庆市九龙坡区老旧小区改造项目的全过程投融资、设计、建设、运营、维护及移交等所有工作。合作期届满后，由项目公司将本项目资产移交给政府或其指定单位。

5.3　投资主体与参与模式

投资主体是指在城市更新项目中提供或筹集资金的实体或个人。根据城市更新项目性质的不同，项目的投资主体可以是政府、企业、金融机构、社会组织或个人。政府投资一般是基础设施建设、生态修复和公共空间等公益类更新项目，投资资金来自财政资金。社会资本是存量城市更新积极引导的投资力量，投资资金主要来自自有资金、银行贷款、股权融资、债券发行等方式。建筑业企业可以作为社会资本方参与城市更新，其参与模式包括以下几种方式。

5.3.1　城市更新基金模式

建筑施工企业属于资金密集型企业，可以利用自身的资金优势成立城市更新基金参与城市更新项目。城市更新基金一般是由政府或其城投公司联合社会资本共同设立，具有资金量大、用款限制少、不增加企业资产负债率和政府债务、筹资灵活等优势，是精确适配城市更新项目的创新性融资渠道。基金构架一般为"母基金 + 子基金"形式，母基金一般由政府发起成立，作为政府引导性资金，主要作用是撬动社会资本投资；子基金主要针对城市更新的各个阶段或子项目分别设立实施（图 5-6）。

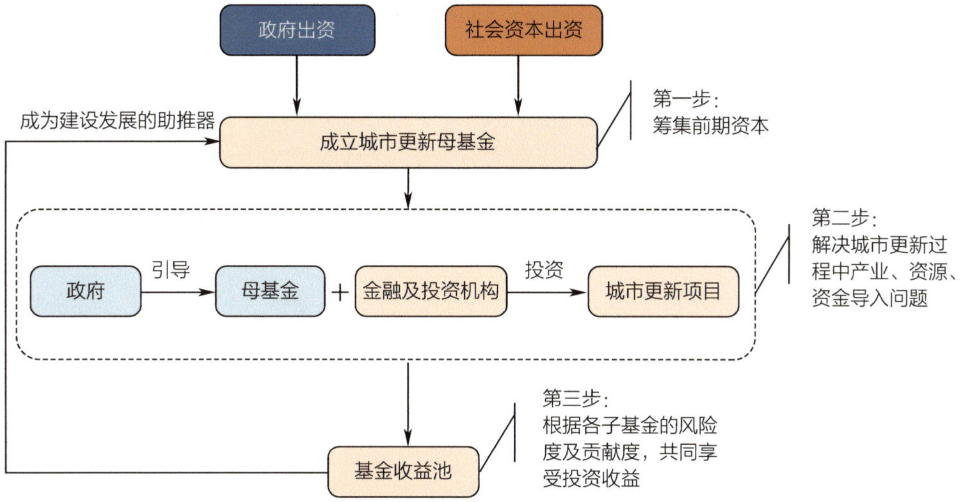

图 5-6　城市更新基金运作模式

目前，城市更新基金的投资人主要以房地产、建筑施工企业为主，基金构架一般为母基金＋子基金，子基金主要针对城市更新的各个阶段或子项目。城市更新基金的优势是能够整合各方优势资源，多元筹集资本金及实施项目融资，加快项目推进；劣势是目前城市更新投资回报收益水平、期限等，与城市更新资金的匹配性不强，成本较高，退出机制不明确，面临实施上的诸多挑战。

实施案例分析：西安市城市更新基金

西安市城市更新基金按照"政府引导、企业发起、社会参与、片区合作"的原则，采用"母子基金"架构搭建，结合《西安市城市更新专项规划》，统筹全市范围内城市更新项目资源，通过联合大型国有企业及社会资本，根据区域（项目）建设需求合作设立各类子基金的方式，支持城市更新项目建设。

（1）投资模式。城市更新基金通过"母基金→区域合作子基金→项目子基金→SPV公司（资本金）→项目贷款→项目建设"的多层放大机制，统筹多层次、多元化各类社会资本支持城市更新项目建设。其中，区域合作子基金由市级城市更新基金与区域平台公司共同设立；项目子基金由区域合作子基金（或平台公司）与中央或地方国有企业及建筑企业等其他社会出资人共同设立。在项目实施层面，带动银行、保险等各类社会资本以债权形式进一步参与项目融资。城市更新基金按照"一区一策、一企一策、一项目一策"原则，在出资比例、投资期限及投资收益等方面进行差异化设置。对所在区域财力较好、项目自平衡能力较强的城市更新项目，城市更新基金按照专项子基金规模的 10%~15% 比例出资，投资期限原则上不高于 7 年，投资收益按不高于市场平均年化收益率设定；对筹资难度大、融资能力弱、改造压力大的城市更新项目，城市更新基金按照专项子基金规模的 20% 比例出资。

（2）运作成效。积极探索"区域子基金＋城市更新＋产业导入"相结合的运行模式，重点围绕西安市片区综合更新、产业园区建设、资产提升改造等三大领域开展投资运作。第一，片区综合更新类城市更新项目。通过设立区域子基金支持各区（县）、开发区城（棚）改类城市更新项目，包括但不限于国有土地搬迁、建设各类型安置住房、保障性租赁住房、完善公共服务设施和基础设施等。至 2023 年 8 月，已向高新区、泾河新城、港务区、航空基地等区域累计出资 18 亿元，带动项目总投资超过 650 亿元，安置户数 8000 余户、安置人口超过 2 万人。第二，产业园区建设类城市更新项目。城市更新基金聚焦区域龙头企业，构建"基金＋园区＋产业导入"的新模式，支持重点产业链延链、补链、强链，助力西安市现代化产业体系建设。第三，资产提升改造类城市更新项目。城市更新基金融合西安历史文化基因，因地制宜对城市老旧资产进行微更新微改造，在留住城市烟火气的同时，带动城市文商旅快速发展。至 2023 年 8 月，已向新城区城市更新子基金和汉唐文化街区及老旧厂房提升改造合作基金累计出资 7 亿元，带动项目投资超过 40 亿元。

（3）收益来源及退出方式。城市更新基金原则上根据项目运营情况获取投资收益并退出投资本金。项目收益来源一般为资产出售、项目运营等综合性收入。根据项目建设、运营目标完成等情况确定项目退出期限和退出方式，如指定投资主体股权回购、份额受让、项目再融资等。为保障城市更新母基金的资金安全，原则上由区域一级平台公司或其他信用评级达到 AA 及以上的投资主体作为基金回购、受让的增信主体，同时通过结构化设计等手段获取项目主体部分资产或相应股权作为补充增信措施。

5.3.2 跨项目捆绑平衡模式

城市更新项目投资原则上需要自平衡，但是对于历史风貌区、历史街区、老城中心区等片区，更新后的土地增量和建筑增量有限，无法实现项目自平衡。这需要地方政府通过跨项目捆绑平衡的制度设计来保障投资主体合理的投资收益。即通过制度设计，以跨项目的捆绑统筹来解决投资平衡的问题。公益类项目搭配经营性项目，或者营利能力差的项目捆绑营利能力强的项目，可以就近连片更新，也可以"飞地"组合。该模式需要地方政府特殊的政策支撑，难点在于合理选择"肥与瘦"的搭配，对更新投资主体的统筹实施能力要求较高，但不具有普遍适用性。

案例分析：广州黄埔区珠江村旧改"复建地块＋融资地块"模式

广州黄埔区珠江村旧村改造（以下简称"旧改"）项目是当地重点推进的城市更新项目。珠江村坐落在广州第二 CBD，即广州国际金融城——黄埔临港经济区中央商务区，而且位于鱼珠站和大沙地站之间，南临黄埔港大码头、中码头，东至荔香路，南至港前路，西至蟹山西路。

该项目曾于 2021 年引入旧改合作企业——景业名邦联合体，推进旧改。在《广州市关于在实施城市更新行动中防止大拆大建问题的意见（征求意见稿）》出台后，项目陷入停滞。2023 年 8 月，广州黄埔区珠江村旧改迎来新的投资合作方——中交第四航务工程局有限公司（以下简称"中交四航局"）。

根据 2023 年 4 月公布的控规调整内容，珠江村旧改范围占地 25.05 万 m²，总建筑面积 73.72 万 m²；安置房项目用地面积约 0.7hm²，总建筑面积 2.87 万 m²；总人口规模约为 4.06 万人。项目将以海丝创意文化小区、创新型配套服务区的产业定位，打造滨水人文综合区。

珠江村旧改项目是中交四航局首个核心城市核心区域的城市更新项目，将采用"股权收购＋旧村合作改造"合作模式，合作内容包括村民及集体物业复建地块建设、基础设施及公建配套建设和融资地块开发销售运营等。

其中，"复建地块＋融资地块"的模式是解决项目资金平衡的关键之处。复建地块主要用于村民的回迁安置。融资地块则是作为旧改主体的可开发建设地块。更新实施主体一般以建造复建地块房产为代价，补偿农村集体经济组织或村民，从而获取融资地块土地使用权。

5.3.3　配资合作与股权合作模式

在城市更新项目中，还可通过配资合作或股权合作的形式，吸引其他社会资本共同参与具有经营性收益潜力的更新项目。股权合作模式是指在合作双方已共同确定可合作的目标项目的前提下，双方共同出资成立项目公司，进行项目投资建设及运营。由合作公司按约定比例负责筹措项目开发所需的全部资金，通过合作开发的方式，共享专业资源，依法享有项目的投资收益，共同承担项目的投资风险。

配资或股权合作模式适合于各类市场主体，通过配资或者股权合作的方式与城市更新项目的物业权利人或者集体经济组织或其他市场主体开展合作，并以债权或股权退出的形式实现投资收益。该模式本质上是一种市场投资行为，但是在具体使用中可以结合其他模式组合使用，比如建造主体可以采用"投资人＋EPC"模式来实施基础设施更新项目。

案例分析：西安未央区徐家湾地区综合改造

西安市徐家湾地区规划总面积约 12km²，是西安市近年来唯一拟成片开发的区域，也是西安城市综合改造十大片区之一。2015 年 5 月，在第十九届中国东西部合作与投资贸易洽谈会暨丝绸之路国际博览会（以下简称"西洽会"）上，中建方程与西安汉长安城特区管委会签订"徐家湾地区综合改造项目"合作协议，当时计划的项目总投资为 200 亿元。

徐家湾地区由未央区与中建方程投资发展有限公司合作,着力将该片区打造成为消费聚集、产业导入、配套优化、生态提升的"城市新中心、幸福智慧城"。2017 年 11 月 10 日,徐家湾地区综合改造招商推介暨产业项目签约举行。由中建方程全产业链资源带动,非凡中国控股、新城控股集团、西安北航科技园、当当网、碧桂园集团、西安天地源公司、西安荣华集团、隆基集团、红星美凯龙置业等多家知名企业签订合作协议。

采用组合付费机制。西安市徐家湾综合改造项目预计总投资约 167.22 亿元。该项目采用政府付费和使用者付费组合付费机制,较好地实现了对开发主体的风险分担和绩效激励。具体为:①区域规划、产业规划、产业导入、产业发展服务等城市综合运营服务,政府根据城市综合运营服务质量、引入规模、税收贡献、就业岗位等运营绩效考核结果付费。②土地一级开发(包括土地整理、配套基础设施及回迁房建设),由政府付费。③回迁房建成后的管理、运营、维护,由物业管理费、受托运营收益用于弥补项目运营成本,不足部分由政府提供可行性缺口补助。④市政道路、城市文化公园及停车场、广告设施、露天集市等公益性基础设施项目,运营期间产生的经营性收入用于弥补项目开发成本及收益,不足部分由政府提供可行性缺口补助。

设立 PPP 基金。按照《陕西省人民政府办公厅关于在公共服务领域推广政府和社会资本合作模式的实施意见》精神,陕西省财政厅制定了奖补政策。陕西省财政出资引导设立"陕西省 PPP 融资支持基金",向省内 PPP 项目提供资金支持、提高 PPP 项目的融资能力。该基金采取股权、债权或股债组合等多种形式,重点投向纳入陕西省 PPP 项目库且通过物有所值评价和财政承受能力论证的项目。

5.4 运营主体与参与模式

当城市更新项目建设完成后,需要专业机构管理和运营该项目,确保项目的正常运转,提供良好的业态和空间品质。城市更新项目的运营主体可能是政府或政府委托的第三方专业机构。一些城市更新项目的运营主体是政府部门,如城市管理部门负责管理公共设施,维护街道和公共区域的卫生和安全,并提供社区服务和支持。一些城市更新项目聘请物业管理公司管理和运营整个社区或建筑。物业管理公司通常负责维护公共设施,协调业主之间的关系,解决住户投诉等问题。一些城市更新项目的运营主体也可以是社区组织或非营利组织。这些组织通常致力于提高社区的生活质量,促进社区内的社交活动,并提供社会服务等。另外,一些城市更新项目选择将项目的运营管理工作委托给第三方运营商。这些运营商可以是专业的物业管理公司,也可以是拥有城市管理和运营经验的企业。需要注意的是,施工主体和运营主体并不一定相同。在一些情况下,施工主体可能会继续承担项目的运营管理工作，也有可能政府会选择另外的机构进行运营管理。

投融资主体对项目投融资后，在项目实施和运营成熟后获得收益，如何从项目中退出是投融资主体关注的重要问题。投资方根据专业判断力寻找项目，引入资金方整体购入有增值空间的物业后，通过引入跨界资源对其再定位、改造，以增加租金回报率，提升物业估值；部分物业运营成熟后，将通过资产证券化或出售方式退出，获取资产增值收益。

5.4.1　ROT 模式

ROT（Rehabilitate–Operat–Transfer，改建 – 运营 – 移交）主要是指特许经营者在获得特许权的基础上，对过往的旧资产或者项目进行改造，并获得改造后一段时间的特许经营权，并在特许权到期后再移交给业主，是 PPP 模式的一种（图 5-7）。该模式适用于项目前期投资体量小的微更新项目，且范围在经营性用房收益较高的城市，例如北京朝阳劲松北社区改造项目、北京大兴三合南里社区改造项目等。

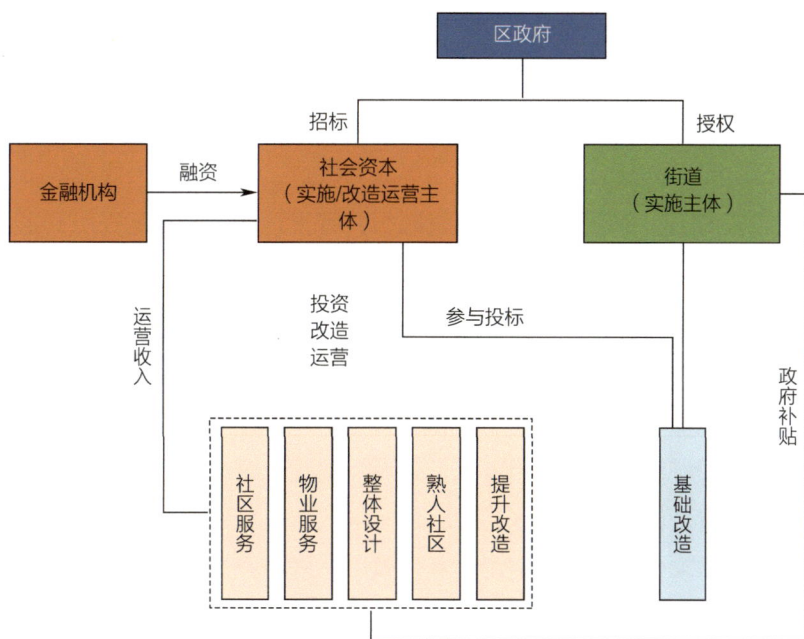

图 5-7　ROT 模式示意图

案例分析：北京劲松北社区改造案例

劲松北社区始建于 1978 年，是改革开放后北京市第一批成建制楼房住宅社区，曾是中国最大的标杆住宅社区之一，共 43 栋居民楼，截至 2020 年 12 月底为止，劲松北社区共 3605 户常住居民，60 岁以上的老年人占比 39.6%，租房青年占 37%。历经 40 多年，劲松北社区面临住宅面貌老旧、小区管线及道路老化、物业管理缺失、住宅户型不适应现代生活、小区居民与周边就业人群的空间错配等问题。

劲松北社区采用引入"社会企业"[①]参与改造。2018年7月，愿景集团与劲松街道签订战略合作协议，企业负责劲松北社区的改造设计及实施，并在规范入驻的情况下逐步接管劲松一区到八区整体的物业管理；2019年8月，劲松北社区"一街两园"示范区完成改造，围绕居民的个性化需求开展了包括加装电梯、配套设施完善、无障碍改造、环境提升等30余项定制化改造，并接管了社区的物业管理工作。

劲松北社区改造通过对闲置经营性空间和半经营性空间的挖潜、规范和周到的物业管理服务以及政府政策性补助等方式实现社会资本投资资金的平衡，并在"动态平衡运营、财务等成本的基础上，运营10年可实现资金平衡，运营20年可实现8%的较低收益率"，从而做到社会资本投资收益的正向循环。从社会企业推动合作生产的角度，劲松北社区改造探索出了一条以社会企业为枢纽的"政府—社会企业—居民"三方合作推进老旧小区改造的模式。

5.4.2 轻资产模式

轻资产模式是相对重资产收购与投资模式而言。在城市更新中，轻资产模式通常指的是利用现有城市空间和资源的运营方式参与更新和改造，而不需要大规模的资本投入或资产收购。轻资产模式下，企业不持有或尽量减少持有土地和房屋等重资产，主要利用企业管理、项目运营的丰富经验以及一定的社会关系、资源等运营项目。在一定程度上，城市更新的本质就是对城市资产的管理，而相对于重资产模式，轻资产模式更偏重对存量资产的运营管理。

这种模式可以通过最小化成本、快速响应市场需求和提高资源利用效率来实现。例如，通过合理规划、利用城市空间，将闲置或低效利用的建筑物或土地进行改造和再利用。例如，将废弃工厂改造成创意产业园区，或将停车场改造成城市农场。这种模式可以最大限度减少对新土地的需求，提高土地资源的利用效率。轻资产运营模式在城市更新项目中提供了一种灵活、低成本的运营方式，可以更好地适应市场需求和资源利用的要求。以高和资本为例，作为城市更新的早期参与者，其根据专业的判断寻找项目，引入资金方整体购入有增值空间的物业后，引入跨界资源对其再定位、改造，以增加租金回报率、提升物业

---

① 社会企业是指为实现既定社会目标和可持续发展而进行商业交易的新型组织形态，它以公共价值为目标导向，具有非营利组织和企业的双重属性，能够在满足社会需要、解决社会问题、改进公共服务供给、促进社会融合等方面发挥积极作用。

估值；部分物业运营成熟后，通过资产证券化或出售等方式退出，从而获取资产增值收益。

从目前的实践情况来看，我国城市更新轻资产运营模式主要有长期租赁型、基金持有型、联合开发型和品牌输出型等类型。

长期租赁型：通过长期租赁的方式取得资产使用权，把旧的资产进行改造装修来实现长期租赁型营利。目前市场上火爆的共享办公、众创空间以及长租公寓等，基本均属于长期租赁型。运营方长租后，对空间进行分割与改造，再单独出租，基于改造后美观装修与运营方提供的优质物业服务，获得更高的租金溢价以及服务费。

基金持有型或资产证券化。资产由基金持有，通过改造装修进行租赁管理，营利模式是资产增值和基金管理费。在资产运营良好、回报稳定后，基金将资产出售给 REITs，可以由公众购买。

联合开发型。联合开发即资产方与运营方合作成立项目公司。通过资源整合，运营机构发挥经营管理增值的能力。营利模式主要是股权经营、资产运营和运营管理费。项目联合开发本质上为重资产与轻资产相结合的模式，项目开发阶段仍然需要投入大量资金，但从另一个角度来说，轻资产模式实质上也仅仅是一方为轻资产，"轻"的基础在于"重"。相比于独立开发，联合开发对于资金方来说已经是资产投入相对较轻的方式。

品牌输出型。具有一定知名度的地产企业凭借自身项目经验和人才储备，采用品牌管理输出型的轻资产模式大举扩张，已经成为房地产市场中的一种发展模式。这一模式可以凭借较少的资金和较低的风险实现规模化布局，提升品牌影响力，同时也可以为重资产项目进入新的城市提前探路并提供经验。例如，上海上生新所案例。作为历史建筑＋工业建筑改造成的商办综合体，上海万科与原业主签订了 20 年整租协议以轻资产的方式获取物业，项目更新局部改造后，重新定位为商办综合体，仍由上海万科负责运营管理。

在轻资产模式下，更新运营企业通过整合内外资源，将不具备竞争力的环节外包，将资金和精力集中于具有优势的核心业务，如品牌提升、资金融通、建筑改造、商业运营等，从而能够更好地满足城市有机更新的创新要求。

实际上，运营模式要根据更新对象因地制宜地制定运营策略，其运营决策的主要思路和路径为：更新项目的市场分析—客户分析—功能设计—方案制定—规划设计—改造升级—物业经营—收益权转让或证券化实现资本退出。

案例分析：上海"八号桥"地块更新——工业用地转型为文创产业基地

上海"八号桥"创意产业园位于原卢湾区建国中路 8~10 号，其前身由 20 世纪 70 年代上海汽车制动器厂 1.5 万 m² 的旧厂房改造而成，2003 年 12 月 25 日在上海市经贸委和原卢湾区人民政府支持下，由上海华轻投资管理有限公司、香港时尚生活筹划咨询有限公司共同斥资 4000 余万元创立。

在上海市政府创意产业发展战略及发展规划的引导下，"八号桥"采用租赁承包的市场化开发形式。"八号桥"原址的产权属于上汽集团。在上海市政府创意产业发展战略及发展规划引导下，"八号桥"采用租赁承包的市场化开发形式，政府只提供服务和知识，扮演的是一个服务者的角色，不参与项目的实际运行和管理，而非规划建设的主体。通过公开招标，香港时尚生活策划咨询有限公司获得20年承包经营权，采用"10年+10年"的经营方式，即投资方从原产权人那里获得建筑使用权，签订10年一期的合同，负责园区的开发定位、规划论证、整体包装策划、改建招商和管理工作。物业管理由上海华轻投资管理有限公司完成，上汽集团拥有其产权。

香港时尚生活策划咨询有限公司作为施工主体具备三个方面能力：有投资实力，有客户来源，并具备一定的创意文化资源，符合运营主体的要求。香港时尚生活策划咨询有限公司在城市更新项目运作过程中担当运营主体，从最初的规划设计、改造、招商，再到后期的运行、管理，同时通过举办多场次的国际性文化活动推广"八号桥"的品牌。先后有法国文化周、澳大利亚旅游节、上海国际时装文化节、顶级汽车推介会和超级模特大赛等数十个重大活动在"八号桥"举行。

5.5 统筹实施主体与参与模式

统筹实施主体主要包括更新具体实施前的资源统筹以及更新建设和实施过程中的多种参与力量之间的协调统筹，尤其是统筹平衡各方参与主体的短期与长期投融资需求，还包括协助政府统筹平衡各地块内的用地开发强度、统筹平衡产业生态和服务内容、统筹平衡各类公共配套服务与人口结构优化要求等。

首先，城市更新作为一项综合性的城市建设行动，需要地方政府给予多方面的支持，包括国有经营性资产、政府直接投资、财政专项资金、储备土地、税费减免等。地方平台公司发挥国有投资主体作用，整合各类国有资源并注入项目，支持城市更新投融资和建设经营。例如，济南市、成都市等城市在行政区、功能区建立区一级的城市更新统筹平台，依据政府授权实施区内的城市更新项目（包括老旧小区改造、历史文化街区改造、基础设施公服设施建设等），将正收益项目和负收益项目进行打包组合，再加上区级政府给予财政专项资金、经营性国有资产、税费减免等扶持，在平台公司层面实现投入产出的平衡，在此基础上与金融机构、社会资本方讨论合作。

其次，在项目设计和建设方面，尤其在历史建筑保护和旧商业区、旧工业区等更新改造项目实施过程中，存在部门协调、资金平衡、施工技术创新、规范要求等多方面难点。一批有实力的国有企业在其中发挥了重要作用，在相关工作机制、施工技术、风险把控等方面积累了宝贵经验。例如，在上海市张园项目、滨江 1862 老船厂更新项目中，整个项目需要设计、施工、运营等 20 多家顾问单位的参与，项目涉及历史建筑保护、消防、开发容量等多方面限制，实施主体通过专家审议、建筑平移、外观设计优化等多种工作机制和技术创新，实现了更新项目高质量完工和运营，这对实施主体的资源统筹和项目"全过程管理"的能力提出了很高的要求。

另外，在项目管理和营运方面，争取地方政府在资源统筹、利益协调和运行监管方面的支持非常重要。例如，上海市长宁区政府下设的城市更新推进办公室，其工作机制和业务开展，为长宁区老旧社区、历史风貌街区等更新工作，提供了积极的促进作用。特别在项目的运营组织、招商遴选、实施协调等方面，该更新推进办公室作为具体的实施主体之一，对统筹实施主体有序推进更新项目发挥了重要的"托底"作用。

对统筹实施主体来讲，既要注重争取各级地方政府对项目实施的支持，也要注重不同参与企业之间的合作统筹，通过创新合作模式，理顺合作模式，不断推动项目高质量落地实施。例如，在上海市静安区余姚路 55 号的尚街 UYAO55 项目中，采用了国企、民企和外资共同合作的创新模式，有效地发挥了三种性质企业各自的优势，形成强大的更新推动力。民企合作伙伴有丰富的园区从业经验，特别是在园区的设计、成本控制、精细化管理上，有其独到的方法。合作外企的很大优势在于招商引资，因为它有很多外籍客户，而该项目定位是国际时尚设计展示中心，需要更多国际企业的参与，所以在招商方面有助于把一些国外的好的品牌引入到项目里来。

统筹更新的实施主体也是城市更新项目的投资和实施主体，具体工作包括编制城市更新单元规划、编制征收安置方案和项目实施方案、签订征收补偿协议、筹集建设资金、对接政府部门、完成项目立项等。实施主体一般通过公开程序确定，但是对于一些涉及重大公共利益的项目，指定地方平台公司作为实施主体是通常的选择。如《上海市城市更新条例》规定，属于"历史风貌保护、产业园区转型升级、市政基础设施整体提升等情形的"，市、区人民政府可以指定地方平台公司作为实施主体。

5.5.1　片区开发模式

建筑业企业作为开发主体是参与城市更新的重要方式之一，可以通过单个项目一二级联动或片区开发的模式，实现投资资金平衡。在城市更新政策指导下，通过"容积率奖励""用地性质调整"等政策工具，促使存量建筑和用地盘活，进一步释放存量资产价值。

片区开发模式核心是市场主体如何合法合规地获取更新片区土地一二级开发权。该模式最初是政府及其平台公司来做片区土地一级开发，后来演化到引入社会资本市场化操作的模式，但随着相关政策的收紧，该种模式也陷入瓶颈。根据《财政部　国土资源部　中

国人民银行 银监会 关于规范土地储备和资金管理等相关问题的通知》（财综〔2016〕4号），土地储备、土地一级开发、土地二级开发必须分开操作，进一步规范政府和市场的关系和合作界限。根据《中华人民共和国土地管理法实施条例》（国务院令第743号）规定，土地一级开发企业需要通过协议出让或者"招拍挂"方式取得土地二级开发权。但是对于成片区实施更新的项目，土地使用权归属较为复杂，如果采用收储、回收再供应土地的方式，则面临收储成本过高、政府财政压力大的问题，而且由于无法通过一级开发来锁定二级开发权益，故市场主体参与积极性不高，片区开发模式难以实施。

但是，地方政府在现有法律框架下仍积极探索创新城市更新土地供应政策，激发市场主体积极性。例如，《上海市城市更新条例》中提出"物业权利人可以通过协议方式，将房地产权益转让给市场主体，由该市场主体依法办理存量补地价和相关不动产登记手续"。青岛市人民政府《关于推进城市更新工作的意见》提出，土地使用权人自行改造的项目，"原土地使用权人可通过自主、联营、入股、出租、转让、土地归宗等多种方式进行再开发"。市场主体可以在特定政策性片区，通过土地归宗、联营、入股、出租等市场化手段，实施片区开发模式。

此外，城市更新中片区开发模式的发展方向还在于市场主体如何通过存量资产的经营和资产增值来实现营利，配合城市更新基金模式、配资或股权合作模式来实现资本退出（图5-8）。

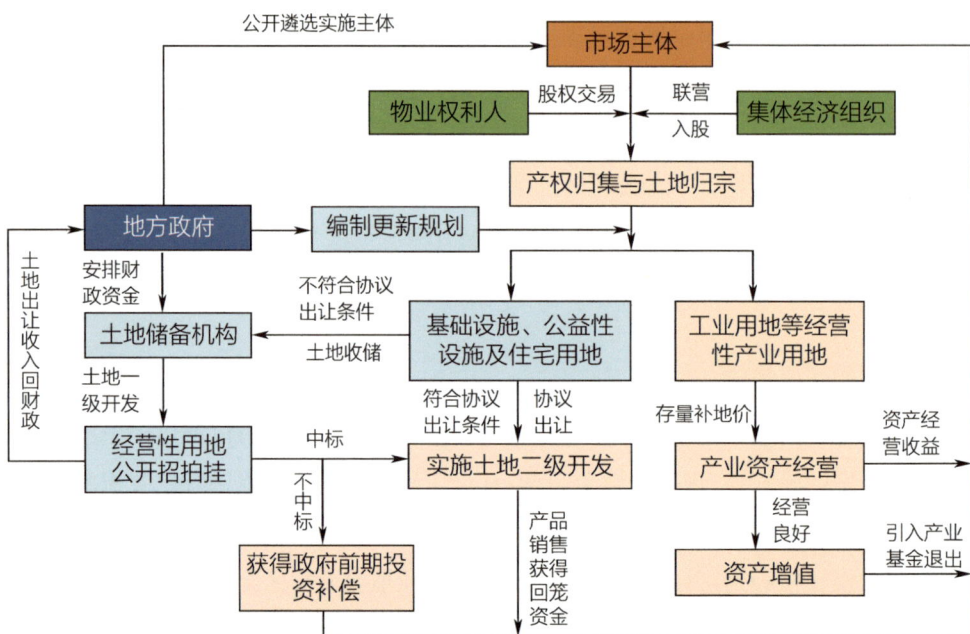

图5-8　片区开发模式实施流程

片区开发模式的核心在于通过一级控二级，实现项目整体获益。在城市更新项目实践中，由于旧城改造等更新项目存在资金需求大、物业可出售部分有限、回本周期长等问题，可能出现一二级联动也难以实现资金的平衡，在这种情况下，建议有条件的更新实施主体采取"一二三四级联动"城市更新一体化运营模式。其中，在原一二级土地开发的基础上，三级开发是指对更新改造后的产业运营（如收取租金、停车费）获取的收益；四级开发是指通过收购、组建等形式在运营的物业下"开店"，通过直接生产输出产品和服务来获取一部分收益。

案例分析：徐汇滨江片区更新案例

徐汇区位于上海主城区的西南部，东临黄浦江。上海城市产业转型加速了黄浦江两岸产业结构的调整，港口、码头和相关工业企业等逐渐从城市中心区外迁，城市滨水空间反而成了公共设施缺乏、环境质量欠佳的区域，其城市更新迫在眉睫。徐汇滨江规划范围总面积 7.4km²，滨江沿线 8.4km。功能定位为居住、商务、休闲、旅游等多功能配套，将徐汇滨江地区打造成服务经济发展引领区与世界级城市滨水综合示范区。

西岸集团作为徐汇区新一轮改革发展的重要实践者之一，在上海世博会的后期阶段，从一个土地开发者的角色转型为文化产业链的后端增值服务商，探索通过项目融资带动企业的发展，力求突破文化产业的营收价值，在徐汇滨江沿岸构建西岸文化长廊。2007 年，徐汇区开启滨江 7.4km² 的开发建设工程，由政府各部门共同成立徐汇滨江开发领导小组。一期工程开发从 2007~2010 年世博会结束，由徐汇土地发展有限公司承担动拆迁、绿化等公共设施的建设工作。二期工程徐汇区委、区政府决定成立西岸集团专门实施一期项目的深化和二期工程的建设开发，由徐汇土地发展有限公司和上海光启文化产业投资发展有限公司等企业组建而成。

作为一级土地开发商，在业务结构上，西岸集团目前将开发方向集中在缓解资金的压力上，以项目带动企业发展，提供了融资新渠道。例如，航空服务聚集区的项目建设，加快项目载体的招商工作。虽然是一级开发商，但西岸集团目前依然以项目投资合作的方式进行，如在民航四大中心、总部经济中心、国际高端医疗服务中心和生态休闲商务中心等"四大中心"建设中，西岸集团股权占比 41%，华东民航管理局占比 59%。西岸集团定位为功能性企业，不以营利为目的，不是投融资平台，而是依靠周边配套商业开发作为营利来源。例如，"龙华地区综合改造"项目推进地下空间统一开发，地下车位的出售将成为其营利来源。

在项目合作的具体经营模式上，西岸集团采用多种方式开展合作经营。首先，通过土地与资金的合作经营方式，例如土地拥有者提供土地保障，西岸集团提供资金支持。在"四大中心"的建设过程中，即采用民航华东管理局提供土地、西岸集团提供资金的模式。其次，"西岸传媒港"项目建设采用创新的开发举措。西岸集团买下传媒港的全部土地使用权，统一实施基础建设，实现地下一体化空间建设，增加停车位和活动空间，亦易于统一管理。再次，代表政府征收土地。西岸集团通过"招拍挂"的方式，与中标企业实现拍后的投资合作，例如成立合资公司。"东方梦工厂"通过这种方式，成立辅助性的合资公司，用活经营手法，实现合资经营，通过谈判协商，西岸集团出资金，对方出土地，以各占股权 50% 的方式合作，并在园区中引进大型企业，取得持久性的营利收入。

5.5.2 投融建管运一体化模式

产业自持、租售结合的投融建管运一体化模式是统筹实施主体典型的参与模式，尤其适用于土地市场良好的城市，对企业具有强吸引力的、产业集聚效应强的旧区改造类城市更新项目。该模式是片区开发模式和 PPP 模式的结合（图 5-9）。

在片区更新项目中，政府采用公开招标方式选择社会资本，由确定社会资本方与政府平台公司组建项目公司负责项目规划设计、投资、融资、建设、运营等工作。项目主要更新实施内容包括征地拆迁、基础设施建设、产业载体建设及运营等。

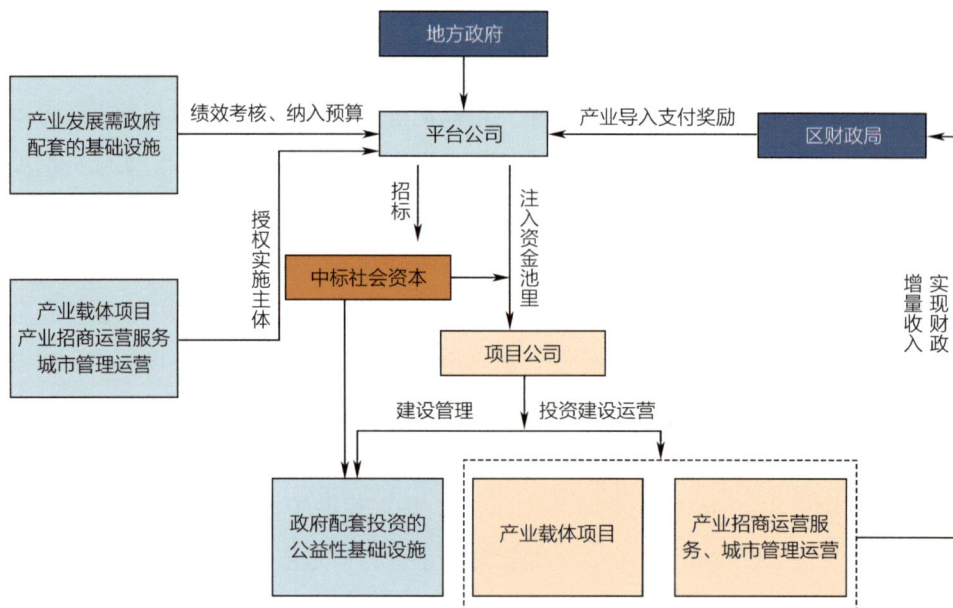

图 5-9 统筹实施投融建管运一体化模式

该类型项目投资体量较大，一二级部分需各自平衡，一般为上百亿元投资规模，合作年限一般为 10~15 年。一级部分项目回报来源为土地出让收入，二级部分的回报来源主要为产业载体的出售及出租，若存在资金仍无法平衡的情况，政府方需匹配额外的资源或采用财政补贴的方式平衡项目的前期投入。

案例分析：上海宝山上港十四区整体更新案例

该项目是上海首个存量工业用地整体转型试点。项目前身为上港集团沿长江口的集装箱码头用地，原有产业和增长方式已不符合区域发展的整体需求，产业功能和环境面貌亟待提升和改善。上港十四区转型区块土地权属主体相对集中，90%以上的土地由上港集团持有，具备整体更新基础。

上港十四区根据示范、统筹、协调、生态和以人为本的规划原则，通过控制性详细规划的编制，确定更新片区40%作为绿地建设，60%用于建设用地开发，并按照明确的规模参数、出具立项批复、确定四至范围、开展地价评估、协商权属转让、协议出让公示、核发供地批文、签订出让合同、出让结果公示、公建项目建设等流程开展整体区域更新。

具体更新方式有以下三种。一是以土地使用权转让方式形成单一开发主体。由上港集团下属房地产企业负责地块涉及的其他权属单位的沟通与协调工作，并直接与各权属单位签订用地转让协议，实现整体区域单一主体的目标，以便统一规划开发建设。二是强调公益建设，要求上港集团按照规划方案对配套设施和公共服务设施进行同步开发建设，并签订合作意向和开发建设协议书，与出让项目同步实施、整体开发、统一管理，建设后无偿移交至政府。三是根据用途不同，采取差别化的供地方式。对于经营性项目通过双评估补地价方式实施出让；对于市政配套项目，根据建设计划以划拨方式供地。

第 6 章

企业参与城市更新的实施流程

通过对北京、上海、广州、深圳、青岛等城市更新实施流程的分析可见，各城市的更新实施具体流程不尽相同，但都包含了编制更新规划、确定更新实施主体、实施主体开展设计、投资、建设、运营等基本环节。编制更新规划阶段又可以细分为全市（区）范围内城市更新专项规划（或行动计划）、城市更新单元规划（或计划）、城市更新项目建设规划等。城市更新专项规划（或行动计划）主要由政府组织编制，主要目的为盘活和统筹利用存量更新资源，划定城市更新单元或重点片区，制定城市更新行动计划等。城市更新单元规划和城市更新项目建设规划可以由实施主体来组织编制，并由市或区城市更新管理部门审查通过后实施。城市更新实施主体可以由政府、物业权利人、市场主体以及以上三者的组合构成，实施主体也会根据更新类型和特征由政府依法依规进行遴选和确定。企业可以作为统筹实施主体、施工主体、投资主体和运营主体等多个角色参与城市更新实施。

6.1 城市更新操作的一般流程

6.1.1 管理视角的城市更新操作流程

目前，上海和深圳在城市更新操作流程上有比较成熟的规则。以《上海城市更新操作规程（试行）》为例，将城市更新实施类型划分为零星更新和区域更新两种类型。零星更新的操作流程分为项目咨询、项目更新方案编制和项目实施三个部分（图6-1）。区域更新的操作流程包括城市更新行动计划制定、统筹主体确定、区域更新方案编制和项目实施四个环节（图6-2）。

城市更新行动计划，应根据各级国土空间规划及国民经济和社会发展规划的要求，并结合各专业主管部门的意见和城市体检评估报告意见建议、市民的更新建议等开展，制定完成后向社会发布区域更新相关信息，激发市场主体参与城市更新的积极性。城市更新行动计划由区人民政府组织编制，具体工作由区规划资源部门牵头负责。涉及跨行政区的区域更新，经市人民政府指定，由市规划资源部门或者区人民政府组织编制。

区人民政府在城市更新行动计划制定阶段，可同步开展统筹主体研究工作。在计划发布后，应按照统筹主体指定或遴选的相关规则，组织开展统筹主体确定工作，并签订区域更新统筹实施协议，明确权责义务。

区域更新方案编制按照国民经济发展规划和各级国土空间规划、城市更新行动计划、区域更新统筹实施协议的要求，由统筹主体通过梳理现状、统筹资源、协调利益，按区域类型特点，从城市设计、土地利用方式、实施计划、成本收益估算、资金筹措等方面综合研究，形成可实施的区域更新方案。政府相关部门应当在编制过程中协助统筹主体协商。

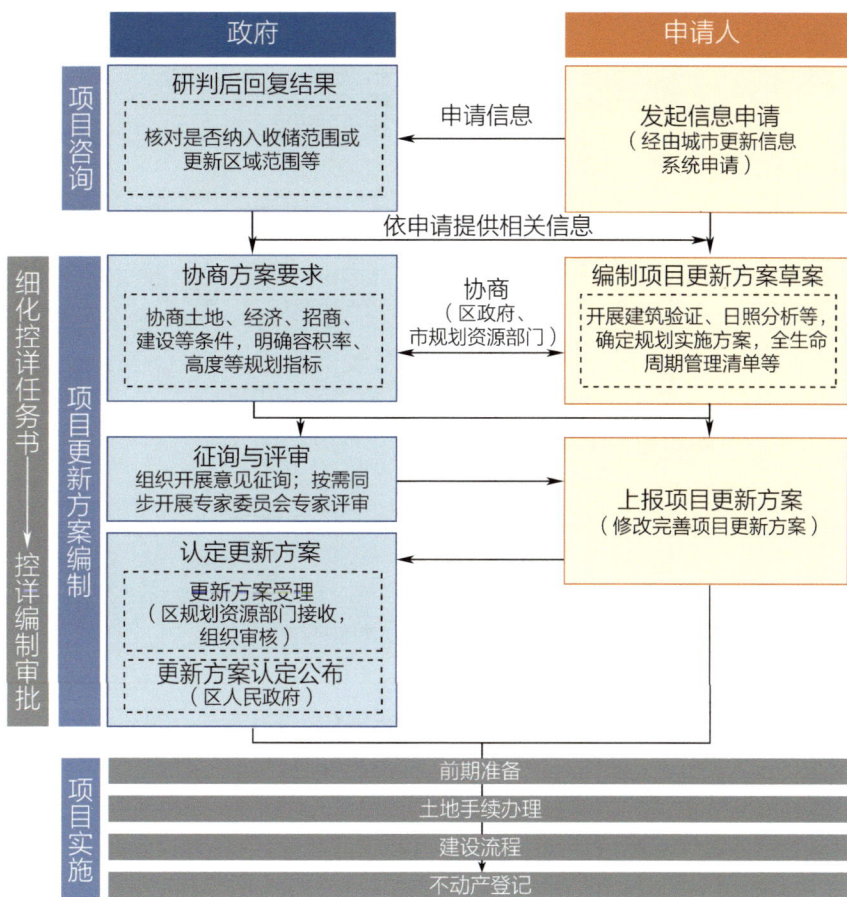

图6-1　《上海市城市更新操作规程（试行）》零星更新操作流程图

区域更新方案经认定后，更新项目依法办理立项、土地、规划、建设等手续。更新方案中明确的城市更新项目，按照批准的控制性详细规划、认定后的区域更新方案以及各项管理规定，开展土地前期准备、用地手续办理、项目建设、不动产登记等。项目实施过程中，公共要素和经营性更新项目需同步实施。

政府

物业权利人

市场主体

统筹主体

城市更新行动计划制定

编制更新行动计划
（广泛听取意见）
涉及划示更新区域范围、明确规划设计条件、明确统筹主体的确定方式等

提出更新建议/意愿

组织专家委员会专家评审

审核审定发布

统筹主体确定

细化统筹主体要求
涉及统筹主体资格条件要求、权利和义务等研究。条件成熟的，可纳入更新行动计划

有意愿成为统筹主体的

以公开遴选方式确定
（制定工作方案，开展遴选）

以指定方式确定
（开展资格条件调查，经区人民政府常务会议等形式集体决策确定）

签订实施协议

政府

统筹主体

物业权利人

共商控详任务书——控详编制审批

区域更新方案编制

提供相关信息

前期评估
涉及调查现状情况、调查物业权利人意愿、研究区域功能定位

协商

提出更新意愿与诉求
包括参与方式和力度、相关诉求等

细化方案要求
涉及容积率、高度等规划指标；全生命周期管理要求；及其他相关更新支持政策

协商
（区政府、市相关部门）

初步方案研究
涉及城市设计、其他专题研究、产权归集方案、可行性研究等

编制区域更新方案草案
编制规划实施方案、利益平衡方案和全生命周期管理清单

征询

提出更新方案意见
（含利害关系人意见）

组织专家委员会专家评审

认定更新方案
更新方案受理
（区规划资源部门受理并组织审核）
更新方案认定公布
（区人民政府）

上报区域更新方案
（草案修改完善并上报）

项目实施

前期准备（项目1，项目2，项目3，……）

土地手续办理（项目1，项目2，项目3，……）

建设流程（项目1，项目2，项目3，……）

不动产登记（项目1，项目2，项目3，……）

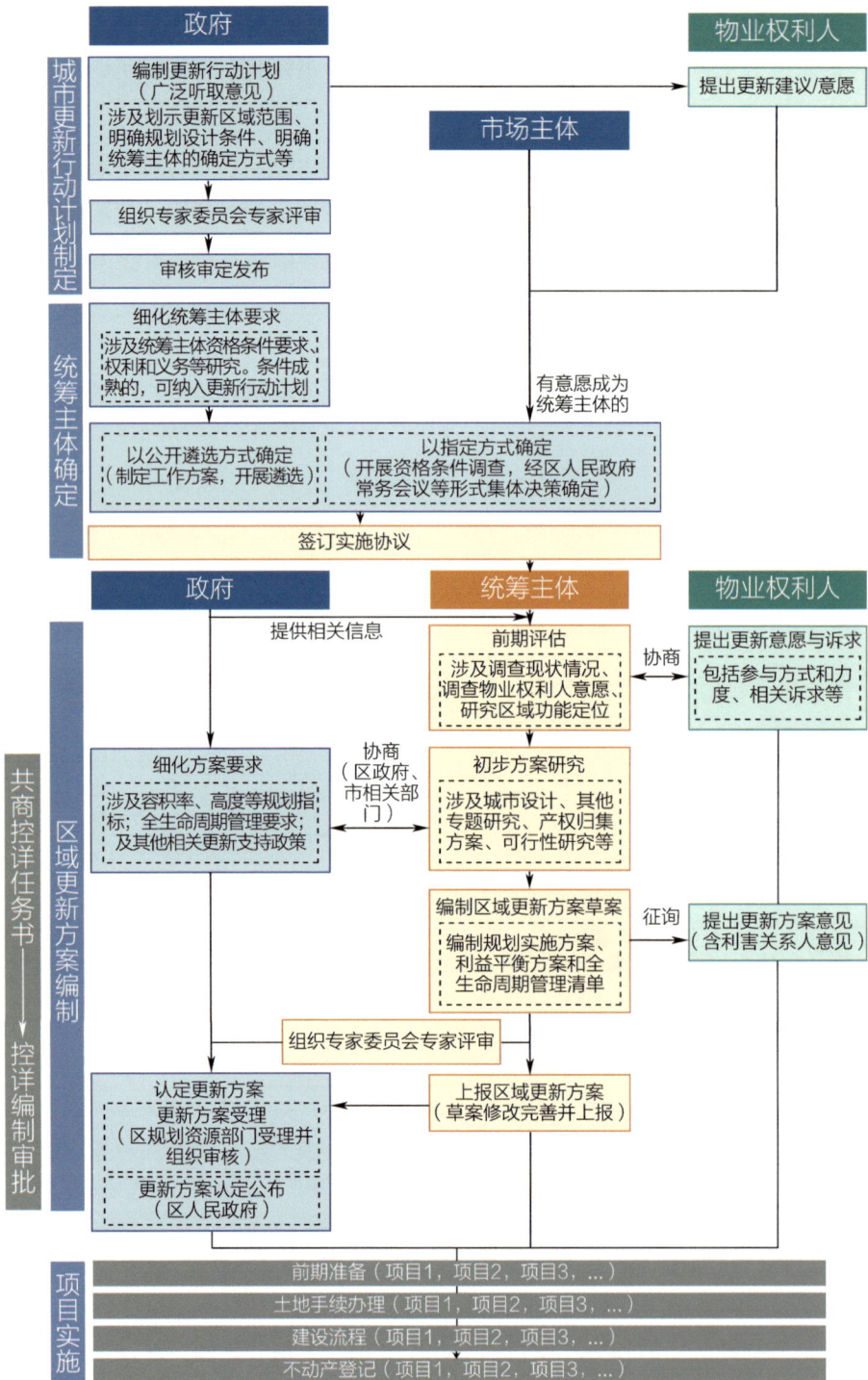

图6-2 《上海市城市更新操作规程（试行）》区域更新操作流程图

  《深圳经济特区城市更新条例》将城市更新实施分为拆除重建类和综合整治类城市更新，规定城市更新实施一般程序为：①城市更新单元计划制定；②城市更新单元规划编制；③城市更新实施主体确认；④原有建筑物拆除和不动产权属注销登记；⑤国有建设用地使用权出让；⑥开发建设；⑦回迁安置。

  北京市和广州市在城市更新法规文件中也对城市更新实施程序有具体的描述，但在实施类型和程序上存在很大的差异。青岛市目前也在探索城市更新实施模式，但还没有形成成熟的操作流程。综合来看，政府在推动城市更新实施方面都强调了"规划引领"的原则，通过编制各层面的更新规划来统筹资源和协调各方利益，推动城市更新的实施。深圳市和上海市将更新单元规划（区域更新方案或项目更新方案）的编制权开放给实施主体（或统筹主体）进行，积极引导市场主体参与城市更新规则的制定。

6.1.2　企业视角的城市更新操作流程

  在城市更新实施的不同阶段，企业扮演多种角色，比如市场主体、权利主体（物业权利人）、投资主体、施工主体、运营主体、统筹实施主体等。各主体角色适用于不同的项目类型和实施阶段。从城市更新实施的全过程来理解，城市更新实施主体是对各种主体角色的总称，是统筹推进城市更新实施的主体。确定实施主体以后，城市更新进入更新项目实施操作阶段，涉及规划设计、投资、建设、运营和政策协调等环节，更新实施对象主要包括土地、建筑、环境、产业等多个要素。城市更新项目实施各环节与对象要素的关系，见表6-1。

城市更新项目实施的环节与要素

表6-1

要素维度	规划设计	投资	建设	运营	政策协调
土地	城市更新行动计划、城市更新专项规划、更新单元规划	土地成本、整体投资估算	土地整备、土地手续办理	产权架构、产权归集	涉及土地出让、转让以及使用的政策，办理土地使用权手续
建筑	更新项目建设规划	建筑工程投资	建筑改造与建设工程	建筑分割销售或出租单元的划分	涉及建筑容积率奖励、建筑性质及使用规定、建筑销售及分割政策，项目建设完成后办理产权证
环境	公共空间规划设计	环境改造投资	景观环境改造工程	公共空间维护	开发项目提供公共空间及公共设施的奖励政策
产业	片区产业策划	产业投资与产出	产业空间改造	产业转型升级、产业导入、产业运营	对新型产业和符合政府产业发展要求的产业激励政策和准入政策

城市更新项目实施和推进可以理解为规划、设计、投资、建设、运营的一体化。规划设计是先导，其中更新单元规划是对项目开发全过程各维度和各要素的统筹安排；投资决定了项目开发的可行性和成功与否，是一个复杂的成本收益的动态平衡过程，也涉及很多金融工具和金融政策的运用；建设是实施建造过程；运营包括项目建设前后的产业导入、运营管理、物业销售和产业运营等内容，是城市更新实现可持续发展的重要保障，也是城市发展由"开发建设"主导向"城市运营"主导转变的表现。城市更新过程中涉及多个方面政策的调整和协调，是对城市更新项目的一些复杂性问题解决方案的顶层设计，通过政策体系的完善和对更新项目全生命周期管理，促进城市更新可持续推进（图6-3）。

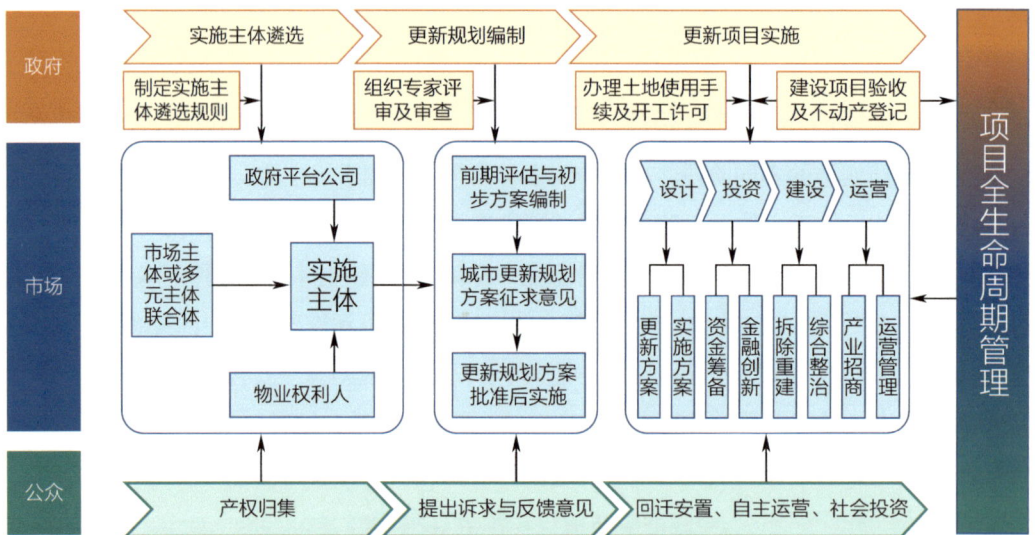

图6-3　城市更新项目实施阶段与流程

6.2　城市更新实施主体确定

在国内的法律法规文件中，城市更新实施主体并没有明确的定义。城市更新涉及的实施主体包括国家、地方政府、城市规划部门、房地产开发公司、城市更新投资主体、居民等，不同情况下可能涉及的实施主体是不同的。实际上，城市更新的实施主体和具体的城市更新项目有关，在实践中可能会依据具体的情况和需求进行合作、共同参与城市更新的实施。结合《北京市城市更新条例》《上海市城市更新条例》《深圳经济特区城市更新条例》和青岛市人民政府《关于推进城市更新工作的意见》，本书将城市更新实施主体定义为，根据法律法规和地方政府相关规范和政策，经过一定的程序由城市更新管理部门确认，负责统筹推进或实施城市更新项目的规划、设计、投资、建设和运营的主体。城市更新实施主体的核心职能是对城市更新项目的统筹和管理，可以兼具规划、设计、投资、建设和运营的部分职能或全部职能。

城市更新实施主体的确定根据项目类型、主体属性、政府组织方式等而不同。综合来看，城市更新实施主体主要有四种类型，即物业权力人自行实施、物业权利人与市场主体联合、依法公开遴选市场主体、政府组织实施或由政府确定的实施主体。

物业权利人是主要的城市更新实施主体，适用于零星更新项目、单一物业权利人项目或者经过产权归宗会后形成的新物业权利人项目。政府鼓励物业权利人自行组织实施城市更新，也可以与市场主体联合实施城市更新。对于涉及公共利益和公共安全的更新项目、区域整体更新项目等，由政府依法组织公开招标等方式确定实施主体。"属于历史风貌保护、产业园区转型升级、市政基础设施整体提升等情形的，市、区人民政府也可以指定更新统筹主体""城市更新项目拆除范围内形成单一权利主体或者合作实施主体的，应当向区城市更新部门申请确认实施主体"。各城市政府在城市更新实施主体确定方式上略有差别，见表6-2。

城市更新实施主体同时兼具多重主体身份和责任，比如项目申报主体、统筹主体、产权归集主体、项目建设主体等，负责城市更新单元计划申报、单元规划编制、产权归集、原有建筑物拆除和不动产权属注销登记、国有建设用地使用权出让、作为更新项目建设单位依法办理立项、土地、规划、建设等手续。

北京、上海、深圳、青岛城市更新实施主体确定方式比较　　　　表6-2

实施主体确定方式	《北京市城市更新条例》	《上海市城市更新条例》	《深圳经济特区城市更新条例》	青岛市人民政府《关于推进城市更新工作的意见》
物业权利人自行实施	①城市更新项目涉及单一物业权利人的，物业权利人自行确定实施主体；涉及多个物业权利人的，协商一致后共同确定实施主体；②多个相邻或者相近城市更新项目的物业权利人，可以通过合伙、入股等多种方式组成新的物业权利人，统筹集约实施城市更新	零星更新项目，物业权利人有更新意愿的，可以由物业权利人实施	①拆除重建类城市更新单元规划经批准后，物业权利人可以通过签订搬迁补偿协议、房地产作价入股或者房地产收购等方式将房地产相关权益转移到同一主体，形成单一权利主体；②城市更新项目拆除范围内形成单一权利主体或者合作实施主体的，应当向区城市更新部门申请确认实施主体	①土地使用权人。主要包括原土地使用权人（含原土地使用权人收购相邻土地归宗的情形），多个原土地使用权人组成的联合体，或者对城市更新单元内多宗土地收购归宗后实施整体开发的其他市场主体等；②城中村集体经济组织。主要包括城中村居民委员会、农工商公司，或者其与其他市场主体组建的联合体等

续表

实施主体确定方式	《北京市城市更新条例》	《上海市城市更新条例》	《深圳经济特区城市更新条例》	青岛市人民政府《关于推进城市更新工作的意见》
物业权利人与市场主体联合	物业权利人在城市更新活动中，自行或者委托进行更新，也可以与市场主体合作进行更新	由物业权利人实施更新的，可以采取与市场主体合作方式	属于城中村拆除重建类城市更新项目的，除按照前款规定形成单一权利主体外，原农村集体经济组织继受单位可以与公开选择的单一市场主体合作实施城市更新	可由农村集体经济组织自行或引入社会投资主体参与再开发
依法公开遴选市场主体	①涉及法律法规规定的公共利益、公共安全等情况确需更新的，可以由区人民政府依法采取招标等方式确定实施主体；②具备规划设计、改造施工、物业管理、后期运营等能力的市场主体，可以作为实施主体依法参与城市更新活动	更新区域内的城市更新活动，由更新统筹主体统筹开展。本市建立更新统筹主体遴选机制	①属于旧住宅区城市更新项目的，区人民政府应当在城市更新单元规划批准后，组织制定搬迁补偿指导方案和公开选择市场主体方案；②被选定的市场主体应当符合国家房地产开发企业资质管理的相关规定，与城市更新规模、项目定位相适应，并具有良好的社会信誉	鼓励各类市场主体依法取得相邻多宗低效用地进行归宗后，实施整体再开发
政府或者政府确定实施主体	区人民政府确定与实施单元范围内城市更新活动相适应的主体作为实施单元统筹主体，具体办法由市住房城乡建设部门会同有关部门制定。实施单元统筹主体也可以作为项目实施主体	属于历史风貌保护、产业园区转型升级、市政基础设施整体提升等情形的，市、区人民政府也可以指定更新统筹主体	城中村内的现状居住片区和商业区，可以由区人民政府组织开展综合整治类城市更新活动	政府按规定确定实施主体。主要包括政府平台公司，保障性住房（人才住房）专营机构，政府招标确定的土地一级开发整理单位，或者政府公开招拍挂确定的市场主体等

6.3 城市更新规划方案编制

6.3.1 城市更新规划的层级和体系

城市更新规划的概念首先在 2009 年发布的《深圳市城市更新办法》中提出，随着深圳城市更新深入推进，在后续颁布的一系列政策中不断完善城市更新规划内容体系和编制技术标准。2015 年上海市、广州市发布了城市更新办法，2022 年北京市发布城市更新条例，均提出城市更新规划的编制要求。但是深圳、上海、广州、北京等城市对更新规划的编制和使用有很大的差别。青岛市城市更新规划开展较晚，借鉴了深圳市城市更新单元管理制度，探索开展城市更新规划编制体系。

（1）城市更新规划的空间层级

城市更新规划具有时间和空间的双重属性，在不同的城市发展阶段和不同的空间尺度上具有不同的表现形式。根据对国内以及西方城市更新历程的比较研究，可以发现城市更新的演进大致如下：城市更新的内容由单一的物质空间环境的改善向空间环境、社会、经济、文化、生态等多元目标的综合提升转变；更新方式从城市和片区层面的大规模拆除重建向社区和街区层面的小规模、渐进式更新转变；更新方式也由政府主导向政府、资本、公众等多主体参与合作的模式转变。

根据空间尺度来分类，城市更新可以划分为宏观、中观和微观三个层级，各具有不同的内涵特征（表6-3）。

城市更新在不同空间尺度的内涵特征比较　　　　表 6-3

类型	研究对象	空间范围（km^2）	重点关注领域	更新目标	主要涉及的政策法规	对应的规划层面
宏观尺度	城市建成区（市区、县城）	>10km²	①低效用地再开发；②建成环境的提升；③公共设施的完善；④产业转型升级	从战略层面统筹城市土地利用，促进城市高质量发展，提高土地利用效率，改善建成环境，完善公共设施配套	①城市发展规划；②低效用地再开发政策	国土空间总体规划
中观尺度	功能片区（产业园、居住区、旧城区等）	1~10km²	①产业园区的更新；②旧城旧村的更新；③社区居住区更新；④产业业态的提升	落实城市更新战略目标，协调政府、市场、相关利益方的关系，明确重点片区的开发模式。	①土地使用权转让、合并、开发强度等使用政策；②城市更新投融资政策；③产业扶持政策	控制性详细规划及重点片区城市设计、产业规划
微观尺度	点状或线状等不成规模的城市节点	<1km²	①建筑环境的提升；②街道景观环境提升；③功能业态的提升	落实宏观和中观层面的更新目标，以景观环境提升和功能业态提升为重点，实现功能节点的更新	①城市（环境）管理政策；②历史建筑管理政策	修建性详细规划以及建筑设计、景观设计、业态策划等

对应不同空间层级，城市更新相关的规划编制体系也应该划分为不同的空间层级，对应实现不同层级的更新目标。国内学者对城市更新规划空间层次有很多的探讨，基本上倾

向于划分为 3~4 个空间级别。实际操作中，以深圳、上海、北京为例，城市更新规划编制包括宏观层面的城市更新专项规划，中观层面城市更新统筹规划或者"三旧"改造专项规划、城市更新单元规划，微观层面的城市更新项目规划或零星更新方案等三个层次（表6-4）。

深圳、上海、北京城市更新规划的空间层级　　　　表6-4

内容	深圳	上海	北京
现行主要法规	《深圳经济特区城市更新条例》（2021）、《深圳市城市更新办法实施细则》（2012）	《上海市城市更新条例》（2021）、《上海市城市更新规划土地实施细则（试行）》（2022）	《北京市城市更新条例》（2023）
宏观尺度规划	全市及区层面城市更新五年专项规划或城中村（旧村）、旧厂区改造总体规划	城市更新行动计划	城市更新专项规划
中观尺度规划	片区统筹更新规划、城市更新单元规划	区域更新方案	更新类控制性详细规划（街区）
微观尺度规划	城市更新项目规划	零星更新方案	更新项目实施方案

综上，城市更新不是孤立的事件，而是整个城市系统的有机更替，整体与局部之间存在有机的联系，在不同的空间层次上，城市更新采取不同的策略和方法。

（2）深圳城市更新规划体系

深圳的城市更新规划在探索过程中，逐步与国家法定的城市规划体系和层次相对应，形成了全市及区层面的城市更新五年专项规划或城中村（旧村）、旧厂区改造总体规划、区层面的城市更新五年专项规划、片区更新统筹规划、城市更新单元规划，共四个层次（图6-4）。

总体规划层面上，为了宏观层面统筹指导城市更新工作，在以城市更新单元规划为抓手的基础上，逐步开展支撑城市总体规划的更新专题研究、针对城中村（旧村）和工业区的改造总体规划纲要、市区两级的城市更新五年专项规划以及片区层面的城市更新统筹规划。

详细规划层面，开展以"协商式规划"为特点的城市更新单元规划，综合了政府主导的"自上而下"的和市场、公众的"自下而上"的规划诉求，最终通过法定图则和详细蓝图的法定形式付诸实施。根据《深圳市拆除重建类城市更新单元规划编制技术规定》，"城市更新单元规划是在大规模城市更新改造背景下，政府调控城市空间资源、维护社会公平、保障公众利益的一项重要公共政策""城市更新单元规划以已批计划为依据，以法定图则为基础，重点就更新单元的改造模式、土地利用、开发强度、配套设施、道路交通及利益平衡等方面做出详细安排""城市更新单元规划一经批准，在城市更新单元范围内具有与法定图则相等的效力，是进行城市更新和规划管理的基本依据"。

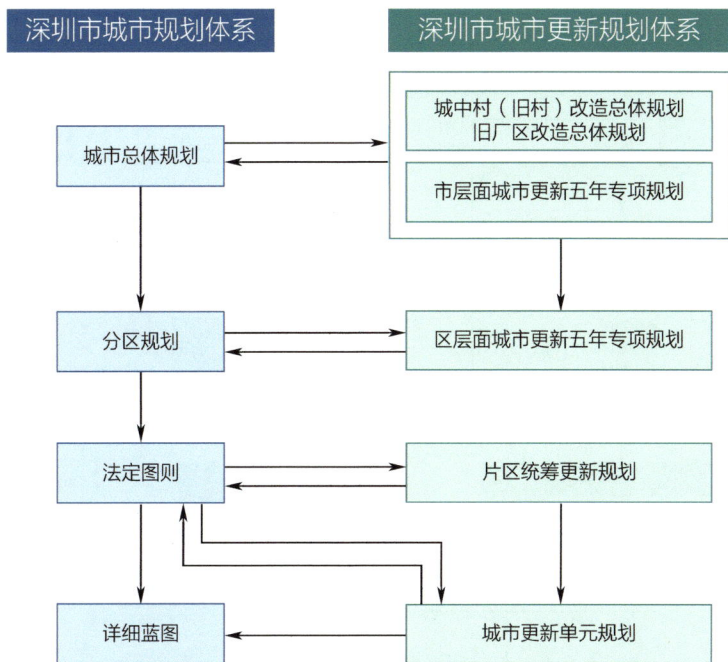

图 6-4　深圳市城市更新规划体系与城市规划体系的关系

深圳市城市更新单元规划编制技术不断完善，形成了完整的成果体系（图 6-5）。

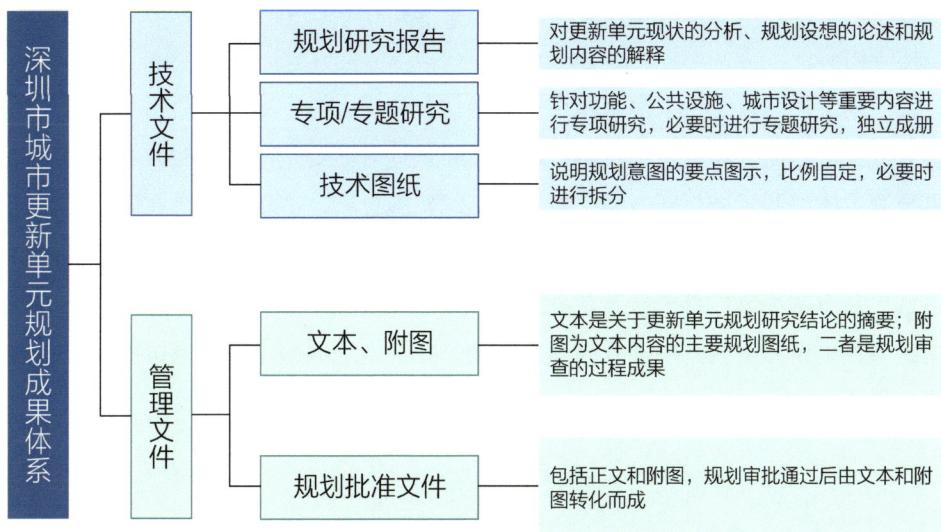

图 6-5　深圳市城市更新单元规划成果体系

（3）上海城市更新规划体系

2021 年《上海市城市更新条例》颁布，确立"城市总体规划—城市更新指引—城市更新行动计划（区级或跨区）—区域或项目更新方案"的城市更新规划体系（图 6-6）。

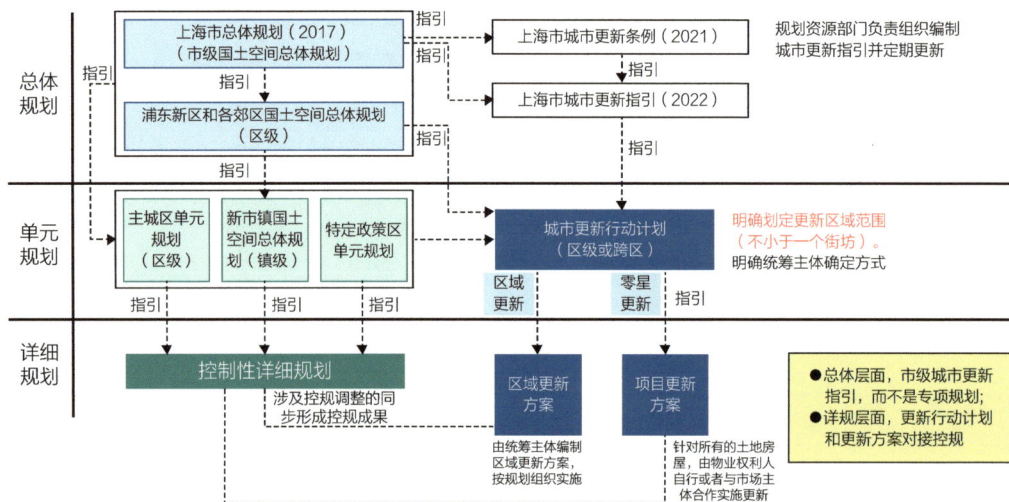

图 6-6 上海城市更新的空间规划体系示意图

资料来源：《上海市城市更新条例》（2021 年 9 月）、《上海市城市更新指引（征求意见稿）》（2022 年 8 月）

总体规划层面上：市一级，在城市总规指导下编制《上海市城市更新指引》，提出全市的更新原则、更新目标、规划分区、重点任务等；区一级，在区级总体规划、单元规划及《上海市城市更新指引》的指导下，编制区级更新行动计划，明确更新区域范围和更新统筹主体等内容。

详细规划层面，按照《上海市城市更新条例》和《上海市城市更新指引》，上海将城市更新分成区域更新、零星更新两类。区域更新是针对需要整体提升的区域，确定统筹主体，由统筹主体编制区域更新方案，按规划组织实施更新；零星更新是在区域更新范围之外，针对有自主更新意愿的自有土地房屋，由物业权利人自行或者与市场主体合作实施更新。区域更新方案编制中涉及控规优化的，同步控规修改，形成控规成果（图 6-7）；零星更新的项目更新方案编制中涉及控规优化的，控规组织编制主体应当按照任务书同步形成控规成果。

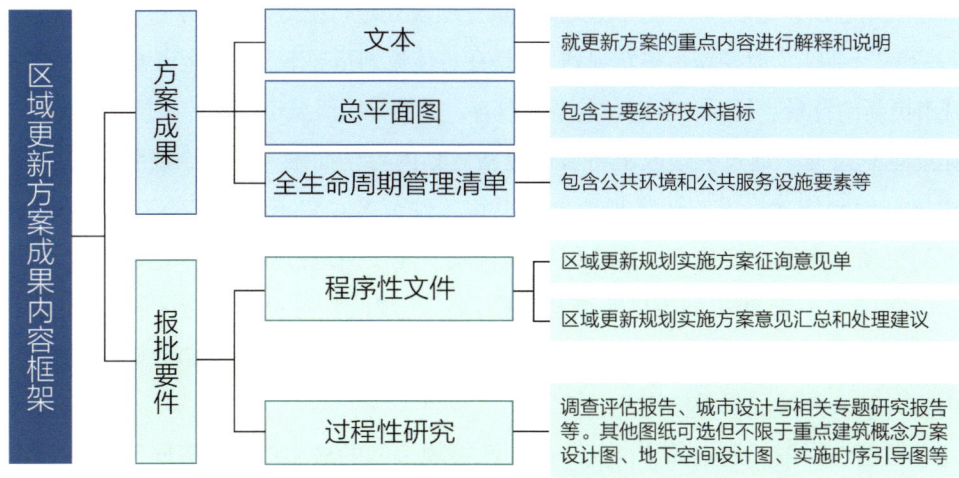

图 6-7　上海市区域更新方案成果内容框架

（4）北京城市更新规划体系

2021~2022 年《北京市城市更新行动计划（2021—2025）》《北京市城市更新条例》和《北京市城市更新专项规划（北京市"十四五"时期城市更新规划）》密集出台，体现出北京对城市更新实践以及建立城市更新的空间规划体系的高度重视。依据《北京市城市更新条例》，北京建立"总体规划—专项规划—街区控规—行动计划"的城市更新四级规划体系（图 6-8）。

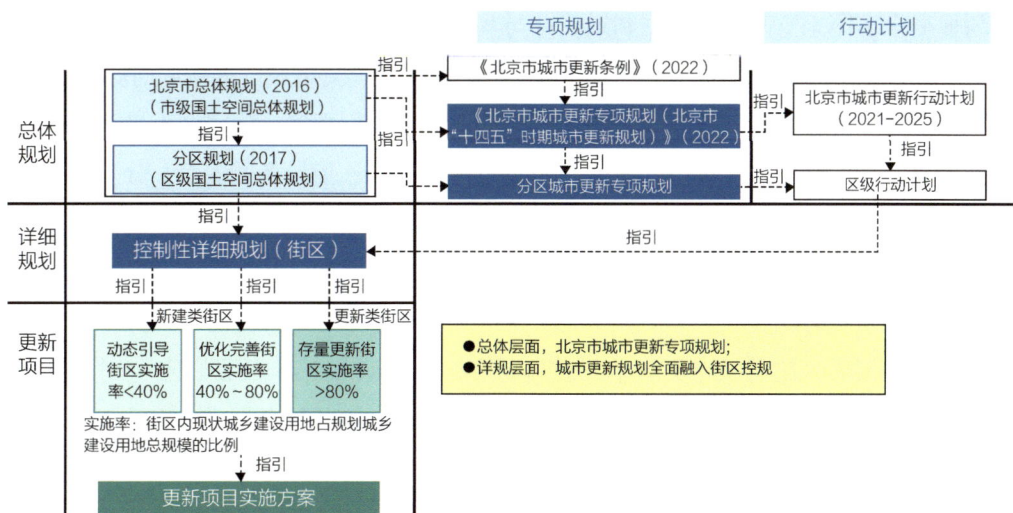

图 6-8　北京城市更新的空间规划体系示意图

资料来源：《北京市城市更新条例》（2022 年 11 月）、《北京市控制性详细规划编制技术标准与成果规范》（2022 年 9 月）

　　总体规划层面，编制市、区两级城市更新专项规划进行统筹。《北京市城市更新专项规划（北京市"十四五"时期城市更新规划）》是在总体规划指导下、统筹全市城市更新的总纲，明确城市更新的背景、目标、策略、类型等内容，并指导区级城市更新专项规划编制。

　　详细规划层面，通过控规改革将城市更新规划内容全面融入控规。按照《北京市控制性详细规划编制技术标准与成果规范》（下称《规范》）要求，将实施率不小于80%的街区划为更新类街区（实施率，即街区内现状城乡建设用地占规划城乡建设用地总规模的比例），实施率小于80%的街区为新建类街区；《规范》对更新类街区的控规编制提出一系列明确要求，包括城市更新的8张清单、更新资源梳理、规划实施导则、更新实施导则等内容，纳入控规成果并法定化。

　　北京控制性详细规划中的"街区"是街区控规编制的最小单位，等同于深圳市的"城市更新单元"，也是北京城市更新规划的基本单元；通过控规改革，详细规划层面的城市更新规划内容全面融入街区控规，直接通过编制街区控规来完成城市更新规划内容，指导下一步的更新项目实施方案。

　　（5）青岛市城市更新规划体系探索

　　青岛市城市更新规划开展较晚，根据2020年发布的《青岛市人民政府办公厅关于加强城市更新规划和用地管理有关工作的意见》（征求意见稿），青岛市"依据城市发展要求，逐步搭建由专项规划及年度计划组成的城市更新目标传导机制，建立健全城市更新规划编制体系。城市更新规划分为专项规划和单元规划两类，专项规划又分为市、区（市）两级"。

　　总体规划层面，分为市区两级的城市更新专项规划和城市更新近期规划。城市更新专项规划根据全市国土空间总体规划制定，并与其相衔接，编制范围、规划期限应与国土空间规划一致，并于与城镇低效用地再开发专项规划相衔接。全市城市更新近期规划（五年）根据城市国民经济和社会发展规划及国土空间近期建设规划编制，确定城市更新近期目标和更新策略、分区管控、各类设施配建、实施时序等要求。指导各区（市）分别编制城市更新专项规划（可结合分区规划编制），进一步细化明确各区（市）城市更新实施时序，指导城市更新单元的划定，合理引导城市更新单元的更新方向、规划功能以及土地供应，保障城市更新规划有序实施。

　　详细规划层面，施行城市更新单元管理制度，编制城市更新单元规划，"对城市更新单元的目标定位、更新模式、土地利用、开发建设指标、公共配套设施、市政工程、城市设计、利益平衡等方面做出细化规定，明确城市更新单元的强制性、引导性内容以及实施的规划要求，协调各方利益，落实更新的目标和责任"。在规划审批流程上，"城市更新单元规划不涉及控规强制性内容调整的，按照修建性详细规划审批流程报批；涉及控规强制性内容调整的，按照控规调整程序办理，并及时就调整内容对控规进行动态维护"。

6.3.2　企业参与编制城市更新规划方案的原则

深圳市城市更新采取"政府引导、市场运作"的模式，市、区层面的城市更新专项规划、片区更新统筹规划由政府组织编制，城市更新单元规划由实施主体组织编制。上海市也采用类似模式，全市的城市更新指引和区层面的城市更新行动计划是由政府组织编制，区域更新方案和零星更新方案是由统筹主体和物业权利人来组织编制。青岛市参考了深圳城市更新规划的经验，在市、区层面的城市更新专项规划和城市更新近期规划由政府组织编制，城市更新单元规划由实施主体负责组织编制。

企业可以作为实施主体、统筹主体、物业权利人或者作为市场主体跟物业权利人的联合体参与详细规划层面的城市更新规划编制。在详细规划层面，政府把城市更新规划编制权开放给实施主体或者市场主体，可以说是一种"开门式规划"或者"协商式规划"的尝试，为市场和公众参与城市更新和城市发展提供了一个平台。鉴于企业的资本属性和营利属性，企业参与编制城市更新规划需要遵守一些基本原则和底线要求，在政府及公众的共同参与和监督下规避市场逐利性的弊病，才能更好地服务于城市发展，在城市更新中兼顾公平与效率。

据研究，从目前各省市颁布的城市更新条例、法规和政策文件中，可以归纳出城市更新规划原则要点约 39 项，其中共识性原则 7 项、非共识性原则 32 项。共识性原则就是各政策文件中提及超过 50% 的原则要素，包括"政府主导""规划引领""市场运作""民生优先""保护优先""共建共享""多方参与"。非共识性原则就是各政策文件中提及不到 50% 的原则要素，其中比较靠前的几个原则要素，主要是包括"以人为本"或者"以人民为中心""生态优先"或"绿色发展""品质提升""功能完善""留改拆"并举，等等。此外，不同的城市还会根据自己的更新目标和更新类型，提出特殊性的原则要求。

企业来参与编制城市更新规划，除了遵循以上原则之外，还要遵循下列基本原则。

（1）维护公共利益的原则

企业作为实施主体参与城市更新单元规划编制，承担了一部分政府部门的公共协调和管理职责。主要体现在以下五个方面：①在城市更新中需要重视区域安全，提升基础设施的安全保障能力；②关注公共服务设施和公共空间的供给，满足民生需求，补足城市公共设施短板；③注重生态环境的保护和修复，提高绿地空间质量；④重视历史文脉的传承，保护历史文化街区、历史建筑、历史街道等历史空间环境，保留城市文化记忆；⑤协调多方利益诉求，推进社区共建共治共享。

（2）统筹资源利用的原则

1）统筹空间资源的分配。城市更新单元或片区内的发展受土地、生态资源、交通条件、人口等多方面因素的影响，存在人口及建筑容量的极限，需要合理管控片区发展规模，并留有一定的弹性空间，综合评价片区可持续发展能力，框定总量，预留增量，并合理协调增量空间的分配。

2）统筹多方利益平衡。更新单元或片区内一般存在多个物业权力人，需要通过产权归集等手段确定一个物业权利人作为实施主体，统筹多个空间资源、化零为整，实现整体更新利益的多大化。对于有特殊限制的单元（片区），需要统筹利用单元（片区）内外资源，通过规划手段，实现跨项目、跨区域的统筹平衡。

3）统筹开发先后时序。更新单元或片区发展需要根据产业经济发展规律统筹安排时序，避免空间碎片化和发展过程中的"挑肥拣瘦"。

（3）注重恒久效益的原则

城市更新是一个长期、循环往复、持续发展过程。企业参与更新应转变发展思路和投资理念，注重长效运营效益。首先，应转变追求短期经济回报的建设开发模式，积极探索更加多元化、多主体、分散化、渐进式投资方式，以长效运营为导向，注重恒久经济效益，提升城市活力和可持续发展能力。其次，鼓励跨界融合和加深产业链整合，注重功能更新，真正做到有生命维度的有机更新。

6.3.3 企业参与编制城市更新规划方案的内容框架

在国内城市中，深圳的城市更新单元规划和上海的片区更新方案的编制流程和内容体系较为成熟。本书中重点介绍深圳和上海的经验，供企业参与编制城市更新单元规划或方案参考。

（1）深圳市城市更新单元规划编制内容框架

深圳城市更新单元规划分为拆除重建和综合整治两种类型。拆除重建类城市更新是市场主体采用较多的一种更新方式，其更新单元规划的编制技术体系和政策保障文件也更为完善，主要技术规范文件是《深圳市拆除重建类城市更新单元规划编制技术规定》。综合整治类城市更新主要集中于城中村（旧村）和旧工业区，分别在《深圳市城中村（旧村）综合整治总体规划（2019—2025）》和《深圳市综合整治类旧工业区升级改造操作规定（征求意见稿）》两个文件中明确了规划编制要求。本课题重点针对市场主体主导编制的拆除重建类城市更新单元规划进行分析解读。

深圳市拆除重建类城市更新单元的规划编制技术是在传统的法定图则和详细蓝图基础上，结合深圳城市更新发展中的实际需要不断演化而来。从2009年深圳市颁布《深圳市城市更办法》到2018年发布的《深圳市拆除重建类城市更新单元规划编制技术规定》，编制技术不断优化，最终实现了市场开发与公共利益的结合、编制技术内容与规划管理的结合（表6-5）。深圳市拆除重建类城市更新单元规划的主要特征体现在多个专项研究的支撑和规划成果实现技术与管理的双重要求（图6-9）。

深圳市拆除重建类城市更新单元规划中各类专项研究的适用条件与内容要点　表6-5

专项专题研究	适用条件	内容要点
历史文化保护专项研究	更新单元内涉及文物保护单位、未定级不可移动文物、历史建筑、历史风貌区	梳理更新单元内的历史文化要素，落实上层级规划历史保护划定核心保护范围，提出保护范围内的建设活动控制要求，出保护措施和合理的活化利用方式
城市设计专项研究	所有城市更新单元	协调项目与周边空间关系，重点针对城市空间组织、公共空间控制、慢行系统组织、建筑形态控制等内容进行深入研究，明确城市设计要素和控制要求
海绵城市建设专项研究	所有城市更新单元	评估现状地下水位、水质，地质土壤及其渗透性能、内涝灾害水文地质条件，进行区域海绵城市的影响评估，并提出相应改善措施
产业发展专题研究	涉及产业用地的城市更新单元	评估周边地区的产业发展趋势，结合城市更新单元的发展条件分析、产业发展的需求和供给潜力（新增和改造），提出城市单元的产业升级方向、门类选择与发展指引
规划功能专项研究	涉及优化法定图则用地功能布局或法定图则未覆盖的	从市场需求、政策导向、提升服务等角度，提出城市更新单元功能发展方向、发展指引以及更新单元的用地性质和功能
交通影响评价专项研究	涉及突破法定图则确定的建筑总量或法定图则未覆盖的	评估更新后空间容量产生的交通负荷，细化应对措施优化周边交通情况
市政工程设施专题研究	涉及突破法定图则确定的建筑总量或法定图则未覆盖的	评估现状水、电、气、环卫、消防等市政设施的设计供给实际运行负荷情况，进行区域市政设施支撑能力分析及对系统的影响评估，并提出相应的改善措施
公共服务设施专项研究	所有城市更新单元	根据更新单元及周边地区已批复更新单元核算人口增量，预测设施需求，明确公共服务设施的种类、数量、分布和规模
建筑物理环境专项研究	所有城市更新单元	研究单元的空间组织、建筑布局、场地设计、绿化设置等对地区小气候的影响，评估项目物理环境，设计优化环境体验
根据调整的内容开展相应的专项研究	涉及对法定图则其他限定性条件作重大调整的	根据调整内容确定

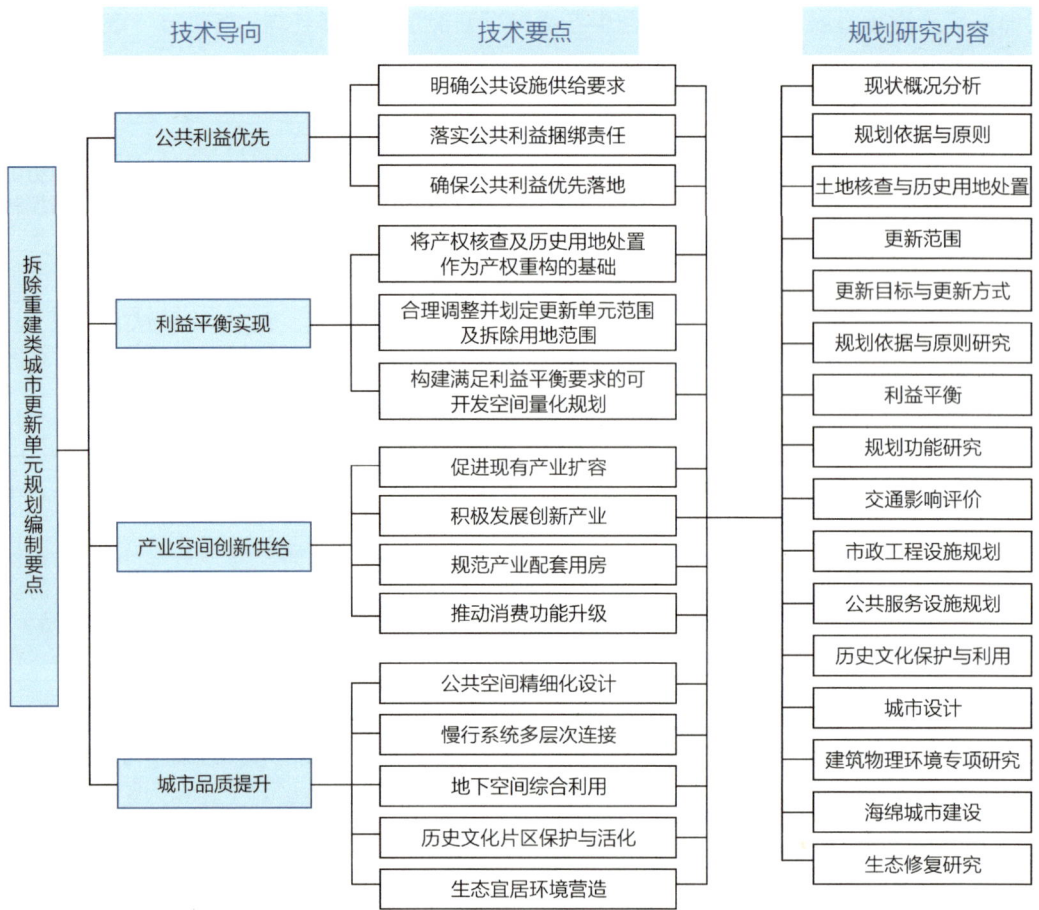

| 技术导向 | 技术要点 | 规划研究内容 |

拆除重建类城市更新单元规划编制要点

技术导向：公共利益优先
- 明确公共设施供给要求
- 落实公共利益捆绑责任
- 确保公共利益优先落地

技术导向：利益平衡实现
- 将产权核查及历史用地处置作为产权重构的基础
- 合理调整并划定更新单元范围及拆除用地范围
- 构建满足利益平衡要求的可开发空间量化规划

技术导向：产业空间创新供给
- 促进现有产业扩容
- 积极发展创新产业
- 规范产业配套用房
- 推动消费功能升级

技术导向：城市品质提升
- 公共空间精细化设计
- 慢行系统多层次连接
- 地下空间综合利用
- 历史文化片区保护与活化
- 生态宜居环境营造

规划研究内容
- 现状概况分析
- 规划依据与原则
- 土地核查与历史用地处置
- 更新范围
- 更新目标与更新方式
- 规划依据与原则研究
- 利益平衡
- 规划功能研究
- 交通影响评价
- 市政工程设施规划
- 公共服务设施规划
- 历史文化保护与利用
- 城市设计
- 建筑物理环境专项研究
- 海绵城市建设
- 生态修复研究

图 6-9　深圳市拆除重建类城市更新单元规划编制要点

（2）上海市更新方案编制内容框架

根据《上海市城市更新操作规程（试行）》和《上海市城市更新指引》，上海市城市更新分为区域更新和零星更新，分别根据统筹主体和物业权利人的诉求需要编制区域更新方案和零星更新方案。但是"区域更新方案涉及控详规划优化的，由控详规划组织编制主体会商统筹主体，依据更新方案中的规划实施方案，同步编制控详规划成果，按规定开展控详规划优化相关工作"。零星更新方案涉及控规成果优化的，同样需要"按规定开展控详规划优化相关工作"。

本书重点梳理区域更新方案编制流程及内容体系，见表 6-6。

上海市片区更新方案编制流程及内容体系　　　　　表 6-6

编制流程	专项工作或研究	主要内容
1 前期评估	1.1 现状情况调查	统筹主体调查现状不动产权属、使用情况等，涉及产业用地的，须进行合同履约情况评定、资源利用效率评价，按照规定组织开展土壤环境调查
	1.2 物业权利人更新诉求调查	统筹主体应当向更新区域范围内涉及的物业权利人开展更新意愿调查，收集更新诉求。涉及的物业权利人包括建设用地使用权人、房屋所有权人、公房承租人等
	1.3 研究区域功能定位	落实规划设计条件，细化研究区域更新范围的目标定位和功能策划等相关内容。区域功能研究可以运用战略分析、访谈调研等方法
2 研究初步方案	2.1 城市设计研究	统筹考虑规划、建设、运营管理要求，明确空间结构、功能业态、开发强度、高度分区、公共要素、交通组织、绿化景观、界面连续度等方面系统布局
	2.2 相关专题研究	①产业发展专题研究； ②历史风貌保护利用专题研究； ③住宅更新的建筑方案、公共环境整治、配套设施挖潜、适老化改造等研究； ④综合交通专题研究； ⑤服务设施高效利用专题研究； ⑥专项资金、财税支持专题研究； ⑦其他针对项目特点和区域特点的专题研究
	2.3 产权归集方案	基于区域规划情况与土地利用现状，结合城市设计研究及相关专题研究，考虑物业权利人意愿，拟定产权归集补偿或合作方案，可灵活运用股权收购、作价入股、物业转让、以房换地等多元化方式实施产权归集
	2.4 可行性研究	①经济可行性分析； ②社会效益分析； ③风险评价分析
3 编制区域更新方案草案	3.1 规划实施方案	①明确地块建设指标，如功能业态、混合比例、建筑规模、建筑高度等内容； ②明确公共服务设施、公共绿地、开放空间、市政基础设施的类型、规模、位置、产权、建设方式（结建或独立①）、建设时序等内容； ③明确交通系统方案，如机动车、人行、静态交通的组织与布局，道路红线、地块出入口、交通设施与公共通道的位置、衔接关系等内容； ④明确地下空间的建设范围、功能、规模、连通性、运营管理等内容，研究地下公共服务、交通、市政基础设施等系统整合协同； ⑤明确建筑平面布局、面宽，以及退界、退让等相邻关系要求，并明确在项目实施阶段可优化的内容和幅度； ⑥其他与区域目标定位和地区特点有关的特别要求

---

　　① 结建模式指在保留既有建筑主体结构的前提下，通过改建、加建或功能置换等方式进行更新，通常需与周边区域协同开发。独立建设模式指对原有建筑实施拆除重建，或在未开发地块上进行全新建设。

编制流程	专项工作或研究	主要内容
3 编制区域更新方案草案	3.2 利益平衡方案	①土地利用方式； ②项目实施安排； ③资金筹措与特定政策
	3.3 全生命周期管理清单	明确区域内城市更新项目功能、改造方式、建设计划、运营维护管理、项目绩效、物业自持比例、持有年限、节能环保和公共要素建设等全生命周期管理要求
4 组织专家委员会专家评审		区规划资源部门会同统筹主体组织开展城市更新专家委员会专家评审。区域更新方案编制成熟的，可结合控详规划相应程序一并开展
5 认定与公布		统筹主体根据意见，对草案修改完善，成果报送区规划资源部门，并附具意见汇总和处理建议。区规划资源部门受理并组织审核。涉及已批控详规划优化的，规划实施方案应当取得市规划资源部门意见。区域更新方案由区人民政府认定，成果应当通过城市更新信息系统予以公布

6.4 企业视角城市更新项目的投融资

在城市更新过程中，从企业投资的角度来看，城市更新投资应理解为开发商、资产管理公司、私募基金、信托公司等投资方为了在未来可预见的时期内获得城市更新项目收益或是资金增值，在一定时期内向城市更新项目投放足够数额的资金或实物的货币等价物的经济行为；从企业融资的角度来看，城市更新融资应理解为项目公司或项目公司的实际控制人等融资方为了城市更新项目可持续发展向自然人或金融机构，如银行、财务公司、信托公司等主体通过各种方式借入资金的行为。

城市更新项目在产权关系、资产抵押、资产增值和运营收益等方面存在不确定性，从而具有一定的投资风险。目前，深圳、广州等地城市更新项目投融资主要偏向于拆除重建型的项目，而对于存量改造或微更新型项目更多地以政府主导投资或者政府购买服务的方式进行投融资。此外，城市更新项目的投资还受到更新模式、国家及地方政策的影响。对于项目开发导向的城市更新投融资需要根据更新项目类型分类研究和制定对策。

6.4.1 城市更新项目投资模式分类

根据 2004 年《国务院关于投资体制改革的决定》（国发〔2004〕20 号），将投资项目分为政府投资项目和企业投资项目，并分类管理。实际操作中政府投资和企业投资会相互交叉，衍生出政企联合投资、政府引导性基金等新的类型（图 6-10）。

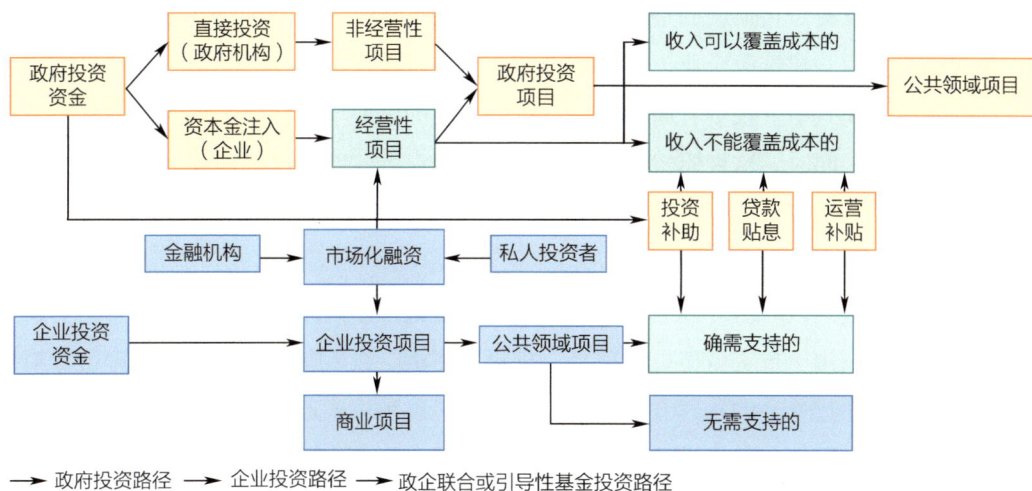

图6-10　城市更新项目中政府投资与企业投资的逻辑关系

（1）政府投资模式

政府投资在城市更新中主要包括政府财政直接投资、委托投资、引导性投资、债务融资等。政府财政直接投资主要是以改造城市公共设施和市政基础设施为主，如学校、医院、道路、桥梁、公园等。委托投资是指政府部门委托相关企业或者机构进行投资，由政府支付费用，企业或机构执行的项目，比如委托政府平台公司的拆迁、安置等。引导性投资是指政府提供一部分初期资金，以吸引和鼓励私人资本进入城市更新项目。债务融资是指政府通过发行债券，吸引社会资本投资城市更新项目。

（2）政企联合投资模式

政企联合投资是指政府和企业共同出资合作，共同投资于某个项目或领域的发展。这种模式下，政府和企业都参与投资和运营管理，共享风险和收益。政企联合投资模式是一个比较宽泛的概念，包括了广义的公私合作模式、PPP模式等。

公私合作模式是指政府和私营部门（企业）在某个特定领域或项目上合作，共同承担风险和责任，共享收益。在这种模式下，政府与私营部门保持合作关系，通过合作推动公共事务的发展。比如，20世纪90年代，上海市原卢湾区政府与香港瑞安集团合作开发新天地项目，就是公私合作推进城市更新的典范。

PPP模式是一种特定的公私合作模式，更侧重于政府与私营部门之间在基础设施领域的合作。PPP强调政府与私营部门在资金、技术、管理等方面的合作，共同投资、建设和运营基础设施项目，并共享风险和收益。

（3）企业投资模式

企业投资则是指社会投资者根据市场的供求关系，通过金融市场等渠道，以经济性回报为目的进行的投资。它强调的是经济交易和经济回报。通常，企业投资主体为土地开发商、房地产开发商、建筑业企业、金融机构等。

在企业投资模式中，投资者通常期待通过投资后的价值增长、租金收入或者资产销售等获取投资回报。同时，这种模式下的城市更新，相对于政府主导的模式，有更高的灵活性和效率。

（4）政府引导性基金投资模式

城市更新基金是政府引导性基金的一种类型，是指使用由政府或私人投资者出资设立的专项基金，专门用于投资城市更新项目。投资者将资金投入基金，由基金经理负责项目选择和管理，并通过基金的运营方式获取投资回报。这种模式通过整合各类资本，将风险和收益合理分配，可以有效推进城市更新项目的实施。

（5）其他投融资模式

除了政府投资和企业投资之外，社区参与投资也是城市更新中重要的投融资模式，尤其是老旧小区改造、历史文化街区更新、社区自治项目等类型。社区参与投资模式是通过让当地居民或在地企业等利益相关者通过购买土地或房产、股权投资或社区债券等方式参与投资，同时参与项目的决策和管理过程，使其成为城市更新过程中的共同受益者，更广泛地分担风险和享受回报。典型的社区参与投资项目类型包括共有产权房屋、社区基建项目、社区创业孵化器、社区环境可持续项目、社区教育和文化项目等。社区参与投资模式能够增加社区居民的参与度和满意度，促进整个城市更新的可持续发展，并创造更大的社会效益和经济效益。

6.4.2 城市更新中政府投融资路径

（1）政府投资与政府投资项目

根据《政府投资条例》，政府投资是指在中国境内使用预算安排的资金进行固定资产投资建设活动，包括新建、扩建、改建、技术改造等。政府投资资金应当投向市场不能有效配置资源的社会公益服务、公共基础设施、农业农村、生态环境保护、重大科技进步、社会管理、国家安全等公共领域的项目，以非经营性项目为主。

政府采用直接投资方式、资本金注入方式投资的项目，统称政府投资项目。政府使用预算安排的资金采用直接投资方式、资本金注入方式投资的公共领域的固定资产建设项目即政府投资项目。

（2）政府投资的原则和政策要求

政府投资主要遵循以下原则：①区分隐性债务和市场化融资；②区分政府投资项目和企业投资项目；③区分经营性项目和非经营性项目；④区分直接投资和资本金注入；⑤合

理使用财政资金而不形成隐形债务；⑥城市财务融资需做到收益自平衡。

近年来，中共中央政府层面连续发布政策文件，规范政府投资行为，尤其是避免形成政府隐性债务。2018 年 7 月，《中共中央国务院关于防范化解地方政府隐性债务风险的意见》提出，地方政府隐性债务是指地方政府在法定政府债务限额之外直接或者承诺以财政资金偿还以及违法提供担保等方式举借的债务，主要包括：①地方国有企事业单位等替政府举借，由政府提供担保或财政资金支持偿还的债务；②地方政府在设立政府投资基金、开展政府和社会资本合作（PPP）、政府购买服务等过程中，通过约定回购投资本金、承诺保底收益等形成的政府中长期支出事项债务。

2021 年《关于地方政府隐性债务风险防范化解工作的指导意见》，对金融机构提出防止新增地方政府隐性债务的 8 项要求。2023—2024 年，中央政府连续发布多个重要的文件，对地方政府投资进行规范管理。例如，《关于规范实施政府和社会资本合作新机制的指导意见》提出政府与社会资本合作（PPP）的新机制，明确了 PPP 投资以使用者付费为原则的 8 个重点领域。《关于金融支持融资平台债务风险化解的指导意见》明确融资平台债务的定义，包括贷款、债券、非标等金融债务，排除隐性债务和未纳入隐性债务但须由地方政府承担偿还责任的债务等。

随着我国法律法规体系的完善，政府投资行为将进一步规范，政府与市场的分工也会越来越明晰。政府在城市更新领域投资也将以公共领域项目为主，未来将进一步积极引导社会资本投资，逐步建立多元参与的、可持续的城市更新投资模式。

（3）政府投融资方式与路径

政府投资的方式主要有以下 5 种。①对于非经营性项目，政府采取直接投资方式，由政府有关机构或其指定、委托的机关、团体、事业单位等作为项目法人单位组织建设实施；②对于经营性项目，政府采取资本金注入方式指定政府出资人代表行使所有者权益，项目建成后政府投资形成相应国有产权；③投资补助，是指政府安排政府投资资金，对市场不能有效配置资源、确需支持的经营性项目，适当予以补助的方式；④贷款贴息，是指政府安排政府投资资金，对使用贷款的投资项目贷款利息予以补贴的方式；⑤运营补贴。

具体投融资模式上，政府可以根据项目特点选择代建制、"EPC+" 模式、PPP 模式、"专项债 +" 模式、政府投资基金模式、ABO 模式等路径。

6.4.3　城市更新中企业投融资路径

（1）企业投资的一般原则

企业投资一般遵循市场化原则，追求风险与回报平衡，实现经济效益最大化。具体包括以下 6 个原则。

1）市场适应性原则：市场主体应根据市场条件和预期变化，灵活调整融资策略，以适应市场利率、投资者偏好和宏观经济环境。

2）风险与回报平衡原则：在城市更新项目中，市场主体需要权衡不同融资方式的风险与回报，确保融资结构既能满足项目需求，又能在可接受的风险水平内实现资本成本最优化。

3）成本效益分析原则：进行详尽的成本效益分析，确保融资决策能够为项目带来正向的净现值（NPV）和内部收益率（IRR），实现经济效益最大化。

4）资本结构优化原则：通过债务与股权的合理搭配，优化资本结构，利用债务融资的税盾效应，同时避免过度杠杆化带来的财务风险。

5）透明度与信息披露原则：提高项目信息的透明度，确保所有利益相关者能够获取充分的项目信息，包括财务状况、项目进展和潜在风险，以增强市场信心和吸引投资。

6）创新与灵活性原则：鼓励采用创新的融资模式和工具，如绿色债券、社会影响债券等，同时保持策略的灵活性，以快速响应市场变化和项目需求。

值得一提的是，中国的国有企业具有特殊的性质，代表全民利益，部分国有企业承担公共领域投资职能，为中国的城市更新和发展提供了新的选择。随着中国改革开放的进一步深入，政府与市场的关系将会进一步清晰，企业投资在城市更新中将会形成强大的市场推动力量。

（2）企业投融资方式与路径

城市更新中企业的投融资方式是根据参与项目类型和企业角色定位来确定的。对建筑业企业来讲，参与角色的选择会随企业经营能力的变化而变化，从传统的施工主体向投资主体、运营主体和统筹实施主体的逐步转型升级（图6-11）。

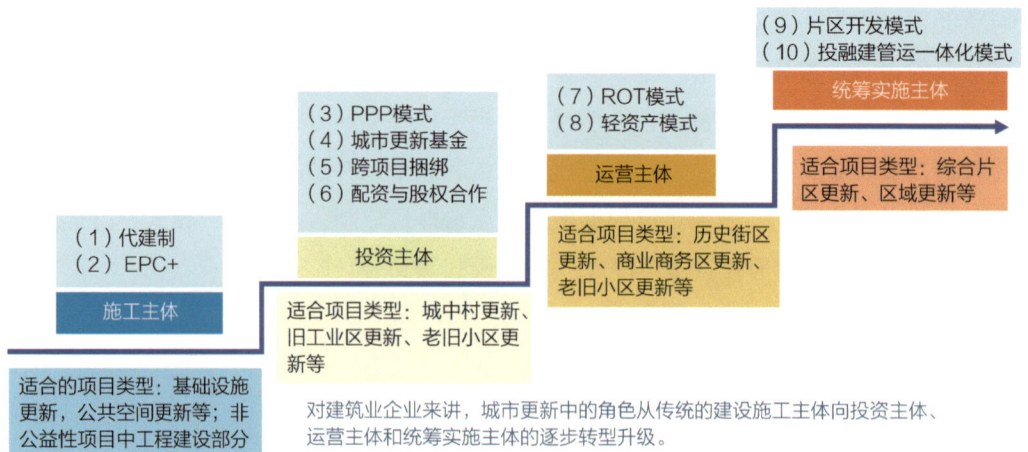

图6-11 企业投资模式选择以及角色转型升级路径

作为施工主体，企业可以为基础设施更新、公共空间更新以及其他更新项目类型提供工程建设服务，投资方式除直接投资工程采购与服务之外，还采用债务投资、股权投资等方式，参与模式可以采用代建制、"EPC+"等。作为投资主体，企业可以为城中村更新、旧工业区更新、老旧小区更新、综合片区更新等提供投融资服务，参与模式可以采用 PPP 模式、片区开发模式、城市更新基金、跨项目捆绑、配资与股权合作等。作为运营主体，可以为历史街区更新、公共服务设施更新、老旧小区改造、商业商务更新等提供运营服务，参与模式可以采用 ROT 或轻资产模式。作为统筹实施主体，可以为综合片区更新以及其他类型项目提供投资、建设、运营一体化的服务。但企业在项目类型、角色定位和参与模式的选择上并非固定搭配，而是需要根据地方政府政策要求和市场情况采用灵活的方式和模式组合。建筑业企业从施工主体到统筹实施主体的角色转变，反映了企业在城市更新中的转型升级的路径。

6.5　城市更新项目的建设与实施流程

6.5.1　城市更新项目建设方式

城市更新项目的建设主要包括综合整治、保护维护、拆除重建三种方式，但是在具体实施过程中，可以根据具体情况采用一种或多种方式组合。

（1）综合整治

包括改善消防设施、基础设施和公共服务设施，沿街立面、环境整治，海绵城市建设和既有建筑节能改造等内容，但不改变建筑主体结构和使用功能。综合整治类更新项目一般不加建附属设施，因消除安全隐患、改善基础设施和公共服务设施需要加建附属设施的，应当满足城市规划、环境保护、建筑设计、建筑节能及消防安全等规范的要求。

（2）保护维护

改变部分或者全部建筑物使用功能，但不改变土地使用权的权利主体和使用期限，保留建筑物的原主体结构。适用于历史文化街区、历史建筑保护利用或建筑及环境状况保持良好的地区。保护维护类更新方式不涉及相关产权、土地使用权变更，但涉及多方产权协调问题。

（3）拆除重建

针对建筑物、公共服务设施、市政设施等有关城市物质环境要素的质量全面恶化的地区，在通过其他方式难以实现城市功能与环境改善的情况下，拆除现状建筑物重新进行开发建设。拆除重建类城市更新往往涉及既有建筑产权收回、规划调整、实施主体确定、再开发建设，也涉及增量土地供应等问题。

6.5.2 城市更新建设实施流程

（1）综合整治类城市更新建设实施流程

综合整治类城市更新实施主体主要是政府以及物业权利人。涉及改善公共设施和基础设施、改善城市公共空间环境、市容市貌整治等内容一般由政府组织实施。物业权利人对自有建筑和场地的翻新与整治一般由物业权利人或物业权利人与市场主体的联合体来组织实施，并报政府备案（图 6-12）。实施流程包括更新意愿征询、实施主体确认与编制实施方案、方案报批与立项、规划审批与组织、竣工与评估等，具体流程如图 6-13 所示。

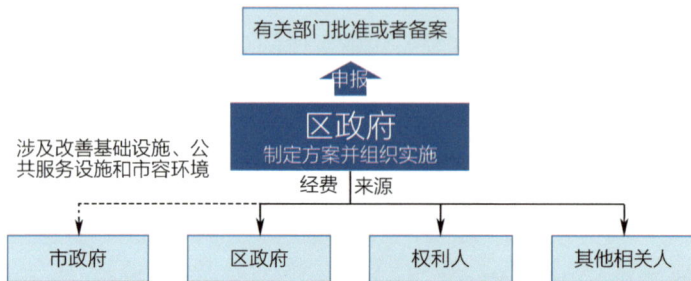

图 6-12 综合整治类城市更新实施主体的构成

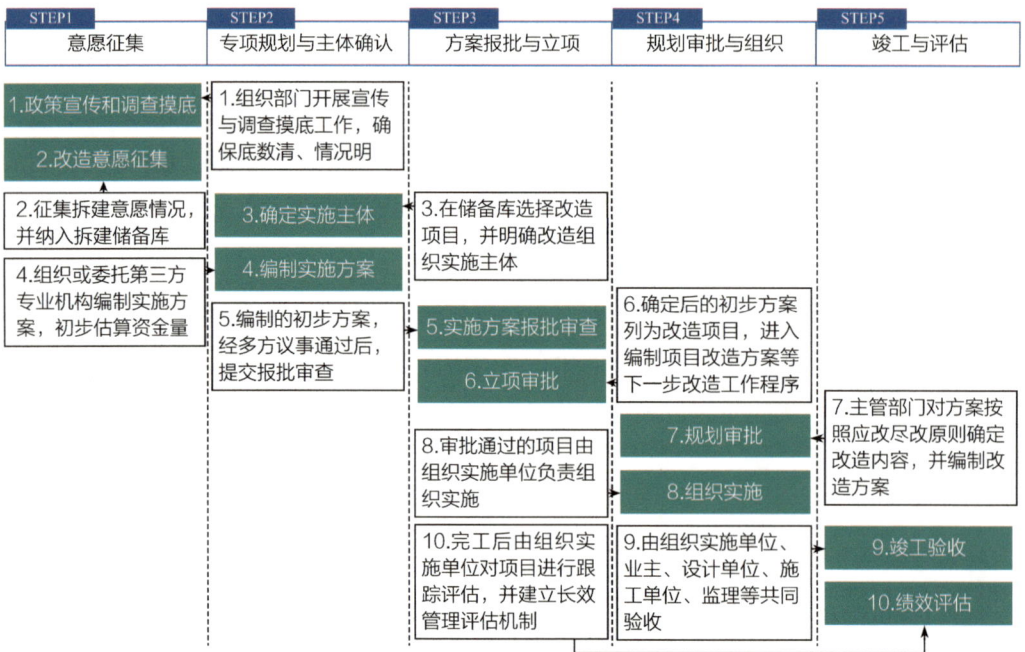

图 6-13 综合整治类城市更新建设实施流程

（2）保护维护类城市更新建设实施流程

保护维护类城市更新包括了历史建筑的保护和利用、既有建筑的更新改造和功能提升、不同性质建筑功能的转换和空间改造等类型，实施主体包括政府、市场主体、物业权力人等的多种主体及其组合方式。实施主体的确定一般由市场主体来确定，也可由政府指定。

根据建筑物改造程度划分为建筑改扩建类、建筑外立面改造类、建筑室内改造类三种更新改造实施类型或者其任意组合，相应的更新实施流程也不相同（图6-14~图6-17）。

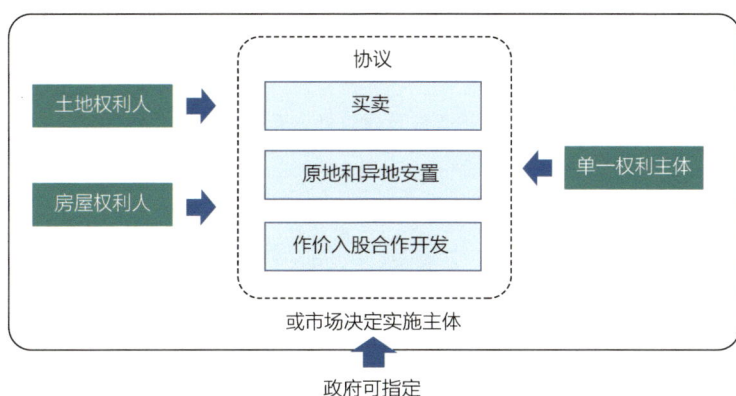

图 6-14　保护维护类城市更新实施主体的遴选

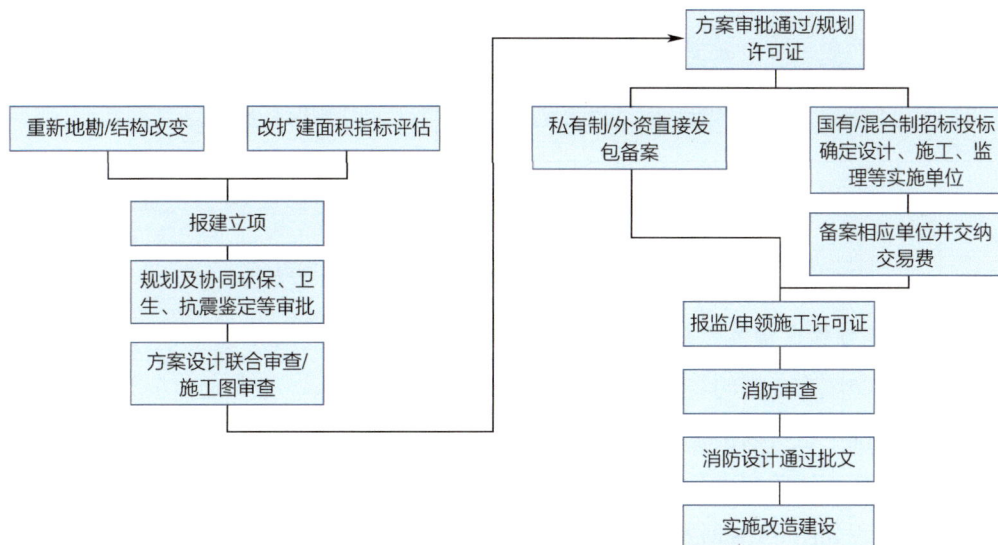

图 6-15　保护维护类涉及建筑改扩建的实施流程

改变结构申报

| 确认外立面改造设计 | 节能专项设计（保温） |

报建立项

规划局审查

施工图/节能审查

申领施工许可证

门面装饰方式申报

| 提供外立面门面装饰方案 | 项目装饰立项 |

制作承诺书不破坏原有外立面

门面方案公示

公示通过/修改方案

实施发包备案

施工许可证办理/报监

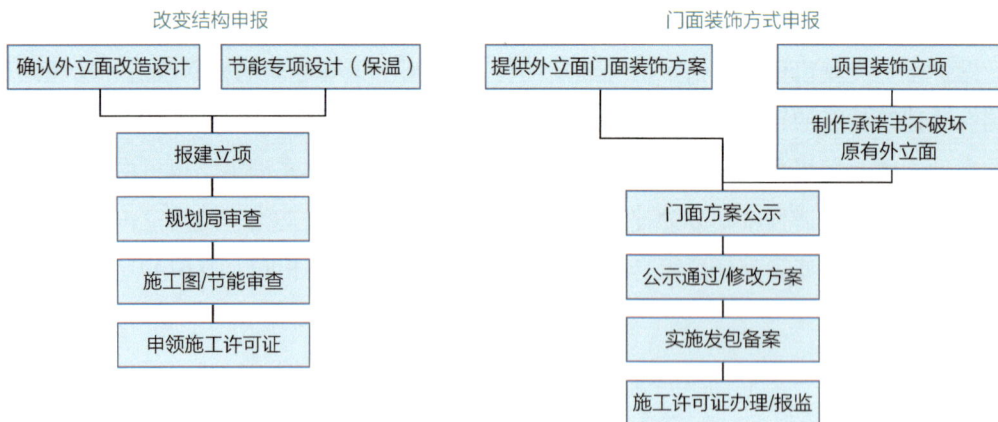

图 6-16　保护维护类涉及建筑外立面改造的实施流程

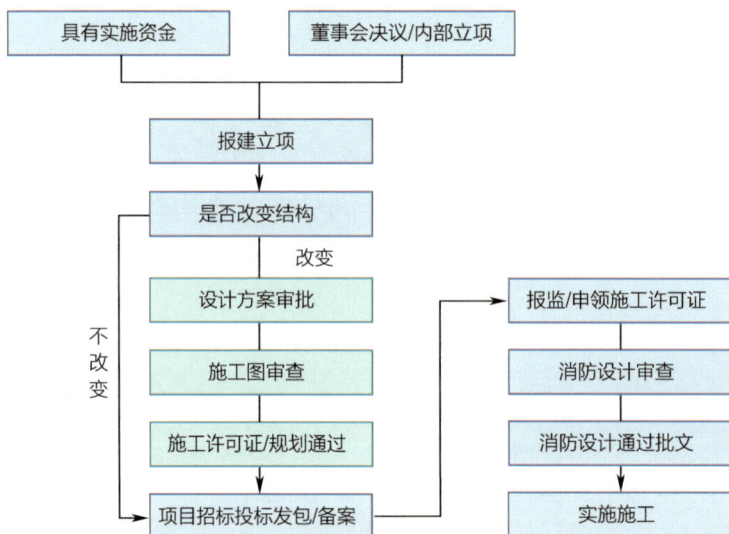

| 具有实施资金 | 董事会决议/内部立项 |

报建立项

是否改变结构

改变

设计方案审批

施工图审查

施工许可证/规划通过

项目招标投标发包/备案

不改变

报监/申领施工许可证

消防设计审查

消防设计通过批文

实施施工

图 6-17　保护维护类涉及建筑室内装修的实施流程

（3）拆除重建类城市更新建设实施流程

拆除重建类城市更新的实施主体主要是由市场主体构成，一般是通过公开遴选的方式确定，特殊情况下也可以由政府指定。拆除重建类城市更新涉及复杂的产权利益协调、拆迁安置、土地使用性质变更、土地获取、开发建设等，在实施流程上时间更长、流程更加复杂，具体流程如图 6-18 所示。

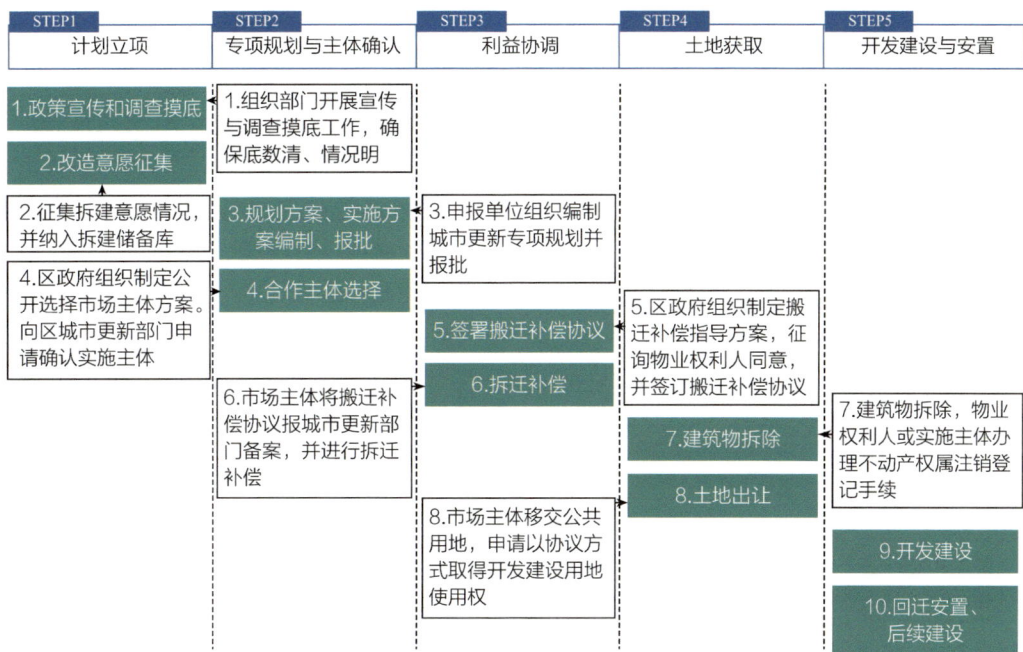

图 6-18 拆除重建类城市更新建设实施流程

（4）"留改拆"并举的更新建设实施流程

具体实施中，城市更新方式往往以上述三种方式的组合，采用"留改拆"并举、有机更新或渐进式更新的方式，具体的建设流程也会根据更新时序安排和建设内容的不同而采用多种流程同步推进的方式。

6.6 城市更新项目的运营

城市更新项目的运营是城市更新过程中的重要维度，也是决定规划设计和投融资是否成功的关键。根据欧美国家城市更新投融资的经验，项目运营也是投融资策略制定的指标之一。

未来，城市更新将作为城市综合运营的主要手段而存在，城市更新项目新的内涵由四大维度构成：新产业、新人群、新环境和新金融。因此，未来城市更新将形成"产业服务＋城市更新＋金融资本"协同作用的模式，城市更新项目运营将在以下三个方面实现升级：①金融驱动，实现轻资产运作；②产业驱动，提升产业承载和落地能力；③产品驱动，满足消费升级的需求。本书将重点对这三种运营模式进行解析。

6.6.1 金融驱动下的轻资产运营模式

城市更新领域的轻资产运营模式主要包括四种类型，即长期租赁型、基金持有型、合作开发型、管理输出型。四种类型资产获取方式、运营管理模式和营利模式的总结与比较见表6-7。

轻资产运营模式类型与比较 表 6-7

名称		资产获取方式	运营管理模式	营利模式
城市更新运营模式	长期租赁型	整体租赁或分散式长期租赁	①通过改造装修提高物业价值； ②提供增值服务，包括保洁、安保等基础服务、社群服务和金融服务	获取租金价差和增值服务费
	基金持有型	由房地产私募基金或信托基金（PE/TELTs）之类的资金方持有资产，而由专门的更新运营机构负责物业的改造、升级和运营	①对更新物业在功能、布局和创意方面进行改造升级； ②对更新物业进行租赁管理和运营维护； ③通过金融创新优化客户租金支付方式	基金管理费、增值服务费和资产增值收益
	合作开发型	成立合资公司，包括与资产方成立合资公司和与资金方成立合资公司两种形式	①自己运营，提供从更新改造到运营管理的全产业链服务； ②平台化运营，整合多方资源优势，提高效率降低风险	①获取股权收益后按照约定比例分享资产增值收益； ②收取运营管理费
	管理输出型	资产托管、入股、长期租赁合作或合作开发等	运营管理输出，实现物业与品牌的增值	①收取运营管理费； ②品牌溢价，分享后期经营收益
总结与比较		从资金投入的角度看，长期租赁型需要相对较大的资金，管理输出型资金压力最小，但是对管理能力和品牌要求更高。基金持有型则对物业潜在价值要求更高	通过更新改造提升物业价值和实现资产增值和品牌增值是各运营管理模式的共同特征	营利模式各不相同，根据物业条件和自身运营管理能力选择不同的模式

与全面拆除重建和地产开发型的发展模式不同，城市更新运营体现出"散点化""周期长""出售少租赁多"等特征，原有房地产模式的金融工具无法满足城市更新阶段的金融需求，需要针对城市更新项目实施运营的各个环节进行金融产品的创新，形成适应城市更新业务的金融运作模式，即投资基金化、建设信贷化和运营证券化。在每个环节上灵活运用金融手段实现轻资产运营和可持续发展（表6-8）。

城市更新项目实施各环节的金融工具运用　　　表 6-8

投资阶段	建设阶段	运营阶段
城市更新基金： ①债券投资：如委托贷款和股东借款等； ②股权投资：如合作设立公司、股权受让和增资等； ③夹层投资：债权投资和股权投资的结合	城市更新贷款：指商业银行、政策性银行等金融机构的旧改贷款、城市更新贷款等。国家发展改革委、财政部和住房城乡建设部等相关部门发布了一系列政策文件，以支持和规范城市更新贷款的实施	REITs：持有能产生稳定现金流的物业并对这些物业进行份额化后以证券形式卖给投资者，然后将该物业的租金收入和房地产升值作为收益，最终按投资者持有的份额分配这些收益。REITs 能够为运营型城市更新项目提供长期的资金安排
政府产业基金：通过母子基金的形式以及优先级和劣后级的结构化安排，由政府投入少量的资金，撬动企业和金融机构等社会资本共同参与投资	①私募基金； ②直接融资：作为项目的投资者或合作方参与建设，通过持股或持债的形式参与项目并分享收益； ③信托融资：通过信托公司发起设立城市更新项目信托计划，吸引投资者向信托计划投资； ④公私合作：私募基金可以与政府合作，参与城市更新项目，如 PPP 项目等	CMBS：是指商业房地产抵押支持证券，债权方以原有的商业抵押贷款为基础资产，通过结构化设计，以证券的形式向投资者发行 收益权 ABS：是指以企业运营项目获得收益而拥有的收益权作为基础资产，通过结构化设计，以证券形式向投资者发行

6.6.2　产业驱动下的产业导入及运营模式

城市更新的本质就是要给城市重新赋予生命力。通过城市更新，着力打造美好的城市生活环境并升级产业功能；通过产业创新和发展，源源不断地吸引人口和资本汇聚，为城市更新提供重要的源泉和动力，从而实现城市和区域的可持续发展。因此，从产业发展的角度来看，城市更新的核心使命就是寻找和培育具备可持续发展能力的优势产业或新兴产业。

（1）产业筛选与导入

产业筛选可以采用"长短名单＋综合评分法"筛选模型，分三步筛选（图 6-19）。

第一步，建立产业池。从国家与省市区政策导向、行业前瞻、本地基础、创新支撑能力、周边产业联动发展、产业聚集态势 6 个维度，合并产业类别，初步筛选出可供选择的备选产业池，即确定长名单。

第二步，选择主导产业。根据备选产业池，定量、定性分析相结合，从产业发展潜力、本地承载力、产业关联性、区域竞合等方面对备选产业池进行第二轮筛选，研究确定主导产业方向，即确定短名单。

第三步，选择细分领域。围绕主导产业，进行专项研究，从产业属性、功能、市场、发展阶段等角度，明确关键业态筛选逻辑，确定主导产业细分发展方向。

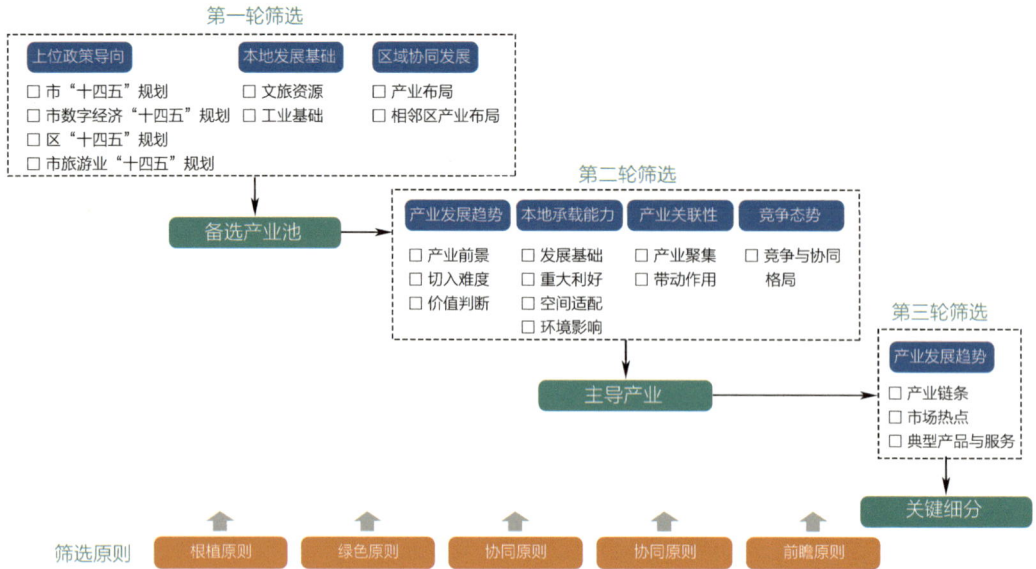

图 6-19　某市产业园产业筛选方法和步骤

通过三个步骤的产业筛选，得出细分主导产业的门类，然后通过产业主题归纳得出主导产业体系和产业发展目标（表 6-9）。

某市新兴产业区拟导入产业体系示例　　　　　表 6-9

"13N" 产业体系		
"一" 大主题	"三" 大主导	"N" 智造 + 业态
都市智造	新一代信息技术 （电子信息装备）	·**新型电子元器件**（传感器元件、电子专用设备） ·**智能消费终端**（智能感知与控制设备、智能家居、智能穿戴设备，虚拟现实终端、工业互联网终端、人工智能终端） ·**高端汽车电子设备**（汽车电子设备、车用传感器及检测仪）
	高端装备制造 （智能制造装备）	·**智能机器人与增材设备**（减速器、控制器等部件、增材制造设备） ·**智能测控设备**（工业自动控制系统装置、智能仪器仪表） ·**智能关键基础零部件**（动力机械、精密齿轮及轴承、变频调速装置等零部件）
	高端医疗器械 （先进医疗设备）	·**医疗诊断、监护及治疗设备制造**（诊断护理设备、口腔医疗设备、治疗设备、智能医疗设备）

表格中 "N" 列（智造 + 业态）跨三行内容：

智能通用设备（新能源、智能交通、节能环保、智能安防及其关键部件等）**以及云制造、工业元宇宙等新兴业态**

（2）产业运营成功的关键能力

产业落地和运营需要对政策、市场、项目、资源以及管理等方面具备一定的能力。成功的产业运营是对运营主体综合能力的考验，也是提升城市经济活力和促进城市可持续发展的重要基础。综合国内外园区成功运营的经验来看，产业运营的成功需要以下4大类12项关键能力（表6-10）。

产业运营成功所具备的关键能力　　　　　　　　表6-10

产业运营能力类别	关键能力
全产业链资源整合能力	系统的产业促进能力
	强大的企业服务能力
	强势的产城融合规划设计能力
强大的金融支持能力	开发＋运营的双线联动
	债务性融资和权益性融资并举
	设立产业投资基金
双赢的政策支持能力	推动政府进行政策设计和资源整合
	基于城市发展战略与核心资源开展产业转型升级
	产业吸引人群提供全方位配套设施
长效的运营管理能力	吸引优质企业入驻的市场营销和推广能力
	运用信息化技术和平台的信息化管理能力
	引导园区企业进行技术和业务创新的能力

（3）产业运营能力的打造

产业运营能力决定了城市更新发展的高度。产业运营能力的打造和提升需要运营主体持续地进行创新和资源投入，助推持续高水平的产业运营。产业运营能力的打造可以从以下三个方面展开：①建立要素流动通道，构建平台与圈层；②轻重并举，城市运营的轻资产模式强化；③服务为王，营利模式侧重长周期和可持续性。

6.6.3　消费驱动下的城市更新产品打造和运营模式

人民日益增长的美好生活需要和不平衡不充分的发展之间的矛盾，是中国目前发展阶段的主要矛盾。随着人民消费需求的升级，城市中的大卖场、老旧商业街区、历史文化街区、老旧厂区等纷纷转型升级，新零售、文化创意园区、联合办公、长租公寓等适合新时代生活需求的新产品应运而生。

（1）消费升级趋势

消费升级产品的打造根本是服务于居民生活品质的提升，从目前城市更新项目产品类型看，主要有文化传承类、商业升级类和美好居住类三种类型（图 6-20）。目前，中国居民消费升级呈现出个性化和时尚化、品牌意识增强、线上线下融合、健康和环保意识的增强、数字化和智能化消费增加等趋势。未来顺应消费升级趋势，提升传统消费，培育新型消费，扩大服务消费，适当增加公共消费，着力满足个性化、多样化、高品质消费需求。城市更新中未来消费升级产品的打造将顺应这些趋势，在个性化定制、健康、环保、数字化智能化和文化艺术等领域，进行重点打造和创新空间供给。

文化
传承

商业
升级

美好
生活

□ 老厂房改造　　　　□ 商业改造　　　　□ 出租公寓改造
□ 历史街区改造　　　□ 联合办公改造　　□ 民宿改造
□ 文旅改造　　　　　□ 创客空间改造　　□ 住宅改造

图 6-20　目前消费升级下的城市更新产品分类

（2）产品打造和运营的关键点

城市更新中消费升级产品打造需秉承"以人为本"的理念，顺应市场经济规律和城市发展诉求，既要满足人们个性化多样化的消费需求，又要与城市更新的空间特征相结合。城市更新消费升级产品的打造和运营的关键点包括精准定位、创新业态、空间优化、品牌塑造、运营管理、社区参与和可持续发展等方面。

1）精准的市场定位

首先，通过市场调研，精准把握当地居民及目标消费群体的收入水平、消费习惯、兴趣爱好等，以便明确产品的档次、类型和特色。其次，依据城市的历史文化、地理环境等因素，结合城市特色挖掘独特的消费亮点，避免产品同质化。如上海愚园路更新项目，将目标消费群体定位于追求品质生活、注重文化体验的年轻白领和本地居民，结合愚园路的历史文化底蕴，打造具有海派风情的特色消费街区。

2）创新的业态组合

引入新兴业态，将文化艺术、科技体验、运动休闲等新兴消费业态融入传统商业，打造多元化消费场景。以特定主题为核心，整合多种业态，营造沉浸式消费氛围。例如，上海百联 ZX 创趣场，是中国首座聚焦二次元文化的商业体。以 90 后、00 后年轻一代为目标客群，聚集海外头部 ACGN 二次元零售、社交文化体验业态，打造沉浸式社交共振场。自主开发"Meta ZX"，实现跨场域、跨次元、无时限的内容互动，赋能商户并形成价值转化。通过举办大屏内容共创、宅舞随唱随跳、ACG 音乐会等 450 余场活动，精准对话核心客群。

3）空间的优化设计

提升空间品质，对建筑外观、内部装修、公共区域等进行精心设计，打造舒适、美观、便捷的消费空间。强化与城市空间的连接，注重与周边街道、交通、公共设施的衔接，提高可达性和便利性。例如，上海浦东"天物美好生活实验场"项目，建筑更新改造中注重建筑室内外空间的联动，外立面使用清水泥肌理，局部利用大面积玻璃及镂空营造虚实变化，室内中庭区域部分楼板被打开引入自然光线，改造街道外摆空间和公交站亭等，让建筑融入社区、融入城市、融入自然。

4）品牌的塑造与推广

培育特色品牌，鼓励和支持本土品牌发展，同时引进知名品牌，形成品牌集聚效应。利用线上线下多种渠道进行宣传推广，提升产品的知名度和美誉度。例如，上海愚园路项目，通过举办各类文化艺术活动，如愚园路艺术季、街头音乐会等，吸引了大量消费者关注，提升了街区的品牌知名度和影响力。百空间光三分库项目，引入全球最大摄影艺术博物馆之一的 Fotografiska，不仅使四行仓库光三分库这一百年历史建筑获得了新生，同时也带动了苏州河特色滨水创意艺术街区的全面升级。

5）高效的运营管理

组建具备商业运营、物业管理、市场营销等多方面专业知识的专业团队，根据市场变化和消费者反馈，及时调整运营策略，优化产品和服务。例如，上海愚园路更新项目，成立了专门的运营管理团队，负责街区的日常运营、商户管理、活动策划等工作。定期与商户沟通交流，了解需求和问题，及时调整运营策略。

6）社区的参与和融合

在项目规划和实施过程中，充分征求当地居民的意见和建议，使其参与到城市更新中来，通过举办各类文化、艺术、公益活动，增强社区居民的认同感和归属感。例如，上海浦东"天物美好生活实验场"项目中，通过数字化平台技术打造"品牌共建众创服务平台""15分钟社区生活圈服务平台"两大服务平台，打造社群文化经济，及时掌握社区消费趋势，通过微展览、市集位、活动场等多元形式，将社区服务与街区商业有机融合。

7）可持续的发展理念

考虑项目的长期发展，合理规划业态和空间，预留升级和调整的余地。例如，广州汇富 FIT 时尚数创产业园项目，改造前是基础设施老化、经营业态低端的老旧园区。改造后定位为低密度、高品质时尚产业园，转型升级为以时尚设计研发、时尚品牌孵化、时尚数字化营销、数字贸易服务为核心的业态，构建"三平台三基地"赋能服务体系。园区还配套了人才公寓、运动球场等设施，且未来还计划进一步升级软件，联合机构或高校打造创新服务平台。

此外，随着消费者对健康和环保的关注度持续升高，更倾向于选择绿色、有机、可持续的产品和服务。更新过程中在建筑设计、装修材料选择、产品生产与包装等方面，人们更注重环保和节能，以减少对环境的影响。例如，上海张江广兰路 TOD 城市综合体项目，是投、建、运一体化的城市低碳 TOD 综合体标杆项目。高效利用太阳能，可再生能源利用率达 81.23%，采用光伏发电、光储直柔等技术削峰填谷，充分平衡并降低电网负荷。空调用电通过高效变频、高输配性能、智能控制等技术，节能 20% 以上。设置更衣室，为采用低碳生活方式的上班者提供便利，鼓励绿色交通出行，应用多种方式倡导低碳生活方式。

从企业投资的视角，参与城市更新首先关注的是项目的营利性。城市更新投资平衡是投资主体对特定范围内的更新项目或更新单元，根据投融资方式和更新类型的不同，采取某种营利模式，在一定时间内实现对投资资金的回收。根据项目权益属性和投资方式，公益类项目的营利模式主要有：①政府财政专项补助＋市场化经营；②政府资源补偿＋市场化经营；③政府财政投资＋市场化经营；④社区自筹及自主市场化经营。非公益经营性项目的营利模式主要有：①政府授权企业＋片区一二级开发及经营；②政府资源补偿＋土地再开发及经营收益；③经营收益＋市场化融资；④企业自主更新及市场化经营。根据更新项目的空间属性和更新方式可以分为单一项目自平衡、多项目统筹平衡。不同的划分方式的城市更新投资平衡模式是互相穿插、交错的，本书从企业视角和投资属性分析解读不同城市更新投资平衡模式，以期对企业参与城市更新项目提供指引。

7.1 企业视角城市更新投资平衡的分类

决定企业是否推进或参与城市更新项目的一个关键因素就是能否做到项目收益与投资的平衡。为便于操作和理解，本书根据城市更新项目属性划分投资平衡模式。针对不同更新类型，分别从资金来源、投资方式、营利模式和平衡要素进行分析和归纳。

7.1.1 城市更新项目的投资属性及分类

根据国务院投资体制改革的要求，投资项目分为政府投资和企业投资两种类型，此外还有政企合作投资，共计三种投资类型。城市更新项目按照经营方式分为经营性项目、非经营性项目和准经营性项目；按照营利性以及是否提供公共服务可以分为公益性项目和非公益性项目。根据以上两个维度进行排列组合，城市更新项目可以分为"公益＋经营""公益＋准经营""公益＋非经营""非公益＋经营""非公益＋非经营""非公益＋准经营"

六类。从投资主体的视角看，"非公益 + 非经营"和"非公益 + 准经营"两种类型既不能营利也不能提供公共服务，所以政府和企业均不会投资，或者说社会上不会有这种类型的投资项目。因此城市更新项目的投资类型可以分为"公益 + 经营""公益 + 准经营""公益 + 非经营"和"非公益 + 经营"四种类型，其对应的投资主体、投入方式和运作模式等见表 7–1。

项目投资类型及相关问题汇总表   表 7–1

项目类型或组合	投资主体	资金或资源投入方式	运作模式
公益 + 经营	政府或企业或政企联合	方式一：资本金 方式二：资本金 + 缺口补助 方式三：资源补贴	PPP 模式、市场化经营
公益 + 准经营	政府或企业或政企联合	方式一：资本金 + 缺口补助 方式二：资源补贴	PPP 模式、财政补助模式 + 市场化经营
公益 + 非经营	政府	方式一：资本金 + 全覆盖财政补助 方式二：直接投资 方式三：资源补贴	财政直接投资模式或者跨项目的资源补贴、代建制、EPC
非公益 + 经营	企业	资本金	市场化经营

从企业投资视角看，城市更新项目必须具有一定的经营性，需要从项目经营中获取利润来回收投资，如果涉及公益性项目，还需要获取部分政府财政补助或者资源补贴来回收投资。"公益 + 非经营"项目原则上是由政府财政直接投资，企业参与此类项目仅限于代建制模式或者 EPC 方式，企业仅需要考虑参与该项目的施工和生产经营成本（表 7–2）。

"公益 + 经营"类型城市更新项目，主要包括经营性的公益设施，比如给水厂、污水处理厂、供气、供热、停车场、物流枢纽、物流园区、租赁住房、出租厂房等设施。此类项目涉及国计民生，属于政府有义务财政投资的范畴，但又可以通过市场化经营实现稳定的经营收入，因此可以采用政企联合或者市场化经营的模式来推动更新。对于市场化手段无法回收投资的，政府可以采用可行性缺口补助或者资源补偿的方式来补充。

"公益 + 准经营"类型城市更新项目，主要包括历史文化街区更新、老旧小区改造以及城镇垃圾收集处理及资源化利用等生态保护和环境治理项目，综合管廊、地铁、综合交通枢纽等市政交通项目，医院、医养结合机构等医疗卫生项目，体育场馆、文化馆、展览馆、博物馆、旅游公共服务等文体设施项目，智慧城市、智慧交通等新型基础设施项目。此类项目的经营性收入无法回收投资成本或者无法维持正常的经营支出，需要政府财政补贴或者资源补偿来实现投资回收，可以采用 PPP 运作模式或者资源补偿 + 市场化经营的模式。

　　"公益+非经营"类型城市更新项目，主要包括道路、市政管线、学校、行政办公、综合公园、滨水空间环境整治等基础设施、公服设施公共空间更新，属于完全由政府财政支出的范畴。企业参与此类项目一般采用代建制和 EPC 模式。在法律和政策允许的历史条件下，有些地方政府也采用资源补偿的方式吸引社会资本参与此类设施的建设。

　　"非公益+经营"类型城市更新项目，主要包括城中村改造、老旧工业区更新、商业街区更新、区域统筹更新等，不需要政府财政投资，但需要政府政策支持，需要通过社会资本投资和市场化经营实现营利。

适用企业参与的不同投资类型更新项目及其运作模式　　　　　　　表 7-2

项目投资类型	适用更新对象	企业参与的运作模式	投资回收方式
公益+经营	经营性基础设施：如给水厂、供电、供气、供热、停车场等	PPP 模式、市场化经营	①政府财政专项补助+市场经营性收益； ②政府资本金投资+市场化经营收益
	经营性公益设施：物流枢纽、物流园区、租赁住房、出租厂房等	PPP 模式、市场化经营	①政府财政专项补助+市场经营性收益； ②政府资本金投资+市场化经营收益
公益+准经营	准经营性设施：综合管廊、地铁、交通枢纽等市政交通设施，医院、体育场馆、文化馆、文商旅公共服务等义体设施，智慧城市、智慧交通等新型基础设施	PPP 模式、财政补助或资源补偿+市场化经营	①政府财政专项补助+市场经营性收益； ②政府资本金投资+市场化经营收益； ③政府资源补偿+市场化经营收益
	老旧小区改造	政企合作、城市更新基金、市场化经营	①政府财政专项补助+市场经营性收益； ②社区自筹+市场化经营收益
	历史文化街区更新	政企合作、城市更新基金、资源补偿、市场化经营	①政府财政专项补助+市场经营性收益； ②政府资源补偿+市场经营性收益
公益+非经营	非经营性基础设施（道路、市政管线等）	财政直接投资模式、资源补偿、代建制模式、EPC 及相关	①政府购买服务； ②政府补偿资源的经营收益
	非经营性公共设施（如学校、文化设施、公园、广场等）		

项目投资类型	适用更新对象	企业参与的运作模式	投资回收方式
非公益＋经营	城中村改造	片区开发、资源补偿、市场化经营	①政府授权＋片区土地一二级开发及经营收益； ②政府资源补偿＋二级土地市场开发及经营收益； ③完全市场化经营收益
	老旧工业区更新 商业街区更新 综合区域更新	片区开发、市场化经营、城市更新基金	①政府授权企业＋一二级联动土地开发及经营收益； ②政府资源补偿＋土地再开发及经营收益； ③城市更新基金＋企业自主更新及市场化经营收益＋资产证券化退出； ④企业自主更新及市场化经营收益

7.1.2 不同投资类型更新项目的营利模式

对于"公益＋"的项目类型属于政府有义务投资的范畴，不是以营利性为目的，向社会资本开放的投资项目类型也是有严格的经营范围和时间的限制。企业参与公益类项目的营利模式主要有：①政府财政专项补助＋市场化经营；②政府资源补偿＋市场经营性；③政府财政投资＋市场化经营；④社区自筹及自主市场化经营。

对于非公益的项目类型属于由市场主导投资的范畴，以营利性为目的，政府原则上不参与投资，仅通过政策引导和制定市场规则来积极引导社会资本参与投资和运营。企业参与非公益经营性项目的营利模式主要有：①政府授权企业＋片区一二级土地开发及经营；②政府资源补偿＋土地再开发及经营收益；③经营收益＋市场化融资；④企业自主更新及市场化经营。

对于公益性项目投资平衡，其核心是如何获取政府财政支持或者政府资源补偿；对于非公益类项目投资平衡，其核心是如何提高企业经营能力和提高投资收益率；但对一些城中村等复杂、综合的片区而言，政府会通过资源补偿、一二级联动开发、容积率奖励等政策鼓励社会资本参与。对于城市更新基金、资产证券化等创新金融工具的运用是政府和企业都在探索的方向。

从更新对象的视角分析，城市更新项目的投资平衡还可以分为单一项目的自平衡和多项目的统筹平衡。城市更新项目的投资平衡是一个复杂的操作过程，城市更新项目内可能兼具公益性和非公益性属性，有些项目可以实现自平衡，有些项目则需要多项目统筹平衡。对于公益类更新项目，还需要政府从公共财政的视角统筹平衡。在具体操作过程中会根据具体项目属性进行拆解和灵活组合，充分运用各种营利模式和平衡模式来实现投资平衡。

7.2　公益性项目投资平衡模式

公益性城市更新项目是由政府主导投资。投资资金主要来自政府一般公共预算收入和政府性基金预算收入。对于公益＋经营性或准经营性的项目，政府可以通过联合社会资本共同投资、发行专项债券融资等方式筹集资金。从可持续发展的角度看，政府投资资金也需要产生现金流和投资资产的增值，从而实现社会、经济、环境的可持续发展。但是公益性项目的投资平衡需要从广义城市更新层面来解读和实施。

城市更新中公益性项目投资的价值体现在其正向经济外部性，即由公益性项目投资带来的城市社会、经济、环境的整体改善，从而增加城市税收，经过长时间的城市运营实现投资平衡。但是公益性项目建设规模并不是越大越好，需要维持在一个合适的规模来匹配所服务的区域和人口，比如，公益性设施用地的增加一方面会加大政府投资，且在后续的运营过程中会增加政府运营成本，另一方面会相应减少用于产业和居住的用地规模。此外，公益性项目的外部性并非总是正向的，外部性项目容积率的增加会明显增加公益性设施建设及运营成本，从而加大政府长期财政压力。因此，城市更新中公益性项目的投资、建设运营需要跟其经济外部性之间取得平衡。

7.2.1　公益性项目总成本与总收入构成分析

本节参照企业盈亏平衡分析的理论方法，对公益性项目的总成本和总收入进行解析，然后构建一个盈亏平衡分析模型，对公益性项目的投资平衡和建设规模、盈亏平衡点等进行分析研究。

在公益性项目总成本与总收入的核算中需要明确几个基本条件和逻辑关系。

条件（1）：公益性项目需要有一个明确的服务范围和边界，也就是更新单元，原则上在这个更新单元内实现投资平衡。如果更新单元内无法实现平衡则需要跨单元的统筹平衡或者由政府财政统筹平衡。

条件（2）：更新单元内用地按照用地财务属性简化为公共用地、产业用地和住宅用地三种类型，更新单元用地面积＝公共用地面积＋产业用地面积＋住宅用地面积。将城市用地平衡表中的用地分类转化成以上三类财务属性的用地分类。根据三类用地财务属性的不同，分别采用历史成本计量、公允价值计量和现值计量方法核算公益性项目成本与收入、产业项目成本与收入、住宅项目成本与收入（表 7-3）。

城市建设用地财务属性表　　　　　　　　　表 7-3

用地类型	财务属性	对应的城市建设用地名称	用地代码①
公共用地	公益资产 历史成本计量	公共管理与公共服务用地	A
		交通设施用地	S
		公用设施用地	U
		绿地	G
产业用地	经营性资产 公允价值计量	商业服务业设施用地	B
		工业用地	M
		物流仓储用地	W
住宅用地	金融性资产 现值计量	居住用地	R

条件（3）：建立公益性项目与产业项目、住宅项目的成本与收入对应关系，核算在项目全生命周期内的总成本与总收入。因为公益性项目为政府投资主导，因此基于《政府会计准则——基本准则》（财政部令第 78 号）构建公共用地、产业用地和住宅用地的资产负债表和利润表，厘清总成本与总收入之间逻辑关系。因为产业项目和住宅项目的建设成本是内部化的，可以将产业项目和住宅项目前期开发等外部性成本统一纳入公益性项目的总成本，而公益性项目的收益是外部化，可以将产业项目和住宅项目的收入部分偿还公益性项目建设成本，来平衡公益性项目的投资（图 7-1）。

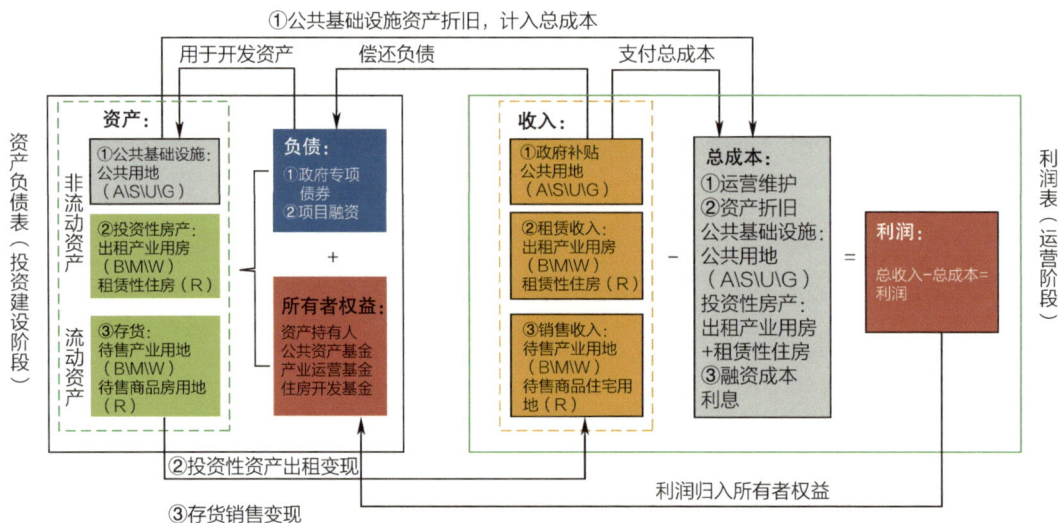

图 7-1　基于政府会计准则的更新单元内总成本总收入逻辑关系

---

① 注：为便于对城市建设用地性质的理解，本书中城市建设用地代码采用《城市用地分类与规划建设用地标准》GB 50137—2011 进行标注。下文中用地性质代码不再另行备注。

（1）公益性项目的总成本构成

公益性项目的总成本包括固定成本和可变成本两大类。固定成本为建设阶段的一次性资本投入，可变成本为运营维修成本、融资成本。运营期固定成本通过固定资产折旧的方式计入总成本。公益性项目运营的公共服务支出属于政府一般公共预算支出，不列入项目内的总成本项（表 7-4）。

公益性项目的总成本构成及说明　　　　　　　　表 7-4

总成本（Total Cost, TC）		表达式说明
固定成本（Fixed Cost, Cf）	建设成本（CC）	公共用地面积 × 单位造价。在给定的更新任务中公共用地面积不变，单位造价是一个可变量，建设成本在给定预算的条件下，降低造价可以节省成本，从而提高企业利润
可变成本（Variable Cost, Cv）	运营维护成本（OMC）	公共用地面积 × 单位运营维护成本 × 运营时间，运营时间不变的条件下，单位运营维护成本是变量
	融资成本（FIC）	融资额（建设成本 × 融资比率），在运营时间内按照固定利率折算所产生的总利息。融资比率是一个变量
固定资产折旧（D）		直线折旧法，固定资产原值等于建设成本，在运营时间内折旧，残值率是动态的。运营时间内完全折旧则意味着下一个更新周期的开始，运营时间内没有完全折旧则意味着运营期后实现正收益

根据以上表格和参数，可以得到公益性项目总成本构成公式：

$$TC = OMC + FIC + D \tag{7-1}$$

式中　OMC——运营维护成本，$OMC = AS \times UOM \times T$；

　　　FIC——融资成本，$FIC = AS \times P_u \times F_r \times i \times T$；

　　　D——固定资产折旧，$D = AS \times P_u \times (1 - RVR) \times T/D_t$；

　　　AS——公共用地面积（m^2）；

　　　P_u——单位造价（元 $/m^2$）；

　　　UOM——单位运维成本（元 $/m^2/$ 年）；

　　　T——运营维护时间（年）；

　　　F_r——融资比例（%）；

　　　i——融资利率（%/ 年）；

　　　RVR——残值率（%），一般为 3%~5%；

　　　D_t——固定资产折旧时间（年）。

逻辑解释：建设成本（CC）是资本性支出，通过固定资产折旧（D）分摊到运营期内，而非直接计入总成本。固定资产折旧（D）是建设成本在会计上的消耗体现，属于非现金成本，需包含在总成本中以反映资产的实际使用成本。

公共用地总成本的测算对象体系，如图 7-2 所示。

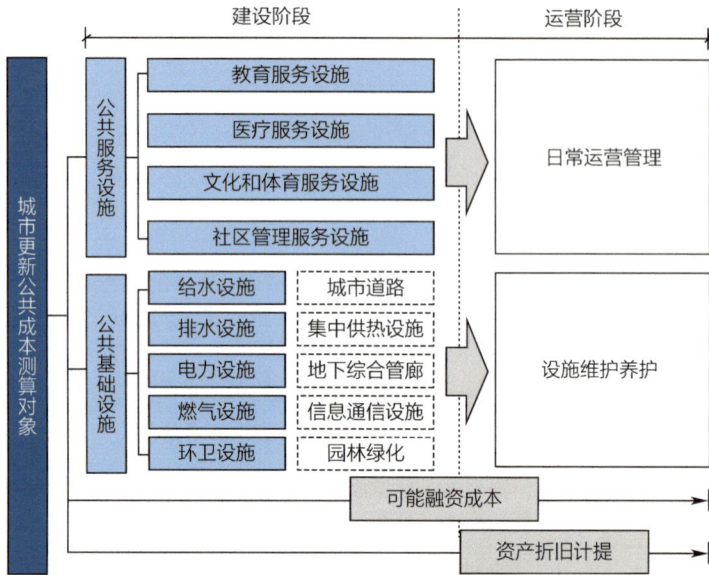

图 7-2　分类分阶段公共成本测算对象体系
（图片来源：祝贺，林颖，2024）

（2）公益性项目的总收入构成

从投资平衡的角度看，公共用地开发的投资产出为产业用地和住宅用地。更新单元内公益性项目总收入包括直接收益和间接收益两大类。直接收益为城市更新中公共用地开发带来的产业用地和住宅用地的销售收入，以及投资性资产的租赁收入，可以直接用于补偿开发总成本。间接收益主要为公益性项目开发的外部性收益和项目内的可变收益，包括住宅用地价值提升收益、产业用地的税收增量和公共用地上的运营收益（表 7-5）。

公益性项目总收入构成及说明　　　　　　表 7-5

总收入（Total Revenue, TR）		表达式说明
直接收益（Direct Revenue, DR）	销售收入（LR）	可销售用地的销售收入。可简化表达为：可售住宅用地面积 × 住宅地售价 + 可售产业用地面积 × 产业用地售价
	租赁收入（RI）	投资性资产的出租收入。包括租赁住宅用地和出租产业用地上产生的租金收入，可简化表达为：租赁住宅用地面积 × 单位面积收益 × 运营时间 + 出租产业用地面积 × 单位面积收益 × 运营时间

续表

总收入（Total Revenue, TR）		表达式说明
间接收益（Indirect Revenue, IDR）	公共用地运营收入（POR）	公共用地运营收入，原则上用来补贴公共设施运营维护成本和融资成本。可以简化表达为：公共用地面积 × 单位面积服务效能 × 运营时间
	产业用地税收增量（TIV）	产业用地上产生的税收，可以简化表述为：产业用地面积 × 地均税收增量 × 运营时间
	住宅用地价值提升（RIV）	更新后住宅价值提升带来的增值税收入。可以简化表达为：住宅用地面积 × 地均价格增量 × 房产增值税率 × 运营时间。目前在中国没有房产税的情况下不能形成稳定税源，但有房产交易的条件下可以产生税收
参数说明		产业用地面积（ILA）+ 公共用地面积（PLA）+ 住宅用地面积（RLA）= 更新单元面积（RUA）。产业用地和住宅用地增量税收原则上用来补贴建设成本和运营维护成本。租赁收入（RI）、公共用地运营收入（POR）、产业用地税收增量（TIV）、住宅用地价值提升（RIV）实际上需要根据社会经济发展动态变化，实际测算中可以设置收益增长系数，构建一个收益增长机制的动态函数。公共用地上的单元运营效能是一个多项目的综合收益系数，根据图 7-2 中各项可运营内容产生的收入综合评价，实际运用中需要根据具体运营项目进行测算。为便于构建盈亏平衡分析方程，这部分做简化处理

以上总收入内容构成是对更新单元内所有可能的收入项目进行了统计，在实际操作中根据需要进行取舍。根据以上表格和参数，可以得到公益性项目更新单元内总收入构成公式：

$$TR=DR+IDR$$
$$=（LR+RI）+（POR+TIV+RIV）\tag{7-2}$$

式中　LR——销售收入（元），$LR=A_{rs} \times +P_r + A_{is} \times P_{is}$；

　　　RI——租赁收入（元），$RI=（AR_r \times UR_r + AI_r + UR_i）\times T$；

　　POR——公共用地运营收入（元），$POR=AP_l \times PLUOI \times T$；

　　TIV——产业用地税收增量（元），$TIV=AI_l \times \Delta Tax \times T$；

　　RIV——住宅用地价值提升（元），$RIV=AR_l \times \Delta P_r \times \tau \times T$；

　　　A_{rs}——可售住宅用地面积（m²）；

　　　P_r——住宅单位面积售价（元/m²）；

　　　A_{is}——可售产业用地面积（m²）；

　　　P_{is}——产业单位面积售价（元/m²）；

　　　AR_r——租赁住宅用地面积（m²）；

　　　UR_r——租赁住宅单位收益（元/m²/年）；

AI_r——出租产业用地面积（m²）；

UR_i——租赁产业单位收益（元/m²/年）；

T——运营时间（年）；

AP_i——公共用地面积（m²），用于公共服务设施（如市政基础设施、公共设施、公园、学校等）的用地面积；

AI_l——产业用地面积（m²），用于产业发展的用地面积；

ΔTax——地均税收增量（元/m²/年），产业用地单位面积年税收增量；

AR_l——总住宅用地面积（m²），包括可售与租赁部分；

ΔP_r——住宅价格增量（单位：元/m²/年），住宅用地单位面积年增值幅度；

τ——房产增值税率（%）。

关于收益增长系数（$g(t)$）、单位面积服务效能指标（PLUOI）两个关键动态参数根据实际测算需要选择使用。

$g(t)$——收益增长系数（%），租赁收入（RI）、公共用地运营收入（POR）、产业用地税收增量（TIV）、住宅用地价值提升（RIV）反映收益随时间增长的动态系数，与行业增长、GDP增长率等因素联动，可以根据行业与宏观经济的关联程度确定调整系数。具体应用中可以根据历史数据调研，对以上四项收入的增长系数通过多种方式测算后设置为一个常数。

PLUOI——单位面积服务效能指标（元/m²/年），直接反映公共设施的实际运营效率，包括文化场馆（博物馆）、体育场馆（体育馆）、道路广场、公共停车场、供水设施、污水处理厂、供电、供气、供热等能源设施、城市中心大型公园、社区小型绿地公园等。数据来源为国家及地方统计局发布的统计年鉴、统计公报等资料、各部门监测统计数据、消费调查等。在具体应用中需要根据项目类型和历史数据调查设置为一个常数。

7.2.2 公益性项目的投资平衡分析

以上对更新单元内公益性项目总成本、总收入的分析包含了各种可能，但城市更新中公益性项目包含多种类型，每种项目类型的成本项和收入项有比较大的差异，需要根据具体项目类型具体分析盈亏平衡。

（1）"公益+非经营"项目

此类型项目全部由政府投资，投资方式可以是财政直接出资或者政府债券融资，也可以采用资源置换的方式来实现投资目的，但是最终都是由政府财政来支付。因此，此类项目的投资收入完全是外部性的。在建设阶段，政府采用代建制、EPC模式，通过工程招标选择合适的建筑工程企业完成建设。在运营阶段，政府通过服务采购的方式选择社会企业运营维护或者直接参与运营维护。此类项目的投资对象主要是非经营性基础设施，如道路用地（S1）、绿地广场（G）、环境设施（U2）和消防设施（U3）等，以及非经营性公共设施，如行政办公（A1）、文化展示（A2）、教育科研设施（A3）、社会福利设施（A6）、文物古迹（A7）等。从政府投资角度看，投资收益主要来自产业用地、住宅用地的销售收入（列入政府性基金预算）和产业税收收入（列入政府一般公共预算）。

对建筑业企业来讲，由于有政府投资保障，此类项目的盈亏平衡分析主要是建立在利润平衡模型、计算保本造价和最低投标报价，以此判断项目投标营利情况。

【例1】某滨江公共空间改造工程。政府为了提升滨江区域的景观人文环境，实施滨江绿地贯通及景观改造提升工程，工程总投资预算13600万元，其中工程造价预算9000万元，资金来源为财政资金，由市滨江开发建设投资有限公司负责组织实施。项目建设面积68000m^2，岸线总长度400m。工期要求2年内完成。政府采用EPC模式，通过公开招标选择一家建筑工程企业实施。

对政府来说，希望通过招标一家建筑工程企业实施，来节省预算。从建筑工程企业角度看，如果参与这个投标除了具备实施这项工程的基本能力之外，还需要提交一个具有竞争力的工程报价。此外，通过提高管理水平和施工效率来缩短工期，从而提高企业利润水平。

从企业视角，首先需要测算这个项目的固定成本（C_f）和可变成本（C_v），在单位可变成本（C_{vu}）与项目建设面积（Q_a）之间建立一个乘数关系。对建筑企业来讲，该项目总收入（TR）为单位造价（P_u）与项目建设面积（Q_a）的乘积。据此，构建一个盈亏平衡公式，如下：

$$总收入\ TR=P_u \times Q_a，总成本\ TC=C_f+C_{vu} \times Q_a，$$

假定总收入 TR= 总成本 TC，即 $P_u \times Q_a=C_f+C_{vu} \times Q_a$，则其单位造价为，

$$P_u=C_f \div Q_a+C_{vu} \tag{7-3}$$

式中　P_u——单位造价（元/m^2）；

C_f——固定成本（元）；

Q_a——项目建设总面积（m^2）；

C_{vu}——项目可变成本（元/m^2）。

该项目的工程造价预算为9000万元，建筑工程企业的投标报价应不高于9000万元。从企业成本控制角度测算这个项目的固定成本和可变成本，然后计算盈亏平衡点的最低报价。

这个建设工程的固定成本是不随项目建设面积或产量变化而变化的。通常，前期费用（如项目调研、规划设计等费用）假设为500万元，设备购置及折旧（大型施工设备的购置费用按折旧年限分摊到本项目中）假设共计800万元，管理人员薪酬（在整个工期

内，项目管理人员的工资、福利等）假设为 600 万元，场地租赁及临时设施（施工场地的租赁费用以及搭建临时办公、生活设施等费用）假设为 100 万元，其他固定费用（如办公设备购置、水电费等其他相对固定的开支）假设为 100 万元，则固定成本（C_f）总计：500+800+600+100+100=2100（万元）。

可变成本是随着项目建设面积或产量变化而变化的成本，主要包括，直接材料成本（如绿化植物、景观石材、建筑材料等）假设共计 3400 万元，直接人工成本（参与项目施工的一线工人的工资、奖金等）假设共计 2040 万元，其他可变成本（如施工过程中的水电费、小型工具损耗等）假设共计 260 万元，则可变成本（C_v）总计：3400+2040+260=5700（万元）。单位可变成本（C_{vu}）= 可变成本 ÷ 项目建设面积 =5700 ÷ 6.8 ≈ 838.24（元 /m^2）。

将以上参数带入式 7–3 可得单方造价：

P_u=2100 ÷ 6.8+838.24 ≈ 308.82+838.24=1147.06（元 /m^2），

投标最低报价 = 单方造价（P_u）× 项目建设面积（Q_a）=1147.06 × 68000=78000080（元），约 7800 万元。在考虑企业利润 10% 的情况下，最终投标报价为 7800 ×（1+10%）=8580（万元）。

综合以上，如果企业以投标报价 8580 万元中标，则政府预算可以节省 420 万元，同时企业还可以获得 10% 的利润。

另外，施工项目现金流对施工进度和企业营利至关重要。考虑到施工项目收现率、施工进度确权率、成本付现率、平均利润率、净现金流等因素的条件下，投标企业还可以建立现金流盈亏平衡模型，对施工项目现金流平衡进行分析，计算在建项目收支平衡确权率，以此保障项目现金流充足。

（2）"公益 + 准经营"项目

此类型项目具有公益属性，但可以通过使用者付费回收部分投资或者补充运营维护资金。不过此类项目的运营收入不能完全覆盖投资成本，需要政府部分出资或通过运营补贴方式补充资金来建设和运营。政府投资资金来源为政府一般公共预算收入和专项基金收入，但由于此类项目具备使用者付费的性质，还可以通过发行专项债券、城市更新基金、PPP 等方式筹集资金以及获得运营收入。此类项目的投资对象主要是准经营性基础设施，主要包括城镇垃圾收集处理及资源化利用项目（U+M），使用者付费的综合管廊（地下空间）、地铁、综合交通枢纽、停车场等交通项目（S2/S3/S4），医院、医养结合机构等医疗卫生项目（A5），体育场馆（A4）、会展博览（A21）、文化场馆（A22）、文商旅公共服务（A1+B3）等文体设施项目，智慧城市、智慧交通等新型基础设施项目（U+A+S）等。此外，老旧小区改造、历史文化街区更新等以社会效益为主要更新目标的项目也属于此类。

从政府投资角度看，此类项目投资收益主要来自产业用地、住宅用地的销售收入（列入政府性基金预算）和产业税收收入（列入政府一般公共预算）以及运营收入。从建筑业企业的角度看，此类项目具备稳定的现金流收入，由于政府投资资金覆盖掉大部分的建设成本，企业投资部分只需要从经营性收入中覆盖运营维护成本和部分初期建设投资，就可以实现稳定的营利。

【例2】仍以某市滨江公共空间改造工程为例。政府滨江绿地贯通及景观改造提升工程，工程总投资预算13600万元，其中工程造价预算9000万元，资金来源为财政资金，由市滨江开发建设投资有限公司负责组织实施。在滨江绿地建设中利用地下空间和地形高差建设了7000m²的空腔建筑，此外滨江绿地中还保留了3栋历史建筑，建筑面积共计6800m²。三栋历史建筑中一栋用于历史文化展示馆，约1000m²，另外两栋用于酒店、商业或办公，7000m²的空腔建筑主要用于商业运营，其中800m²用于公园管理和服务设施。政府预算除工程造价（9000万）外增加4600万元用于前期筹备、历史建筑改造、商业建筑装修、招商运营和其他事项。政府除了采用EPC模式招标一家建筑工程企业之外，还需要招标一家运营服务企业，来运营共计13800m²的建筑空间，运营时间为10年，也可以由一家企业统一负责工程建设和运营。

从政府角度来看，此次公共空间改造工程额外增加了13800m²的经营性空间，希望通过运营收入回补部分前期投资。历史建筑和新建空腔建筑均为公有产权，不得销售和抵押，仅以出租和运营方式获得收入，希望通过运营回收不低于9000万元的投资。

从企业角度看，一线滨江地区资源稀缺，具有良好的公共环境和丰富的历史人文景观，滨江商业空间具有较高的商业价值，但是预期通过10年运营回收不低于9000万元的投资仍具有很大的挑战性。为保障运营成功并规避投资风险，首先需要对该运营地块进行招商运营策划，提出业态定位、业态布局和运营面积配比。此处省略该项目运营策划过程，根据项目策划定位结论，本项目中酒店面积5000m²，商业面积7000m²，文化活动展示1800m²。下面通过总收入与总成本的盈亏平衡分析来判断该项目的盈亏平衡点和投资可行性。

该项目建设成本（CC）为建设阶段的工程建设费用，经测算约为8580万元。运营阶段，政府追加投入4600万元用于13800m²建筑面积的修缮、装修、招商运营等，企业参与后续运营需要对整个运营阶段的成本进行测算。将运营维护成本区分为固定成本（C_f）和可变成本（C_v），将单位可变成本（C_{vu}）项目建筑面积（Q_a）之间建立一个乘数关系。该项目总收入（TR）为项目建筑面积（Q_a）、单位租金（UR_i）和运营时间（T）以及收益增长系数$g(t)$的乘积。据此构建一个盈亏平衡公式如下：

总收入 $TR=UR_i \times Q_a \times T \times g(t)$，总成本 $TC=C_f \times T + C_{vu} \times Q_a \times T$。

令 $TR=TC$，则得运营收入盈亏平衡公式：

$$UR_i \times Q_a \times T \times g(t) = C_f \times T + C_{vu} \times Q_a \times T \tag{7-4}$$

则其单位租金为：

$$UR_i = \frac{C_f}{Q_a \times g(t)} + \frac{C_{vu}}{g(t)} \qquad (7-5)$$

式中　UR_i——单位租金（元 /m^2）；

　　　Q_a——项目总建筑面积（m^2）；

　　　T——项目运营时间（年）；

　　$g(t)$——第 t 年的收益增长系数（%）；

　　　C_f——项目固定成本（元）；

　　　C_{vu}——项目可变成本（元 /m^2）。

参数设置如下。

固定成本：C_f=500 万元 / 年，为与运营面积无关的固定支出包括人员薪酬、设备折旧、行政办公、营销费用等。如果将未来预期收益 9000 万元，按照固定成本每年计提，则固定成本 C_f=1400 万元 / 年。

可变成本：C_v=400 万 / 年。包括原材料及活动用品、能源消耗、临时聘用人员等。

单位可变成本：C_{vu}=C_v/Q_a=290 元 / 年 /m^2。

项目建筑面积：Q_a=13800m^2。

收益增长系数：$g(t)=(1+r)^t$，采用复利计算法，每年增长率 r=0.03，t=10，则 $g(t)$=1.344。

根据以上参数，代入式（7-5），可得盈亏平衡点的租金水平 UR_i=970.52 元 /m^2/ 年，按照每年 365 天计算，则盈亏平衡点的租金约 2.66 元 /m^2/ 天。因此，投标企业根据当前租金水平和未来社会经济发展形式判断，当基准年租金水平预期大于 2.66 元 /m^2/ 天时则可以营利；若基准年租金水平预期低于 2.66 元 /m^2/ 天则为亏损。

历史文化街区更新和老旧小区改造面临更加复杂的投资平衡问题。以老旧小区改造为例，在有条件的老旧小区内新建、改扩建用于公共服务的经营性设施，以未来产生的收益平衡老旧小区改造投入，实现老旧小区改造项目内自平衡。对于无法实现投资平衡的老旧小区改造项目，可由政府引导，通过社区居民出资、政府补助、各类社区资金整合、专营单位和原产权单位出资等方式筹集资金，通过社区运营实现社会投资部分的回收和营利。其中的经营性物业可以吸引企业参与，采用式（7-5）测算盈亏平衡点，并为整体更新改造回收部分投资，但是仍有大量投资缺口无法弥补。目前这部分资金缺口主要由四种途径解决：由政府财政投资、政府跨项目资源补偿、居民自筹、社区发展基金等混合融资。

前两种途径如果无法解决投资平衡问题就会形成政府债务，但根据式（7-2），政府还可以获得一部分间接收入，即产业经营的税收增量（TIV）、改造后住宅价值提升收益

（RIV），这部分税收收入可以作为财政投资部分的补充。另外，政府债务融资也是一种很重要的融资途径。政府举债一是可以平抑经济波动，二是可以实现代际公平，合理的负债可以为城市更新和产业创新提供初期投资，促进社会经济良性发展。根据《国务院办公厅关于优化完善地方政府专项债券管理机制的意见》，城市更新是专项债重点支持的，可以作为项目资本金的领域。据统计，截至 2023 年末全国政府法定债务余额 70.77 万亿元，其中，国债余额 30.03 万亿元，地方政府法定债务余额 40.74 万亿元，全国政府法定负债率（政府债务余额与 GDP 之比）为 56.1%，总体合理，风险可控。但是对于不在政府法定债务范围内的隐性债务是要严格防范和及时化解的，因为隐性债务超出政府财政预算但又需要政府财政支付，会加大政府财政负担，不利于社会经济的良性发展。

居民自筹和社区发展基金的融资方式在国内还不成熟，但却是未来的重要融资方式之一，需要政府制定激励性政策或法律法规，为居民和社区自主更新清除法律和政策上的障碍，比如有学者（赵燕菁等，2023）提出"增容不增户"、简化城市更新审批流程、引入中介服务降低协商成本、降低产权再造或产权重置的成本，等等。

此外，文化遗产融资联盟（CHiFA）[①] 发布的一项研究报告，提出遗产主导的城市再生模式，弥合了政府公共和私人融资之间的各种融资方式空缺，为历史文化街区更新多层次的混合融资提供了借鉴。这些融资模式主要包括政府间融资模式、循环发展基金、私人主导的公私合作、私营主导的创业投资，具体内容如下。

1）政府间融资模式。政府间资金用于具有高度重要性的建筑遗产城市的遗产再生，以低息贷款形式提供资金。按融资标准来看，这些贷款额度可能很大，还款期限也较长，为更多的非政府投资奠定了基础。例如，1998~2006 年间，世界银行与摩洛哥政府通过贷款计划为非斯的麦地那提供的融资，资助非营利组织 ADER-Fez 来负责实施该项目，并管理摩洛哥其他麦地那更新倡议。

2）循环发展基金。该基金旨在鼓励对非公共所有的政府保护遗产物业的投资。通常，资金由政府机构分配，并交给一个非营利组织运营。贷款通常以低于市场利率提供，以弥补商业机构可能无法轻易提供的资本。例如，英国的建筑遗产基金会（AHF），定期获得公共资金的续期，还从基金会和其他慈善来源筹集资金，包括建筑保护信托（BPTs）以及遗产彩票基金（HLF）等。此外，AHF 提供配套资金以激励地方社区基金，鼓励私人投

---

① 文化遗产金融联盟（The Cultural Heritage Finance Alliance，简称 CHiFA）是一个通过协作与创新融资方案推动遗产导向再生的组织。该组织于 2020 年开展了关于城市遗产再生成功模式的研究，并发布了一份题为《影响与认同：投资遗产促进可持续发展》的报告以及一份更详细的汇编《城市再生案例研究》。这些出版物对遗产导向再生模式进行了全面调查，涵盖从公共资助到私人倡议的各种形式，并提出了弥合公共与私人融资差距、发展协作倡议的流程。

资于本地社区资产。

3）私人领导的公私合作。一种非正式的框架，在私人领导下建立，得到公共资金和促进承诺的支持。原则上，任何寻求通过混合资本带来更新的社区都可以发展这种模式。政府创建的各种激励机制，包括债券、税收优惠、产权转让与和直接公共支出，旨在吸引私人融资。例如，墨西哥城的历史中心区更新，在墨西哥城政府主导下启动，由该国一位成功的企业家领导，目标是扭转城市历史区域商业、住宅和公共生活（以及公共安全）的衰退。该项目所有投资，包括市政层面的基础设施、公共空间以及社会项目、房地产投资和慈善捐款，均由一个高级规划委员会协调。该委员会包括公共机构、非政府和学术机构、知识和艺术团体以及商业部门的代表。

4）私营主导的创业投资。鉴于遗产保护与更新营利的复杂性，出于公民兴趣和创业精神而产生的社会企业，寻找一系列市场因素的交汇点，比如压低的房产价值与短期内提高房产收入能力的潜力相结合，有助于促进这一过程的促成因素以及能够抵消投资成本的激励措施等。融资工具往往具有创新性，结合了债务和股权、税收激励和补贴、土地使用权转让以及物业开发权转让等。例如，墨西哥城的历史中心基金会，这是一个结合了营利性和非营利性的混合体，该业务部门向投资者提供无保证回报的投资。然而，在五年期满后，投资者可以选择套现，保证偿还投资或成为股东。

（3）"公益 + 经营"项目

此类型项目具有公益属性，但可以通过使用者付费回收全部投资，但具有公益属性，属于政府管理和主导投资的范畴。此类项目政府会采用 PPP 方式、财政资金资本金注入或授权国有企业投资等方式吸引社会资本参与。此类项目的投资对象主要是经营性的基础设施，如供水、供电、供气等供应设施（U1），物流枢纽等物流基础设施（W）、政府自持的产业孵化器（M 或 B）、公共租赁住房（R）等经营性公益设施。需要指出的是，政府自持的物流、厂房、办公等产业孵化器和公共租赁住房虽然在用地类别上分别属于产业用地和住宅用地，但在财务属性上却是公益性资产，应该纳入公共用地范畴进行统计。

从政府角度来看，此类项目可以自收自支、盈亏平衡，一般通过政府财政资金本注入的方式交由国有企业运营管理，也可发行地方政府专项债来融资。此类项目更新改造一般是由国有企业主导实施，通过 PPP 方式招募社会资本合作。从企业角度来看，此类项目属于关系国计民生的基础领域，具有稳定的现金流收入，是优质的投资对象。

在总建设规模已定的条件下，需要测算现有设施的运营单价或租金水平，式 7-4、式 7-5 仍适用于此类项目的盈亏平衡分析。企业通过对供水、供电、供气等单位价格的测算或者物流、厂房、公租房等单位租金水平的测算，可以判断盈亏平衡点，并决定是否投资，以及确定未来的价格水平。

在市场价格已知的条件下，如果要实现投资平衡和一定的企业利润，需要测算设施的建设规模。如果不考虑一定时期内的价格变化因素，根据式 7–3 可得项目建设面积（Q_a）的表达式：

$$Q_a = \frac{C_f}{P_u - C_{vu}} \qquad (7-6)$$

式中　Q_a——项目建设总面积（m²）；

　　　C_f——项目固定成本（元）；

　　　P_u——单位售价（元 /m²）；

　　　C_{vu}——项目可变成本（元 /m²）。

式 7–6 在固定资本投资（C_f）、单位造价（P_u）和单位可变成本（C_{vu}）确定的条件下可以便捷地得出建设面积，这是一个经典的盈亏平衡分析模型（BEA），即在单位造价不变的条件下，固定投资所产生的产品数量。

如果建设的经营性设施需要长期运营来回收投资和获取利润，则需要考虑时间变量（T）以及运营收益增长系数 $g(t)$。根据式 7–4 可得，在动态运营条件下，达到盈亏平衡所需要的建设规模，即待开发建筑面积（Q_a）：

$$Q_a = \frac{C_f}{UR_i \times g(t) - C_{vu}} \qquad (7-7)$$

式中　UR_i——当期单位租金（元 /m²）；

　　　Q_a——项目建设总面积（m²）；

　　　C_f——项目固定成本（元）；

　　　C_{vu}——项目可变成本（元 /m²）。

【例 3】某市滨江公共空间改造工程中，根据上位规划可在绿地中利用地下空间和地形条件建设空腔建筑，用于商业运营和公共服务，并通过商业建筑空间的运营回收全部投资并获得 10% 的投资收益。该公共空间改造工程总投资预算 13600 万元，由市滨江开发建设投资有限公司（即业主方）负责组织实施。该地段建成后商业建筑租金可达到 2.66 元 /m²/ 天，运营期为 10 年，每年租金增长为 3%。本项目中需要构建盈亏平衡公式，测算达到营利平衡条件的可运营建筑面积的建设规模。

根据式 7–3、式 7–7，需要计算该项目的固定成本（C_f）、可变成本（C_v）以及单位可变成本（C_{vu}），则具体参数计算如下。

固定成本（C_f）：包括前期投资 13600 万元以及该部分投资的固定收益 10%，这部分资金按照运营时间每年分摊。则 $C_f = 13600 \times (1+10\%) \div 10 = 1496$（万元）。

单位可变成本（C_{vu}）：运营期间的单位可变成本仍然按照 290 元 / 年 /m^2 计算，用于日常运营管理和维护。

单位租金（UR_i）：换算成以年为单位的单位租金，则 UR_i=2.66×365=970.9（元 / 年 /m^2）。

收益增长系数 $g(t)=(1+r)^t$，采用复利计算法，每年增长率 r=0.03，t=10，则 $g(t)$=1.344。

将以上参数代入式 7-7，可得 Q_a=14740.5m^2。

这个是从业主方（地方政府投资的国有公司）视角的盈亏平衡测算的。根据测算结果，该部分商业建筑面出租运营 10 年后业主方将回收初期工程投资，并获得 14740.5m^2 的公益性资产，此后这部分资产将持续产生收益，为业主方带来营利。从政府视角来看，此类项目运营还可以获得增量税收收益，用于补充公共财政资金。从建筑业企业的视角看，作为第三方运营机构，需要通过精心运营策划，获得超过盈亏平衡点租金水平（2.66元/m^2/天）租金收益，才能在 10 年运营期内获得收益或者通过延长运营时间获取收益。

7.3 非公益性项目投资平衡模式

非公益性项目原则上由市场主导投资，并通过市场化运作实现投资平衡和营利，但由于涉及政府、市场、公众多方利益的复杂博弈，政府在其中扮演政策制定者、管理者、投资者、实施者等多重角色，政府、市场和公众都需要在非公益性项目更新中获得营利才有可能推动更新的实施。

该类型项目的实施对象主要为住宅用地、产业用地或者综合片区，从空间更新方式上可以概括为空间存量型和空间增量型两大类。空间存量型更新是指不改变现有建筑规模和用地规模，仅通过修缮、维护、综合整治等方式使原有空间维持运行，通过产业运营获取收入，获取投资回报，这种类型的盈亏平衡分析适用于式（7-3）、式（7-5）或式（7-7）。空间增量型更新是指通过"留改拆"并举的方式，局部拆除重建，增加部分建设用地和建筑面积，从而使政府、市场和公众三方均获益。空间增量型盈亏平衡分析的重点是通过投资开发获得多少增量土地或建筑面积来实现投资平衡，适用于式（7-6）、式（7-7），但非公益经营性项目更新以市场为导向，获取的增量面积主要用于销售。经典的盈亏平衡模式（BEA）式（7-6）是基于未来收入曲线，是线性的假设，即单位售价（P_u）不变的条件下，销售数量（Q_a）越高则收入越高。但是，实际市场价格会随着供需关系变化，而销售数量（Q_a）也不是越高越好，会随着市场的饱和而逐步下降。尤其是城市更新中还有一个存量建筑和增量建筑比例的问题，增量建筑面积过大反而会对存量建筑价格造成负面影响，而且会加大存量公共用地上的负荷，从而给财政支出造成很大的压力。因此，需要对式（7-6）、式（7-7）进一步改进，以适应市场实际和空间管控的情况。

7.3.1　盈亏平衡分析动态模型

首先改进盈亏平衡分析模型中单位售价（P_u）不变带来的限制，并建立一个单位售价（P_u）和生产数量（Q_a）随市场供需变化的动态模型。引入 2 个变量，即市场价格动态变化率（r）和总建筑面积（GFA）的阈值量（q_1），r 表示与房地产供需变化相关的参考市场波动，q_1 则代表能够满足当前市场需求的极限开发量，超过这一开发量后将出现供应过剩，目标单位售价（P_u）可能低于当前单位售价（P_{u0}），r 与 q_1、Q_a 以及 P_u、P_{u0} 之间将会形成以下四种关系：

（1）当 $r>0$，$Q_a>q_1$，即市场上行，目标开发量（Q_a）大于阈值（q_1）时，单位售价（P_u）增幅小于 r 或价格下降（$P_u<P_{u0}$）；

（2）当 $r>0$，$Q_a<q_1$，即市场上行，目标开发量（Q_a）小于阈值（q_1）时，单位售价（P_u）增幅大于 r 且价格上涨（$P_u>P_{u0}$）；

（3）当 $r<0$，$Q_a>q_1$，即市场下行，目标开发量（Q_a）大于阈值（q_1）时，单位售价（P_u）下降（$P_u<P_{u0}$），且跌幅大于 r；

（4）当 $r<0$，$Q_a<q_1$，即市场下行，目标开发量（Q_a）小于阈值（q_1）时，单位售价（P_u）跌幅小于 r 或者价格平稳（$P_u \leq P_{u0}$）。

根据以上四种关系，单位售价（P_u）与生产数量（Q_a）的动态变化关系采用一个对数函数来表示：

$$P_u = P_{u0} \times (1+r) \times \left[1+\gamma \times \ln\left(\frac{q_1}{Q_a}\right) \right] \qquad (7-8)$$

式中，γ 是弹性系数，用来平滑曲线，避免过大对市场造成波动，影响单位售价变动趋势，推荐范围 $\gamma \in [0.1, 0.3]$。实际应用中，可对开发量 Q_a 设置合理下限（如 $Q_a \geq 0.1q_1$），避免对数项发散。因此，将式 7-8 代入式 7-3 得到的表达式为：

$$P_{u0} \times (1+r) \times \left[1+\gamma \times \ln\left(\frac{q_1}{Q_a}\right) \right] = C_f \div Q_a + C_{vu} \qquad (7-9)$$

式中　P_{u0}——当前市场情况下的单位售价（元 /m²）；

q_1——GFA 阈值量（m²），通过市场分析确定（例如，考虑人口趋势与现有房地产存量之间的关系，当前城市规划工具的预测等）；

r——市场价格变化率，反映与项目区位和预期用途相关的市场波动性；该系数可通过对分析区域检测到的销售价格按照时间序列进行统计分析来确定。$r \in [-1, 1]$，

当 $r<0$ 时，市场行情下跌，当 $r>0$ 时，市场行情上涨。

式 7-9 可以评估 GFA 的盈亏平衡开发量（Q_a）和销售单价（P_u）。更新过程中的固定成本（C_f）和可变单位成本（C_{vu}），根据实际投入的成本来测算，通过更新实施前分析得出的初始参数，代入式 7-9 迭代计算，可以快速获得 GFA 盈亏平衡开发量（Q_a）。

【例 4】某市城镇中心更新单元规划设计项目。单元规划面积 200.32hm^2，经过城市体检评估，规划范围内保留地块 119.47hm^2，改造地块 28.03hm^2，拆除地块 11.70hm^2。根据更新单元规划，规划需要新增配套设施用地 6.01hm^2，规划新建居住用地 7.77hm^2，新建商业用地 6.46hm^2，规划单元内居住人口 2 万人。根据投资估算，道路、绿化、公共设施配套、市政设施配套等工程投资 26874 万元，征迁补偿、土地划拨等土地成本 30182 万元，前期成本及预备费用 5705 万元，以上公共用地上的开发总投资约 62761 万元。近 5 年来房地产市场下行房价年均降幅 5% 左右，但是该市总体经济形式向好，近 5 年来年均 GDP 增长 10%，尤其是旅游收入增长强劲。当前住宅建筑和商业建筑平均售价约 10000 元 /m^2。根据以上数据测算本项目盈亏平衡点的总开发量 Q_a。

根据式 7-9 确定各项参数的取值，见表 7-6。

某市城镇中心更新单元盈亏平衡分析各项参数赋值及说明　表 7-6

参数	取值	说明
P_{u0}	10000 元 /m^2	为当前住宅和商业建筑销售单价，均为 10000 元 /m^2
r	$-0.15 \leq r \leq 0.15$	虽然房地产市场下行但整体 GDP 上行，尤其是旅游业增长迅速，建议 $-0.15 \leq r \leq 0.15$，测算不同市场变动条件下的市场售价
γ	0.2	动态平滑系数为常数，推荐范围 $\gamma \in [0.1, 0.3]$，取 0.2
q_i	26 万 m^2	根据更新单元规划，规划居住人口 2 万人，其中现状人口约 1.5 万人，旅游人口约 1.6 万人次 / 天，根据未来新增开发量（包括住宅和商业）阈值为 26 万 m^2
C_f	124099 万元	固定成本包括前期开发投入 62761 万元，以及商业用地、住宅用地的土地获取的成本。商业土地按照 200 万元 / 亩，住宅土地按照 360 万元 / 亩，则土地获取成本约 61338 万元。则，C_f=124099 万元
C_{vu}	4200 元 /m^2	单位可变成本，主要为住宅及商业的建造成本，包括建筑工程、室外景观工程、市政工程、工程管理成本，以及销售成本，平均按照 4200 元 /m^2 计算

根据以上参数，采用迭代计算的方法，对 $-0.15 \leq r \leq 0.15$ 之间变动时，测算本项目盈亏平衡点的总开发量 Q_a 和对应的商业或者住宅的单位售价 P_u，列出一个计算表格，见表 7-7。

某市城镇中心更新单元盈亏平衡测算表　　　　表 7-7

r	Q_a（m²）	P_u（元/m²）	TR（万元）	C_v（万元）
-0.15	310300	8199	254425	130326
-0.14	297800	8367	249175	125076
-0.12	276150	8694	240082	115983
-0.1	257700	9016	232333	108234
-0.08	241700	9334	225613	101514
-0.06	227760	9649	219758.2	95659.2
-0.04	215420	9961	214575.4	90476.4
-0.02	204420	10271	209955.4	85856.4
0	194500	10580	205789	81690
0.02	185550	10888	202030	77931
0.04	177400	11195	198607	74508
0.06	169970	11501	195486.4	71387.4
0.08	160240	11845	191399.8	67300.8
0.10	156850	12112	189976	65877
0.12	151050	12416	187540	63441
0.14	145640	12721	185267.8	61168.8
0.15	143070	12874	184188.4	60089.4

　　根据表 7-7 测算结果可知，当 $-0.15 \leqslant r<-0.1$ 时，即市场下行超过 10%，投资开发无意义。因为开发量 Q_a 超过阈值 q_1，相对于 $r=0$ 时房价加速下跌（超过 -15%），开发成本大幅上升（成本增加超过 40%）。当 $-0.10 \leqslant r<-0.2$ 时，即市场下行 2%~10%，应谨慎投资，开发量 Q_a 接近阈值 q_1，相对于 $r=0$ 时市场价格小幅下跌（-5%~-15% 区间），但开发成本明显增加（成本增加 5%~30%）。当 $r \geqslant -0.02$ 时，即市场小幅波动且整体上涨，是适合的投资开发时机。

　　此测算结果不论是对政府还是开发商都具有重要的参考价值。对政府来说，在适合时机开展城市更新才能利用市场力量推动更新实施。另外，根据测算盈亏平衡点的市场价格（P_u）和开发量（Q_a）可以确定开发地块的容积率，并对未来市场销售价格提出指导建议。对于开发商来说，可以根据测算结果明确投资开发的盈亏平衡点、适合的开发规模和盈利水平。

但是例 4 的情况是在商业和住宅销售价格基本一致，而且由同一实施主体（开发商）采用片区开发模式下的盈亏平衡分析。如果土地开发阶段由政府主导投资，项目建设阶段政府将经营性土地推向市场，采用"招拍挂"的方式公开招引市场主体投资，则政府希望两个阶段分别取得投资平衡。这时更新单元中的可销售的商业和住宅用地销售收入（R_{br}）应该大于或等于基础设施等公共用地开发成本（C_{asgu}），如果公共用地开发成本（C_{asgu}）过高，则造成现状商业和住宅土地市场价格大幅低于商业和住宅用地开发成本（等于公共用地开发成本 C_{asgu}）的情况，从而造成市场主体介入城市更新的成本增加，市场参与积极性不高。从政府角度来讲，这时应该降低公共用地开发成本，或者降低商业和住宅用地的销售价格，来鼓励市场主体参与。公共用地开发成本（C_{asgu}）与商业住宅用地销售收入（R_{br}）差额部分由政府财政补贴，或者发行城市更新专项债从更新单元内长期运营收入中回收投资。

7.3.2 盈亏平衡分析模型优化

对投资开发企业来说，城市更新中产出的产业用地（B/M/W）和住宅用地（R）价格不同、财务属性不同，开发产品销售对象也不同，如果在综合片区更新中同时产出两种类型用地，就会涉及两种类型用地开发量配比问题。式 7-6 经典盈亏平衡分析模型以及式 7-9 动态平衡模型仅适用于城市更新中单一用地产出或者产出用地的商品属性和销售价格接近的情况。因此，本节对以上两个模型进行进一步优化。

模型优化基于以下条件和假设。首先，产业用地（B/M/W）和住宅用地（R）中政府自持的公共租赁用房部分具有公益属性，应该纳入公共用地面积（Q_c）中统计，其开发建设成本统一纳入公共用地总成本（TC）。其次，城市更新中产出的产业建筑数量（Q_b）和住宅数量（Q_r）均可销售，总产出量 $Q_a = Q_b + Q_r$，因此，Q_a、Q_b 均小于 Q_a 且大于均 0。再次，本模型用于更新规划及开发建设阶段投资平衡，运营阶段的投资平衡适用式 7-5、式 7-7 来测算。最后，假设产业单位售价（P_b）、住宅单位售价（P_r）可以通过引入系数 ω 来表达，且 $P_b < P_r$，

$$P_b = \omega \times P_r, \ 0 \leqslant \omega < 1 \tag{7-10}$$

式中　P_b——产业建筑单位售价（元 /m^2）；

　　　P_r——住宅建筑单位售价（元 /m^2）；

　　　ω——动态系数，产业建筑单价与住宅单价的比值，$0 \leqslant \omega < 1$。

将不同功能产出的单位价格（P_u）、单位可变成本（C_{vu}）、总产出数量（Q_a）分开，代入式 7-6，则：

$$Q_b \times P_b + Q_r \times P_r = C_r + Q_b \times Cvu_b + Q_r \times Cvu_r \tag{7-11}$$

式中　Q_b——可售产业建筑面积（m^2），可以是商业、办公、生产用房等；

　　　Q_r——可售住宅建筑面积（m^2）；

　　　C_f——项目固定成本（元），包括公共用地上的投资成本、固定投资回报、产业用地或建筑、住宅用地或建筑产权获取的固定成本等；

　　　Cvu_b——产业建筑或用地的可变成本（元/m^2）；

　　　Cvu_r——住宅建筑或用地的可变成本（元/m^2）。

然后，将式 7–10、$Q_a=Q_b+Q_r$ 代入式 7–11 后进行分项整理，可以得出求解 Q_b 的公式。

$$Q_b = \frac{C_f - Q_a \times (P_r - Cvu_r)}{Cvu_r - (1-\omega) \times P_r - Cvu_b} \qquad (7-12)$$

式中　Q_a——可售的总建筑面积（m^2），即可售住宅和可售产业面积总和。

通过式 7–12 可以分离出总收入 TR 最大化且盈亏平衡条件下的产业面积（Q_b）和住宅面积（Q_r），或者产业和住宅的比例。

【例 5】以某市城镇中心更新单元规划设计项目为例。根据更新单元规划，规划需要新增配套设施用地 6.01hm^2，规划新建可售住宅及商业用地共计 14.23 公顷，规划单元内居住人口 2 万人，规划预测住宅及商业总建筑面积（GFA）的阈值为 26 万 m^2。根据投资估算，公共用地上的开发总投资约 62761 万元。当前住宅用地市场回暖，预期住宅销售价格约 12000 元/m^2。根据以上数据及实际成本支出和收入情况，结合系数 ω 的变化测算本项目盈亏平衡点的住宅建筑面积和商业建筑面积以及商住比。

根据式 7–12，对例 5 的各项参数计算见表 7–8。

各项参数设置及说明　　　　　　　　　　　　　　　　　　　表 7–8

参数	取值	说明
P_r	12000 元/m^2	预期住宅建筑销售单价，为 12000 元/m^2
ω	$0 \leqslant \omega < 1$	产业建筑销售单价与住宅销售单价的比值，$0 \leqslant \omega < 1$，在此区间取值和验算
Q_a	26 万 m^2	根据更新单元规划，规划居住人口 2 万人，其中现状人口约 1.5 万人，旅游人口约 1.6 万人次/天，根据未来新增开发量（包括住宅和商业）总量阈值为 26 万 m^2。$Q_a=Q_r+Q_b$
Cvu_r	3900 元/m^2	单位可变成本，主要为住宅及商业的建造成本，包括建筑工程、室外景观工程、市政工程、工程管理成本以及销售成本和税费。住宅的单方造价，Cvu_r=3900 元/m^2，商业建筑造价略高，Cvu_b=4600 元/m^2
Cvu_b	4600 元/m^2	
C_f	124099 万元	固定成本包括前期公共用地的开发投入 62761 万元，以及商业用地、住宅用地的土地获取的成本。考虑到案例 4、案例 5 数据的可对比性，令 C_f=124099 万元

根据以上参数代入式 7-12，用 excel 表格列式计算，结果见表 7-9。

企业视角某市城市更新单元新增商业和住宅面积配比测算表　　表 7-9

ω	Q_b（m²）	Q_r（m²）	Q_b/Q_a（%）	P_b（元 /m²）	TR（万元）
0	70326	189674	27.05	0	227609
0.1	77929	182071	29.97	1200	227837
0.2	87375	172625	33.61	2400	228120
0.3	99426	160574	38.24	3600	228482
0.4	115335	144665	44.36	4800	228959
0.5	137303	122697	52.81	6000	229618
0.6	169610	90390	65.23	7200	230587
0.7	221797	38203	85.31	8400	232153
0.748	260000	0	100.00	8973	233299

根据表 7-9，两种极端情况下的数据对项目开发决策具有重要参考价值。当 $\omega=0$ 时，也就是产业面积（Q_b）全部自持不销售的情况下，开发阶段的全部投资通过住宅销售回收，产业自持的比例最大为 27.05%。当 $\omega=0.748$ 时，也就是产业单位售价（P_b）达到住宅单位售价（P_r）的 74.8%，产业面积占比达到 100%，开发阶段的全部投资可以通过产业销售回收。当 $\omega>0.748$，也就是当产业单位售价（P_b）超过住宅单位售价（P_r）的 74.8%，产业面积（Q_b）和住宅面积（Q_r）的比例可以任意搭配，均可通过销售回收投资。

从政府的角度来解读这组数据同样具有重要价值。在表 7-8 各项参数条件下，如果政府出具的土地出让条件中要求企业自持部分产业面积，则可以设置自持比例不低于 27.05%，超过这一比例企业需要通过后期运营来回收部分投资。当产业单位售价（P_b）超过住宅单位售价（P_r）的 74.8% 时，产业面积（Q_b）和住宅面积（Q_r）的配比不影响项目的投资平衡。

在城市更新项目决策过程中，式 7-12 可以与式 7-9 同时使用，一个用于规划阶段不同功能建筑面积的分配，一个用于不同市场条件下的动态盈亏平衡分析，为企业参与城市更新全过程的决策提供数据支撑。

7.3.3 城市更新项目统筹平衡

城市更新项目在拆除重建过程中涉及产权重置成本问题。按照国内目前政策法规的规定，主要有两种产权重置方式。一是原产权人自我更新改造，如果土地性质变更和空间容量改变，需要重新办理土地使用和产权确权登记；二是政府主导的土地征收和拆迁安置，需要政府对原产权人土地收储后再出让。两种方式的产权重置成本有较大差异，第二种方式会明显增加产权重置的成本，如果不能在单个更新单元内实现投资平衡，则需要政府财政统筹或者政府通过资源置换的方式实现投资平衡，即城市更新项目统筹平衡。在城市更新的统筹平衡方面，主要是在一定的时间周期内，解决跨项目、跨区域三个层面上的财务平衡。

（1）项目整体投入产出的资金平衡

第一层平衡通常建立在政府与实施主体之间，实施主体作为主导者与统筹者，要厘清投资范围与规模，明确要投资什么，要投资多少，要何时投资；并向政府提出合理的诉求和支持，主要是政策支持与资金支持，在此基础上评估收益和产出，明确有哪些收入、有多少收入、要何时实现收入。基于以上条件和信息建立项目整体投入产出财务模型，验证项目的平衡条件，形成项目整体投入产出的资金平衡方案，这一层解决的是项目在财务上总体可行的问题，这是项目成立的前提。

（2）实施主体统筹各子项目财务平衡

第二层平衡体现在实施主体作为项目的统筹者，向上要处理好与政府的资金关系，向下要处理好与合作方的资金关系，上要衔接财政收支的规制，下要遵循企业的市场规则，作为中间载体的实施主体，背靠政府、面向市场，就难免涉及大量复杂的资金流转与财务处理操作，需要明确"政府—实施主体—子项目"之间的财务处理规则，解决片区级城市更新项目中财务路径与记账科目的操作问题，实现实施主体层面财务报表的平衡。

（3）项目投资经营过程中的现金流平衡

第三层平衡通常建立在实施主体与各子项目合作方之间，通过项目的二次包装，划分子项目边界，明确子项目的回报机制与目标合作方的类型，对每个子项目的经营性现金流、筹资性现金流进行评估，根据各子项目的紧急性、重要性、实施难度等因素综合考量，制定详细的实施计划，形成项目整体运营方案，确保项目可实现现金流平衡。

（4）片区更新项目统筹平衡的基本路径

片区更新是区别于单独地块和建筑的更新，立足片区资源统筹、系统配套、一体化打造思路，是化解当前城市更新面临的诸多困难的一种新方式。作为中层尺度，片区更新协调微观地块和宏观城市尺度，确保实施城市功能，完善并提升片区整体品质和效益，有效避免微观尺度更新的碎片化问题，并解决宏观尺度更新难以及时操作等挑战。片区更新一般涵盖多种性质的项目片区，共同服务于片区整体发展目标。各项目的改造方式、资金来源、可经营性和收益方式也各不相同，片区更新项目统筹平衡的难度也相对较大，极为考验片区更新实施主体的整体协调和项目间的操盘能力。以老旧小区改造为例，可以通过大片区统筹平衡、跨片区组合平衡（表7-10），实现跨项目的统筹平衡。

老旧小区更新统筹平衡模式 表7-10

平衡模式	操作方法
大片区统筹平衡模式	把一个或多个老旧小区与相邻的旧城区、棚户区、旧厂区、城中村、危旧房改造和既有建筑功能转换等项目捆绑统筹，生成老旧片区改造项目，做到项目内部统筹搭配，实现自我平衡
跨片区组合平衡模式	将拟改造的老旧小区与其不相邻的城市建设或改造项目组合，以项目收益弥补老旧小区改造支出，实现资金平衡

从行业相关实践来看，产业自持、租售结合的"投、融、建、管、运"一体化运营是统筹实施主体推进片区更新实施的典型参与模式。采用"投、融、建、管、运"一体化模式，政府采用公开招标方式选择社会资本，由确定社会资本方与政府平台公司组建项目公司负责项目设计、投资、融资、建设、运营等工作。项目主要改造内容包括征地拆迁、基础设施建设、产业载体建设及运营等。通过一二级联动（乃至一二三四级联动①），融合策划—投融资—设计—施工—资管—运营和产业植入一体化的模式，是实现降低成本，增加收益，统筹实施平衡的主要手段。

从各地将一二级开发捆绑从而达到项目自平衡的路径来看，一般有下面几种：原土地权利人自主改造（天津、北京、成都、广州等）；原土地权利人的合作企业协议出让获得土地（广州、成都、上海、北京等）；附带条件"招拍挂"（深圳、广州、重庆、徐州等）；协议搬迁形成"净地"划拨或协议出让给实施业主（福州、成都、深圳、佛山等）；"地随房走"模式（成都、北京等）；存量用地房屋转型升级（重庆、徐州、北京等）；不具备单独建设条件的土地划拨或协议出让（重庆、徐州、北京、南京等）等。

在片区统筹更新实施过程中，政府及关联主体的资金要引导社会资金进入城市更新区域。社会资本在片区统筹更新实施过程中要改变以债权为主的房地产开发和融资的依赖路径、以销售为主的退出路径。金融监管视角下的更新项目需要区别于房地产项目。除拆除重建之外，城市的有机更新需要实现投资的基金化、建设的信贷化、运营的证券化，如此方能实现社会资本投入和退出的完整闭环。

---

① 其中，在原一二级土地开发的基础上，三级开发是指对更新改造后的产业运营（如收取租金、停车费）获取的收益；四级开发是指通过收购、组建等形式在运营的物业下"开店"，通过直接生产输出产品和服务来获取一部分收益。

　　一般来讲，片区更新往往涉及区域内大量产权、空间、利益的调整和再分配，需要政府统筹、调度各方面资源共同参与，特别是要通过片区统筹调动各方面资源运用市场化力量参与更新。这需要构建一系列的激励机制，比如产权激励、土地用途调整激励、容积率优化激励、财政税收激励机制等。整个城市更新涉及大量的存量建筑、主体、利益、产权，需要有一个融合专家、产权人、投资人、实施人的平台，以协调多方利益、发掘城市文化的价值和遗产，共同促进城市更新的顺利推进。

第8章
针对建筑业企业的经营转型建议

近年来，城市更新已成为中国推进城市高质量发展的重要政策实践领域之一，被认为是建筑业企业经营转型和业务发展的新蓝海。以山东路桥集团为代表的建筑业企业面临着传统业务增速放缓或萎缩的现实挑战，迫切需要对接国家发展战略需求，深度融入城市更新行动，拓展经营业务范围，寻找新的业务增长点，逐步实现企业经营优化转型升级。针对这一主要研究任务和目标，前文对企业参与城市更新的相关政策机制、对象类型、多元角色、实施流程和投资平衡模式等开展了系统研究。建筑业企业如何积极把握城市更新行动带来的机遇，有效破解相关难点，打通症结堵点，实现业务持续增长和核心竞争力提升，本书提出以下企业经营管理转型建议。

8.1 拉长板，补短板，精准定位更新类型和角色

精准定位更新类型和角色是建筑业企业参与存量城市更新关键一步。存量时代，城市更新类型多样并各有难点，企业应根据自身的优势和特点，筛选出适合自己的更新项目，明确在更新过程中的角色定位，选择最佳的参与模式。通过拉长板，补短板，企业可以更好地发挥自身优势，弥补潜在不足，提高项目成功率、实现业务的持续增长和核心竞争力的提升。

8.1.1 结合自身优势，筛选高适配更新项目

如前所述，城市更新涉及多种项目类型，针对不同类型的更新项目，建筑企业可依据其丰富的工程经验和市场资源优势，进一步整合上下游产业资源，因地制宜、因类施策地提供解决方案，选择参与不同类型城市更新项目。根据本书提供的城市更新项目适配分析表（见本书第4章，表4-2、表4-3），从政府支持力度、资源协调成本、施工技术成本、可销售物业的潜力、可经营业务潜力、资金平衡难易程度六个维度来判断更新项目可参与

的程度。针对建筑业企业,以山东路桥集团为例,经过六个维度的定性评估,适合参与的城市更新项目优先序列为城中村更新、基础设施更新、旧工业区更新、老旧小区更新、综合片区更新和历史文化街区更新。

城中村更新项目具有较大的空间增量,市场营利性好、工程施工量大、施工技术难度低、需要经营和长期投入产业比例较少,因此,此类项目受到中国各大建筑商的青睐和积极参与。此外,作为传统的建筑企业,基础设施更新以政府投资为主,政府支持力度大、资源协调成本、工程技术成本都较低,此类更新项目也是建筑施工类企业优先考虑的项目类型。旧工业区更新和老旧小区更新由于涉及低效用地转型升级和社会民生,政府支持力度较大,同时此类更新项目具备一定的增量空间和经营性物业,可以通过市场化经营在一定程度上实现平衡,因而这两类更新项目也受到一些以运营见长的企业的关注和参与。值得注意的是,旧工业区和老旧小区更新项目一般工程施工量相对较小,且需要长期的运营投入,利润率较低,对建筑业企业的吸引力不大。综合片区更新和历史文化街区更新均需要巨大的资源协调成本,前期资金投入大、见效慢,因而此类更新项目对建筑业企业以及社会资本来说吸引力较小,普遍是由政府平台公司或国有企业来实施更新。

城市更新项目类型的选择根据企业经营业务的变化而变化。建筑施工企业向城市更新业务转型的过程中,可以根据自身资源条件逐步加强运营能力、资源协调能力、资金平衡的能力等,从而在项目选择的优先序列上发生变化,不再局限于城中村更新和基础设施更新等竞争更加激烈的项目类型上,逐步转向参与具有长期营利能力的旧工业区更新、综合片区更新等项目类型。

8.1.2　明确角色定位,选择最佳的参与模式

在参与不同类型城市更新时,针对各类更新特点和更新难点,有必要明确参与角色,制定最适合的参与方式和实施策略。如前所述,企业参与城市更新可以具备施工主体、投资主体、运营主体、统筹实施主体等多种角色,不同的参与角色对应不同的参与模式和收益来源。本书从资本运作、技术资产、核心业务、人才队伍、业内品牌等多个维度进行城市更新参与角色的适配性分析(见本书第5章,表5-2、表5-3)。以山东路桥集团等建筑业企业为例,城市更新参与角色优先序列依次为施工主体、投资主体、运营主体和统筹实施主体。

由于建设施工多限于EPC、代建制等模式,项目资金来源有保障,属于建筑企业的传统业务领域,且经营风险低,因而建筑业企业一般会优先选择此类业务。尽管如此,施工主体将面临同类企业在传统业务上的激烈竞争。投资主体以参与城市更新项目的投融资为

主，而不直接参与项目施工和后期运营，一些大型建筑施工企业一般具有较强的资金实力，可以利用自身资本优势开拓城市更新业务。值得注意的是，建设施工和资本运作本属于不同的行业，如何将二者结合起来实现资本运作和建设施工的双轮驱动发展，是建筑业企业转型参与城市更新的挑战之一。统筹实施主体是建筑施工企业参与城市更新的重要角色，要求具有"投、融、建、管、运"一体化的能力，对传统施工企业来说难度较高，但也是其经营业务转型的重要方向，是参与城市更新业务的最重要的角色之一。以运营主体的角色参与城市更新，同样也是非常普遍和重要的方式，一般要求企业具有相对专业、高效、灵活的运营能力，这对传统的建筑施工企业来讲，多是其业务短板，但从参与城市更新的类型和企业经营转型的角度来看，运营能力的打造是建筑企业参与城市更新的重要内容。

参与角色的选择会随企业经营业务和能力的变化而变化，在参与城市更新过程中可以根据项目需要进行角色调整，也可同时兼任多种角色，成为统筹实施主体。对建筑业企业来讲，从传统的建设施工主体向投资主体、运营主体和统筹实施主体的转型升级，是其参与城市更新的重要方式。

8.1.3 成为实施主体，参与城市更新规划

规划引领是城市更新实施重要的基本原则。城市更新规划是划定更新单元、平衡各方利益、推进更新项目实施的重要政策工具，也是政府、市场和公众三方博弈的平台。精细化、品质化和效率化的规划设计将成为城市更新项目取得成功的关键。合理的更新规划设计可以最大限度地优化资源配置，减少浪费，同时确保更新项目的质量和持续性。企业可以多种角色参与城市更新规划的编制，积极争取城市更新的参与权和决策权。以山东路桥为代表的建筑企业，应力争成为更新实施主体，参与或主导城市更新规划或更新方案的编制，统筹协调各方利益，统筹更新项目实施全过程。

城市更新的实施主体可以是原物业权利人、集体经济组织、社会资本方、政府或者政府指定平台等，也可是以上各类实施主体的联合体。根据目前各城市发布的法律法规、政策条文来看，确定城市更新实施主体是推进城市更新行动的重要环节。城市更新实施主体具有更新规划方案编制、申报和推进实施的权利，可以通过公开遴选、物业权利人或集体经济组织自行实施或者与社会资本组成联合体等方式实现。对建筑业企业来说，转型为城市更新实施主体将面临巨大的挑战，除了具备前述的"投、融、建、管、运"一体化的能力之外，还要具备强大的资源协调能力、更新规划统筹能力，但这也是建筑业企业向城市更新业务转型的必由之路之一。

8.2 引外力，强内力，创新驱动打通更新实施流程

与增量开发时代政府主导或市场主导的城市更新项目不同，存量时代城市更新项目更加需要政府、市场和公众等多元主体的共建、共治、共享。在项目实施过程中，企业应积极争取政府的支持和协调，同时不断创新融资渠道和项目模式，提升自身内在的运营能力和技术水平。通过引外力，强内力，企业可以有效地解决更新过程中的难点和堵点，提高项目的实施效率和经济效益。

8.2.1 争取政府的政策支持和协调支持

随着各地城市更新政策的出台，将给予更新项目更多的政策支持。企业参与城市更新项目，要善于借用城市更新的弹性奖励政策，规避政策风险，提升项目成功率。例如，上生新所更新项目根据《上海市城市更新实施办法》相关条款支持，通过提供公共要素和公共空间，获得了一定的容积率奖励，并进行了建筑高度和用地性质的局部调整，获得了开发权益和公共利益的双重收获。

在老旧小区更新中，针对企业参与老旧小区更新项目利益方协调难、居民意愿达成一致难等难题，要争取政府支持，提升企业参与老旧小区更新项目的自身主观动力，创造条件改善老旧小区更新项目的实施环境。争取地方政府，尤其是基层政府对城市更新项目的支持，对推进城市更新项目至关重要。老旧小区更新项目一般会面临居民多样化诉求，对于大量的群众沟通工作，市场主体相对难以独立完成，亟须寻求街道、村镇等基层政府的支持，通过成立专门的协调工作小组、组织民意征集与交流会等多形式的工作方法，减少更新项目阻力，提升更新项目效率。又如，城中村改造项目一般具有政策性强、公益性强的特点，推进过程中，企业要最大限度争取政府在征收拆迁、补偿安置、土地供应、规划编制、投融资、土地运作等方面的政策支持，帮助降低城中村更新拆迁安置的时间成本和经济成本。

8.2.2 创新融资渠道和争取政府融资支持

由于大部分存量更新项目的资金需求总量较大，且投资"成本"与"收益"的平衡较难，融资渠道少、融资难是大部分存量更新项目面临的难点之一。对此，参与企业应积极创新融资渠道并努力争取政府的融资支持。例如，在老旧小区更新项目中，应注重发挥政府、市场和公众参与的"三重引擎"功能，围绕居民出资责任、政府支持力度、金融服务质效、社会参与力量和税费减免政策"五个维度"，形成以"政府财政拨款"为支撑，"多元主体融资"齐头并进的融资保障机制，可有效解决老旧小区改造资金紧缺等问题。

从企业参与城市更新投融资的角度来看，除了尽可能地争取政府补助扶持让利之外，还应尽可能地创新融资渠道，建议如下。

（1）积极调动群众参与管理共建、共治，以资产、资金、技能等不同方式入股，固化营利机制。让居民出资入股营利，形成以社区为载体、以小区为单位、以居民为组成的，具有股份制性质的利益共同体。鼓励居民投资入股，参与区域内就业、创业、入托、养老、医疗等服务平台建设。参与小区物业实体改建整治，实现共同经营管理、共享改造成果。通过直接出资、使用住宅专项维修资金、让渡小区公共收益等方式，让居民通过出资入股参与改造的方式直接营利，以此调动居民参与社区治理的主动性、积极性。

（2）探索与其他外部企业与政府部门利益共享，通过采取商业捆绑开发、老旧小区改造与物业管理方式，争取其他外部企业以实施、运营或投资主体等身份参与老旧小区更新改造。比如国家优先支持以政府和社会资本合作（PPP）的市场化机制，激励社会资本踊跃参与小区治理活动。用市场方式改造老旧小区，增加其他社会资本参与老旧小区更新的渠道，通过外部企业高度的专业分工和高效的决策能力，满足多样化的改造需求，提高资源的配置效率，盘活存量空间资源，拓展共同收益，降低小区管理维护成本。

（3）探索"打包模式"的综合片区更新以推进老旧小区更新。老旧小区更新项目可以按照改造内容和类型，拆分后与周边棚改、旧城改造类项目相结合，或者整体打包进棚改、旧城改造类项目，一起操作。通过更新项目的承接主体进行整体商业化运作，其融资渠道较为广泛，未来收益稳定，基本可以覆盖老旧小区改造的成本。而且打包模式结合商业化运作也有利于统一规划建设，统一部署，还可以整合土地资源，减少公建设施的重复建设，提高土地利用效率。

8.2.3 推进更新项目模式创新实践

存量时代城市更新涉及老旧小区、城中村、基础设施、旧厂区、历史文化街区等多样性的更新对象，不同类型的城市更新项目实施中存在不同的更新难点，不少城市和地方都开展了丰富多样的城市更新模式探索，总体来讲呈现以下几个转变特征：从"成本中心"思维，向与产业联动方向转变；从重建设轻运营，向运营导向转变；从地方政府和城投平台唱独角戏，向多元化主体参与转变；从单一资金来源，向多元化投融资创新转变等。其中，围绕各类更新项目重点和难点，开展更新项目的推进模式创新至关重要。

例如，在城中村更新项目中，其关键难点在于统筹"新与旧""先与后""盈与亏"等问题，因而在城中村更新项目中，往往存在与其他更新项目"捆绑"统筹更新的推进模式。比如将新盘启动与旧盘清理相结合，城中村与片区更新相结合，居民自愿和依法改造相结合，项目平衡和区域平衡相结合。重视谋划新项目，更要突出盘活老项目，允许新老项目抱团取暖，将市场性住房和保障性住房供应相结合，确保在新一轮项目推进中逐步消化问题楼盘。科学规划城中村改造用地，推进产业发展，努力实现项目内改造资金收支平衡。无法平衡的项目，可考虑在区域内寻求统筹平衡。

在旧工业区更新中，更新重点在于用地性质和用地功能的转变，形成了"工改工""工改文创"等一系列更新模式（见本书第 4 章，表 4-5）。在更新模式的确定上，首先，应探索匹配城市能级的更新模式。对于城市能级高、落地产业清晰的工业遗存可采用相对积极的有机更新，根据城市总体规划确定的产业结构和布局，调整产业用地性质，积极利用或创造大型运动会、博览会等，以城市"大型公共事件""文化事件"为引擎推动更新，采用自上而下的先规划再改造的模式，进而推动区域复兴。面对城市能级较低，土地产业定位不明确的阶段，允许土地以阶段性批租的方式逐步转变使用性质，摸索适合区域发展的产业导入。其次，根据旧工业区原功能业态、建筑形态、历史价值、环境景观和城市地段等方面考虑，选择适合的更新方向和操作手法，具体选择的更新模式涉及"工改工""工改文创""工改商办""工改租赁住房""工改公共空间"等用地性质不变更的产业升级更新和用地性质发生变更的新型产业园区更新等。最后，对空间形态的改造模式从"单一"转向"复合"。在已有的旧工业区更新实践中，根据对空间形态改造程度的不同，主要存在拆除重建、功能改变和综合整治三种模式。

8.2.4　提升更新项目的运营能力

企业应注重培养自身的运营能力，包括项目管理、风险管理、财务管理等方面，确保项目的长期稳定运行。例如，老旧小区更新项目资金平衡难，建议支持参与更新的市场主体提高物业持有比例和期限，以长期运营的收入平衡更新改造的投入，同时也推动将开发主体转变为更新地区的长期运营商，在更新和运营过程中不断响应居民和社会需求，不断优化服务、完善功能、改善业态、提升活力，与所在社区、居民形成良性互动、共同成长的有机整体。具体形式包括：基础物业管理服务与设施运营收益相结合、建设智慧社区等形式。例如，在企业作为专业经营单位参与老旧社区更新项目中，可以结合老旧小区周边资源和小区内部现实需求，以基础物业管理服务与设施运营收益相结合的形式，参与老旧小区长期运营。

在历史文化街区的更新运营中，在考虑商业价值的同时更要重视当地历史文化、特色风俗，尽可能打造特色文化 IP，为历史文化街区创造新的商业活力。应当挖掘街区特征的丰富价值，充分利用"文化再生"更新理念，建立起一个健康持续的商业业态空间。基于文化再生理念，街区的更新运营是以历史文化街区乃至整个城市文化的保护、弘扬和创新作为系统目标，使街区文化适应现代城市生活和社会需求。强调以地域性的文化内容为驱动力，并在各类现实条件的制约下植入现代商业逻辑，为民俗文化提供展示的空间，使街区文化魅力得以在现代社会中获得再生和永续发展。

在商业更新中，要注重转变经营理念，提升更新项目健康度。例如，把购物中心等商业项目当作一个有灵魂、肉和骨架的生命体，与一味提高租金的运营理念区别开来，重点是追求项目的健康指数，遵循项目的生命周期，在健康的基础上，尽力将其生命周期拉大。采取养商策略，与商家形成良好的互动生态；对消费情况进行全面掌握，在长期可持续的经营发展中，打造品牌口碑效应；创新结构改造和重新定位；引来人流，才能激活商业；结合当下商业趋势，将项目运营上轨道；利用金融工具对商业地产进行加成等。

8.2.5 推动技术标准体系完善

在参与存量城市更新过程中，完善的技术标准体系能确保项目与更新需求相契合，提升工程质量与可持续性，促进创新和合作，最终实现城市更新的有效推进。例如，在参与老旧小区更新项目前期要充分了解更新改造涉及的标准情况，并在项目推进过程中推动相关标准的完善和适应工作。推动制定本地区城镇老旧小区改造技术规范，明确智能安防建设要求，鼓励综合运用物防、技防、人防等措施满足安全需要。及时推广应用新技术、新产品、新方法。因改造利用公共空间，新建、改建各类设施涉及影响日照间距、占用绿化空间的，在地方政府的支持下，可在广泛征求居民意见基础上"一事一议"予以解决，通过参与编制地方性的城市更新技术导则、规范等，积极参与地方城市更新政策体系完善。

8.3 接前链，衔后链，统筹实现更新资金平衡

存量城市更新涉及政府、市场和公众等多方主体参与，在项目实施上更加注重产业链上下游衔接，统筹实现项目间及项目内各环节间资金平衡是企业关注的关键。作为市场主体，建筑业企业在参与存量城市更新过程中可以充当整体统筹实施、投融资、建造施工、产业运营或其他服务提供者等多样性角色。除了作为施工主体，继续夯实企业的专业技术施工能力外，对传统建筑施工类企业来讲，新阶段的城市更新实际蕴含大量的传统优势业务，也有对企业更多介入投融资和产业运营等"新业务"的要求，是建筑企业从单一建造业务经营模式向"投资—建造—运营一体化"业务经营模式转型的机遇，要求建筑施工企业可向产业链的上下游延伸。以山东路桥集团为代表的建筑施工企业可结合自身核心能力和技术优势，合理评估项目风险与收益，加强工程总承包能力，强化优势专业，补足弱势链条，优化提升城市更新项目全产业链一体化经营管理能力，在存量市场中寻找增量空间，这是开拓城市更新市场的重要手段。

8.3.1　强化更新投融资能力，带动工程建设业务发展

建筑业企业为提升产业链一体化服务能力，可向价值链上游延伸，通过强化投资能力，拓展工程建设业务发展。新阶段的城市更新为解决项目周期长、资金需求量大等问题，提倡并多加鼓励社会资本的进入。建筑施工企业可根据自身资金条件，采用"投资人 +EPC"等模式，顺利衔接投资与施工业务，降低施工企业获取工程项目的成本和周期。比如，中国铁建和洛阳瀍河区人民政府签订协议，由中国铁建旗下的投资集团等会同当地国有地产企业共同完成瀍河区旧城改造项目的投资建设。此外，施工企业也可通过认购或参与设立城市基金，借机锁定工程项目，获得建筑安装工程收益，并分享后续收益。

从国际先进企业发展的成功经验来看，适当投资也是实现持续良性发展的有效手段。随着特许经营、F+EPC 等项目形式的兴起以及大型工程建设管理的成熟，国际领先建筑公司尤其注重产业与融资结合，利用资本力量撬动业务发展、降低自身的经营风险，并且呈现金融参与日益深入的趋势。例如，法国万喜、布依格等国际建筑企业在跨越式发展过程中都大量兼并收购拥有专业能力或一定市场占有率的企业，来帮助其自身更好地发展。亦有一些国内大型建筑公司如中国铁建、中国交通等大型企业通过价值链上游延伸介入投融资领域，通过 BT/BOT、房地产开发、综合运营开发、矿山资源投资开发等方式获得更加稳定的收益。在政策的大力支持下，更新项目在获取融资、促进资金平衡方面获得更多助力，但对于参与企业的财务基础、资金投入、融资能力等依然有较高的要求。建筑施工企业介入上游业务，需夯实财务基础，提升投融资能力，加强承接城市更新业务的广泛度，同时提升自身风险承压能力。

8.3.2　提升更新运营能力，以运营收入平衡前期更新成本

部分存量更新项目前期资金需求量大，从项目资金自平衡的角度看，以短期内物业销售为主的营收比例下降，项目建成后能够保持相对长期稳定和可持续的运营收益，对于项目成功至关重要。目前，不少大型建筑业企业介入房产开发投资业务，同时具备商业地产的运营能力，正由"城市建设者"转型为"城市综合开发运营和优质服务的提供者"。存量更新项目的成功与项目后期的优质运营息息相关，实际上也为建筑施工企业的业务转型提供了发展契机，助力建筑施工企业转型为城市综合开发运营和优质服务的提供商。尽管如此，存量更新项目运营对于企业的综合运营能力、资源整合能力要求更高，相对利好主营业务丰富、具有多业态经验的建筑企业，可根据更新项目类型、目标群体，有机嵌入物业、租赁、文创、康养等多元化业务，通过良好的运营表现，增加项目营收，促进项目资金平衡。

实施主体在参与存量城市更新项目全过程或某些过程环节中，需要合理评估项目收益能力和平衡能力，最大限度确保项目内参与环节的资金链完整有序，确保业务环节的顺利开展。

8.3.3　系统谋划片区更新策略，统筹实现项目财务平衡

片区更新是化解当前城市更新诸多困难的一种常见方式，有助于整合资源，优化城市功能，完善片区整体品质和效益，有效避免微观尺度更新的碎片化问题，并解决宏观尺度更新难以及时操作等挑战。城市片区更新的复杂性和多元化，要求项目管理者在项目实施过程中实现财务平衡，并且统筹协调各方利益，确保项目的顺利推进和成功实施。

城市更新项目的财务平衡是项目成功的基石，涉及三个层面：项目整体投入产出的资金平衡、实施主体统筹各子项目财务处理的报表平衡以及项目投资经营过程中的现金流平衡。这三层平衡共同构建了项目财务管理的全景图。首先，项目整体投入产出的资金平衡要求项目与政府之间建立清晰的投资和收益模型。其次，实施主体必须在政府政策和市场规则的双重约束下，统筹处理上下游资金关系，确保报表平衡。最后，项目投资经营过程中的现金流平衡要求合理规划子项目的资金流，确保项目的流动性和营利能力。

确保项目财务平衡策略的实施，是一个精细化的管理运作过程。首先，项目的拆解与重新包装能够明确项目的经营属性和资金需求，实现项目的自我平衡。其次，资金渠道的明确和资金收支的精确计算，保障了项目资金的稳健运行。最后，清晰的财务报表和科目安排，不仅有助于提高财务透明度，也将为项目的监管和评估提供坚实的基础。在片区更新项目中，选择因地因时制宜的统筹平衡路径尤为关键。例如，采用产业自持、租售结合的"投、融、建、管、运"一体化运营模式，通过一二级联动（乃至一二三四级联动），融合策划—投融资—设计—施工—资管—运营和产业置入一体化的模式，有助于实现降低成本、增加收益和项目整体资金平衡。政府在此过程中扮演着重要角色，需要通过激励机制和资源调度，调动各方面资源共同参与。此外，"三个规划""四个统筹"的策略为项目实施提供了清晰的指导，保障了项目从宏观到微观的顺利实施。

城市更新项目的成功实施，不仅依赖于财务平衡的精准管理，更需要项目统筹高效运作。财务平衡提供了项目实施的资金保障，而项目统筹则确保了各方利益的协调和项目目标的实现。因此，构建一个多维度的项目管理框架，细化实施策略，并通过统筹协调确保各环节的高效衔接，对于推动城市更新项目的成功至关重要。

8.3.4　优化发展定位和协调能力，提升更新统筹推进效率

在全过程参与存量城市更新项目的情况下，企业既要注重统筹单个项目的短、长期资

金投入产出平衡，更多情况下需考虑多个项目之间的"肥瘦搭配"，寻求跨项目间财务报表平衡，以及更宏观层面上在满足资金平衡的基础上，实现更新项目在社会、经济与环境等方面综合效益的增值，对提升参与企业全链条专业管理能力和项目效益统筹平衡能力提出了较高要求。

在建筑施工企业开展业务转型中，要综合考虑内外部环境因素，包括城市发展总体规划、企业自有资源状况，再从业务竞争程度、项目营利能力、获取资源能力、业务协同性等方面进行业务组合筛选，优化调整企业发展定位。城市更新可涉及的业务领域十分广泛，但是不同的业务需要不同的资源与能力的支持。建筑企业自身发展情况不同，需要根据自身资源和能力的差异，立足于不同层次和类别的城市更新领域，追求最优的业务组合。例如，合肥建投主要涉及基础设施、新产业投资、水务环保、城市运营服务、能源、商业百货、现代农业、文旅博览等行业业务板块等。

多主体参与是存量城市更新活动中的一种"常态"，大致可以分为两个层次：一是多个现有物业权利人参与更新（$a1+a2+\cdots+an, n \geqslant 1$），构成统一更新意愿的原权利人主体 A；二是原权利主体与外部市场主体合作更新（$A+B+\cdots$），即引入外部第三方作为更新实施主体参与。原权利主体虽然持有土地资源，但往往既缺乏前期资金，又缺乏开发运营经验与产业招商资源，迫切需要成熟的更新实施主体开展合作。建筑业企业若作为更新实施主体，在成功转型为"投建运一体化"的全能选手之前，尤其需要强化与其他业务伙伴的协作关系，并争取地方政府更新事务协调部门的支持，促进原权利人（间）更新意愿的达成，降低项目操作成本及风险，吸引各方面优质资源，推进存量更新项目落地实施。另外，在企业内部，要完善与更新业务相关的政策法务、财务、技术、公关、宣传等多部门协作机制，系统提升企业专业的统筹协调能力、规划定位能力、资金运作能力和建设运营服务能力，打造专业的城市更新团队和企业品牌。

例如，在大型旧工业区更新项目中，项目后续运营资金回流需要较长的周期，不仅要求更新主体具备充足的资本，还要有相关经验，能够在对接上位政策、重整空间资源、调整产业结构等多种角色间顺利转换，因此门槛较高，与城市增量发展对建设开发角色的要求有很大不同。这对企业作为老旧工业区更新实施主体的综合实力提出了更高的要求，尤其要理顺与城市管理主体和技术服务主体的协同关系。

旧工业区更新的管理主体与实施主体一般是分开的，实施主体更多作为真正的市场化主体，与技术服务群体共同构成三大主体，在这个资源整合的过程中，三个主体需要各尽其力、相互协作，形成紧密协同的关系。以北京首钢工业区更新项目为例，在其更新过程中，城市管理主体、更新实施主体、技术服务主体在片区更新进程中显现出较为清晰的协同轨迹：政府是更新项目的管理主体，负责制定更新目标、明确用地条件、选择实施主体、推动项目实施、保障公众利益等，可为项目提供政策和大事件动员能力等外部支持，构成推进更新的外因；相关企业是更新实施主体，包括投入资金、策划项目、研究方案、具体实施和后续运营，在这个过程中须对产业结构进行调整并配合政策引导及时转换自身角色定位，是旧工业片区更新的内因，不同角色之间的协同水平决定了项目的整体品质；技术服务主体是为更新政策咨询、方案制定、项目评估、建设实施等提供技术支撑的各类专家以及受委托的规划、建筑、环境等相关咨询研究团队，其工作成果是政策制定、产业规划的现实基础和理论依据，是管理工作、实施工作得以科学、有序推进的根本和起点。

8.4 结语

遵循城市发展的一般规律，在国家和地方各类相关政策的引导下，存量时代的城市更新行动正不断向前推进，对传统建筑施工企业经营管理转型提出更高要求，同时也迎来更多发展机遇。通过前文分析和探讨，企业在参与城市更新过程中需要综合运用各种策略，从精准定位更新类型和角色、创新驱动实施流程到统筹实现更新资金平衡，每一步都体现出对高质量和可持续发展的追求。我们认为，企业的转型升级之路应该是一个全面深化、不断创新的过程。

首先，企业应深刻理解城市更新的本质，将其作为企业转型升级的核心驱动力。城市更新不仅是建筑物的简单翻新，更是对城市功能、环境和文化的全面优化提升。企业应站在城市发展的战略高度，结合自身优势，精准定位，在确保经济效益的同时，更应关注项目的社会价值和长远影响。其次，企业转型升级不是孤立的，需要在开放的系统中进行。建筑施工企业需要与政府、金融机构、行业伙伴和社会公众等多方面主体建立更加紧密的协作关系，形成合力，共同推动城市更新项目取得成效。再次，随着科技的不断进步和社会需求的日益多元化，企业的转型升级应是一个持续创新的过程。这就要求企业须不断研发新技术、探索新模式，提升传统建筑施工的效率和质量，也要在绿色低碳、智慧城市和文化传承等领域展现出企业的实力和智慧。

最后，值得强调的是，企业转型升级应体现人民城市精神，以坚持以人为本和服务社会发展为根本宗旨。城市更新的根本目的是提高居民的生活质量，创造更美好的城市发展环境。企业在追求经济效益的同时，更应关注其在社会责任、生态环境保护、文化传承等方面的贡献，通过不懈努力，企业不仅能实现自身的转型升级，更能在推动社会进步和城市文明中发挥积极而深远的影响。

REFERENCES

参考文献

［1］董昕.中国建筑业和房地产业的发展趋势——基于对城市化进程的再判断［J］，建筑经济，2022（10）：29-35.

［2］中国建筑业协会，赵峰，王要武，等.2023年我国建筑业发展统计分析［J］.建筑，2024（3）：54-63.

［3］田沁菡.国际比较视域下建筑业发展与城镇化关联分析及预测［D］.武汉：华中科技大学，2022.

［4］刘伊生.建筑企业管理（第2版）［M］.北京：北京交通大学出版社，2014.

［5］严雅琦，田莉.1990年代以来英国的城市更新实施政策演进及其对我国的启示［J］.上海城市规划，2016（5）：54-59.

［6］姚之浩，曾海鹰.1950年代以来美国城市更新政策工具的演化与规律特征［J］.国际城市规划，2018，33（4）：18-24.

［7］刘健.注重整体协调的城市更新改造：法国协议开发区制度在巴黎的实践［J］.国际城市规划，2013，28（6）：57-66.

［8］谭肖红，乌尔·阿特克，易鑫.1960—2019年德国城市更新的制度设计和实践策略［J］.国际城市规划，2022，37（1）：40-52.

［9］梁城城.日本城市更新发展经验及借鉴［J］.中国房地产，2021（9）：68-79.

［10］Helen Wei Zheng, Geoffrey Qiping Shen, Hao Wang. A review of recent studies on sustainable urban renewal［J］. Habitat International，2014，41：272-279.

［11］Roshanak Mehdipanah, Giulia Marra, Giulia Melis, et al. Urban renewal, gentrification and health equity: a realist perspective［J］. The European Journal of Public Health，2017，28（2）：243-248.

［12］Harel Nachmany, Ravit Hananel. The Urban Renewal Matrix［J］. Land Use Policy，2023，131：106744.

［13］Harel Nachmany, Ravit Hananel. The Fourth Generation: Urban renewal policies in the service of private developers［J］. Habitat International，2022，125：102580.

［14］阳建强.西欧城市更新［M］.南京：东南大学出版社，2012.

［15］丁凡，伍江.城市更新相关概念的演进及在当今的现实意义［J］.城市规划学刊，2017（6）：87-95.

［16］Harel Nachmany, Ravit Hananel. The Urban Renewal Matrix［J］. Land Use Policy，2023，131：106744.

［17］王嘉，白韵溪，宋聚生.我国城市更新演进历程、挑战与建议［J］.规划师，2021，37（24）：21-27.

［18］王蔚，李晟，许昊皓，等.基于知识图谱可视化的中西城市更新研究综述［J］.华中建筑，2023，41（7）：66-72.

［19］徐乐.上海"美丽家园"建设背景下的社区更新实践探索——以上海市徐汇区园南新村社区综合治理为例［J］，城市住宅，2021，（28）6：162-163.

［20］陆勇峰.基于空间正义价值导向的上海老旧住区有机更新规划实践［C］//中国城市科学研究会，江苏省住房和城乡建设厅，苏州市人民政府.2018城市发展与规划论文集.上海同济城市规划设计研究院，2018：1079-1083.

［21］王树春.多主体参与的"美丽家园"综合治理协同研究［J］，上海国土资源，2019，40（4）：51-56.

［22］梁颖，江曼，刘楚，等.资金平衡导向下北京老旧小区改造的问题与策略研究——以劲松北社区改造为例［J］.上海城市规划，2022（2）：86-92.

［23］王师贤.城市更新背景下，工业厂房旧改路径［J］.城市开发，2022（6）：90-92.

［24］李宾.首钢工业景观发展、变迁与再现途径研究［D］.北京：清华大学，2021.

［25］李晓波.工业遗产保护和改造利用的"首钢模式"［C］//中国城市规划学会，合肥市人民政府.美丽中国，共建共治共享——2024中国城市规划年会论文集（10城市文化遗产保护）.北京北咨城市规划设计研究院有限公司，2024：8.

［26］王骅.利用PPP模式推进上海土地二次开发研究［J］.科学发展，2017（12）：53-62.

［27］代兵，范华，孙馨，等.上海利用PPP模式实施土地二次开发研究［J］.科学发展，2017（10）：58-67.

［28］Yijie Lin, Cany ichen Cui, Xiaojun Liu, et al. Green Renovation and Retrofitting of Old Buildings: A Case Study of a Concrete Brick Apartment in Chengdu［J］. Sustainability 2023，15：12409.

［29］Cansu Coskun, Jinwoong Lee, Jinwu Xiao, et al. Opportunities and Challenges in the Implementation of Modular Construction Methods for Urban Revitalization［J］. Sustainability，2024，16：7242.

［30］Heng Song, Gehan Selim, Yun Gao. Smart Heritage Practice and Its Characteristics Based on Architectural Heritage Conservation——A Case Study of the Management Platform of the Shanghai Federation of Literary and Art Circles China［J］. Sustainability，2023，15：16559.

［31］Alba Arias, Irati Otamendi-Irizar, Olatz Grijalba, Xabat Oregi, Rufino Javier Hernandez-Minguillon. Surveillance and Foresight Process of the Sustainable City Context: Innovation Potential Niches and Trends at the European Level［J］. Sustainability，2022，14：8795.

［32］Bing Xia, Yichen Ruan, Y. Function Replacement Decision-Making for Parking Space Renewal Based on Association Rules Mining［J］. Land，2022，11：156.

［33］Consiglia Mocerino, Abderrahim Lahmar, Mohamed Azrour, et al. A. Innovation and Resilience in the Redevelopment, Restoration and Digitalisation Strategies of Architectural Heritage［J］. Materials Research Proceedings，2024，40：323-349.

［34］Carmen Rotondi, Camilla Gironi, Diana Ciufo, et al. Bioreceptive Ceramic Surfaces: Material Experimentations for Responsible Research and Design Innovation in Circular Economy Transition and Ecological Augmentation［J］. Sustainability，2024，16（8）：3208.

［35］刘卫斌，陈璐，陈子阳. 片区统筹更新中教育设施配置的规划方法研究——《深圳市盐田区沙头角片区教育资源配套专项研究》的规划实践［J］. 城市建筑，2020，17（13）：96-102.

［36］李娜. 社区更新规划方法初探——以上海北新泾社区为例［C］//中国城市规划学会，东莞市人民政府. 持续发展　理性规划——2017中国城市规划年会论文集（02城市更新）. 上海营邑城市规划设计股份有限公司，2017：12.

［37］张帆. 城市更新的"进行性"规划方法研究［J］. 城市规划学刊，2012（5）：99-104.

［38］黄倩，耿宏兵. 绿色城市更新规划方法及管控策略建构思考［J］，建设科技，2021（6）：16-21.

［39］马佳丽，王汀汀，杨翔. 城市更新概要和投融资模式探索［J］. 中国投资（中英文），2021，（Z7）：37-40.

［40］张琳卿，王悦颖.社会资本参与视角下的城市更新投融资模式研究［J］.住宅与房地产，2022，（Z1）：87-91.

［41］齐锦蓉.片区开发与 ABO 模式商业逻辑分析［J］.中国总会计师，2021，（11）：32-36.

［42］张贵林.中国建筑业发展路径暨施工企业转型升级研究［J］.建筑，2014（3）：8-19.

［43］徐世杰.城市更新项目投融资模式研究与问题思考［J］.中国工程咨询，2023（3）：89-93.

［44］陈小祥，纪宏，岳隽，等.对城市更新融资体系的几点思考［J］.特区经济，2012（8）：132-134.

［45］徐文舸.我国城市更新投融资模式研究［J］，贵州财经大学学报，2021（4）：55-64.

［46］杨冬冬.城市更新项目投融资模式设计［J］.价值工程，2023，42（16）：55-57.

［47］赵燕菁，宋涛.城市更新的财务平衡分析——模式与实践［J］.城市规划，2021，45（9）：53-61.

［48］赵燕菁，沈洁.增长转型最后的机会——城市更新的财务陷阱［J］.城市规划，2023，47（10）：11-22.

［49］赵燕菁,沈洁.价值捕获与财富转移——城市更新的底层财务逻辑［J］.城市规划学刊，2023（5）：20-28.

［50］蔡景辉.城市更新基金在片区开发中的优势及实施路径研究［J］.上海房地，2024（8）：15-17.

［51］杨辉.城市更新基金融资模式的运行机制与路径优化研究［J］.中国工程咨询，2023（8）：51-56.

［52］杨晓冬，刘晨颖，张家玉.政府参与下城市更新基金运作管理的博弈研究［J］.工程管理学报，2023，37（5）：53-57.

［53］徐文舸.城市更新投融资的国际经验与启示［J］.中国经贸导刊，2020，（33）：65-68.

［54］任荣荣,高洪玮.美英日城市更新的投融资模式特点与经验启示[J].宏观经济研究，2021（8）：168-175.

［55］徐文舸.我国城市更新投融资模式研究［J］.贵州财经大学学报，2021（4）：55-64.

［56］Bonnie Burnham. A Blended Finance Framework for Heritage-Led Urban Regeneration［J］.Land，2022，11：1154.

［57］Francesco Tajani, Pierluigi Morano, Felicia Di Liddo. Financial MODELS for the Effectiveness of Urban Regeneration Initiatives［J］. Wseas Transactions on Business and Economics，2023，20：1540-1551.

［58］Steven R. Henderson. Urban financialisation-in-motion: Income strips, town centre regeneration and de-financialisation［J］. Geoforum，2024，156：104139.

［59］Shaobo Wang, Junfeng Liu, Xionghe Qin. Financing Constraints, Carbon Emissions and High-Quality Urban Development——Empirical Evidence from 290 Cities in China［J］. International Journal of Environmental Research and Public Health，2022，19（4）：2386.

［60］Simon Huston, Reyhaneh Rahimzad, Ali Parsa. 'Smart' sustainable urban regeneration: Institutions, quality and financial innovation［J］. Cities，2015，48：66-75.

［61］Alastair Adair, Jim Berry, Stanley McGreal, Bill Deddis, Suzanne Hirst. The financing of urban regenerations［J］. Land Use Policy，2000，17：147-156.

［62］经济日报多媒体数字报刊. 如何化解地方财政收支矛盾［N/OL］.（2020-05-18）［2024-12-31］. http://paper. ce. cn/jjrb/html/2020-05/18/content_419126. htm.

［63］赵科科，孙文浩，李昕阳. 我国地方城市更新制度的特征及趋势——基于 20 部城市更新地方法规的内容比较［J］. 规划师，2022，38（9）：5-10.

［64］王林. 基于城市更新行动的城市更新类型体系研究与策略思考——以上海市为例［J］. 上海城市规划，2023，171（4）：8-14.

［65］李粉，盛磊，任荣荣. 我国城市基础设施投融资发展趋势［J］. 宏观经济管理，2023，473（3）：35-41，58.

［66］梁广彦，林晓峰，陈志鹏，等. 城市基础设施更新项目投融资模式研究［J］. 建筑经济，2022，43（S1）：58-62.

［67］薄宏涛. 存量时代下工业遗存更新策略研究［D］. 南京：东南大学，2019.

［68］叶青，唐魁，郭永聪. 既有城市工业区更新改造模式探析［J］. 南方建筑，2020（5）：1-7.

［69］王承华，李智伟. 城市更新背景下的老旧小区更新改造实践与探索——以昆山市中华北村更新改造为例［J］. 现代城市研究，2019（11）：104-112.

［70］徐峰. 社会资本参与上海老旧小区综合改造研究［J］. 建筑经济，2018，39（4）：90-95.

［71］李晨. "历史文化街区"相关概念的生成、解读与辨析［J］. 规划师，2011，27（4）：100-103.

［72］中华人民共和国住房和城乡建设部.历史文化名城保护规划标准：GB/T 50357—2018［S］.北京：中国建筑工业出版社，2018.

［73］王承华，张进帅，姜劲松.微更新视角下的历史文化街区保护与更新——苏州平江历史文化街区城市设计［J］.城市规划学刊，2017（6）：96-104.

［74］陈月，雷诚.平江历史文化街区的保护问题与规划策略演进——基于系统动力学的机制模拟分析［J］.城市规划，2022，46（Z1）：84-95.

［75］许奕.青岛市市北区城市基础设施项目管理模式研究［D］.青岛：青岛理工大学，2013.

［76］杨辉.城市更新基金融资模式的运行机制与路径优化研究［J］.中国工程咨询，2023（8）：51-56.

［77］李捷.金融支持城市更新的实现路径探析——以西安市城市更新基金为例［J］.西部财会，2024（8）：43-45.

［78］邢华，张绪娥，唐正霞.党建引领社区公共服务合作生产机制探析——以劲松模式为例［J］，城市规划学刊，2022，43（1）：21-27.

［79］梁颖，江曼，刘楚，等.资金平衡导向下北京老旧小区改造的问题与策略研究——以劲松北社区改造为例［J］.上海城市规划，2022（2）：86-92.

［80］邢华，张绪娥.社会企业如何推进老旧小区改造合作生产？——以北京劲松北社区老旧小区改造为例［J］.城市发展研究，2022，29（9）：63-69.

［81］管娟.上海中心城区城市更新运行机制演进研究——以新天地、8 号桥和田子坊为例［D］.上海：同济大学，2008.

［82］李子静.基于潜力评价的城市更新方法研究——以南京为例［D］.南京：东南大学，2019.

［83］周俭，阎树鑫，万智英.关于完善上海城市更新体系的思考［J］.城市规划学刊，2019（1）：20-26.

［84］深圳市城市规划设计研究院，司马晓，岳隽，等.深圳城市更新探索与实践［M］.北京：中国建筑工业出版社，2019.

［85］佳兆业集团控股经济研究院.城市运营核心逻辑：美好生活的责任与荣耀［M］.北京：中信出版集团，2019.

［86］余文恭.基建投资、城市更新、REITs 与财务分析决策［M］.北京：中国法制出版社，2022.

［87］冯向伶.城市更新项目经济外部性研究——以深圳市为例［D］.重庆：重庆大学，2018.

［88］祝贺，林颖．空间增量型城市更新的公共成本测算方法研究［J］．城市规划，2025，49（3）：25-34．

［89］施魏策尔，特罗斯曼．企业盈亏平衡分析［M］．魏法杰，译．北京：北京航空航天大学出版社，1994．

［90］赵燕菁，邱爽，沈洁，等．城市用地的财务属性——从用地平衡表到资产负债表［J］．城市规划，2023，47（3）：4-14，55．

［91］Francesco Tajani, Pierluigi Morano, Felicia Di Liddo. Redevelopment Initiatives on Brownfield Sites: An Evaluation Model for the Defnition of Sustainable Investments［J］. Buildings 2023，13（3），724.

［92］Pierluigi Morano, Francesco Tajani. The break-even analysis applied to urban renewal investments: A model to evaluate the share of social housing financially sustainable for private investors［J］. Habitat International，2017，59：10-20.

［93］郗昂，邹兵，刘成明．由"单一"转向"复合"的深圳旧工业区更新模式探索［J］．规划师，2017，33（5）：114-119．

［94］仲丹丹，朱铁麟，徐苏斌．超大城市老工业区保护性更新主体协同机制研究［J］．天津建设科技，2022，32（Z1）：23-29．

AFTERWORD

后 记

在城市更新背景下，建筑业企业如何转型和应对是一个普遍而又现实的话题。一方面，出于城市发展的惯性，大型施工企业仍在传统业务上投入较大的人力、物力和财力，对城市更新业务的开展心有余而力不足；另一方面，中国的城市更新也是刚刚拉开序幕，城市更新业务的政策、模式与路径尚在探索中，建筑业企业难以找到切入点。

本书的写作历时两年有余，经过了与顾问专家及课题组成员的多轮沟通，几易其稿，不断探索城市更新过程中建筑业企业的角色定位、适合的项目、参与路径、参与模式以及投资平衡模式等内容，逐步形成清晰的研究思路和研究结论。

吴庆东总经济师为本书写作提供了大量的工程实践案例，并主要参与城市更新投融资相关内容的写作。孟海星博士全程参与了课题研究和每一次讨论，主要负责第4章、第8章的撰写，并搭建了第5章、第7章的基本框架和提出重要的建议。刘波负责本书其他章节内容撰写和最终统稿，并对本书的观点和勘误负主要责任。同济规划院社区规划与更新设计所在城市更新研究、规划、实践与创新方面为本书写作提供了实践基础和理论启发。上海市城市更新研究会及其会员单位，上海福顺亿居酒店管理有限公司、上海百联资产控股有限公司、上海江欢成建筑设计有限公司、上海市漕河泾新兴技术开发区运营管理有限公司、上海市工业区开发总公司（有限）、上海建筑设计研究院有限公司、瑞安管理（上海）有限公司为本书提供了详细的案例资料和部分图片。在此，对以上单位的领导、同事、朋友和同仁们致谢！

以山东路桥集团为代表的大型施工企业不仅代表了建筑业企业本身，还是具有投资、建设、运营能力企业的代表。在新一轮的城市更新中，建筑业企业将加快经营管理的转型和创新，投入到新业务模式的探索中，积极开拓新的业务增长领域，参与到未来城市更新大潮中。

再次感谢为本书撰写建言献策、贡献智慧的各位同事、专家、学者们，希望本书对以建筑业企业为代表的各类市场主体参与城市更新有所助益，对所有关注城市更新领域的同仁有所启发！由于作者学识、能力有限，书中疏漏之处在所难免，书中内容也仅代表作者的有限见解，恳请广大读者及同仁批评、指正！

作者

2025 年春